高职高专通用教材

PLC 原理与应用
（修订版）

李树雄　主编

北京航空航天大学出版社

内容简介

本书在内容上进行了大幅度修订,将工厂电气控制设备、PLC 技术、变频器技术、触摸屏技术四门课程进行整合,融为一体。全书分为 9 章,主要内容包括:继电接触器控制系统;PLC 概述及系统构成;FP1 指令系统及其应用;FP1 的特殊功能及高级模块;松下编程软件 FPWIN GR 使用简介;PLC 应用设计;其他常见 PLC 产品;触摸屏、变频器及其应用;实验指导。

本书可作为高职高专(二年或三年制)、成人教育电气工程及自动化、机械制造与电气自动化、机电等专业教材,也可供相关工程技术人员参考。

图书在版编目(CIP)数据

PLC 原理与应用/李树雄主编.--修订本.--北京
:北京航空航天大学出版社,2013.1
ISBN 978-7-5124-0011-5

Ⅰ.①P… Ⅱ.①李… Ⅲ.①plc 技术 Ⅳ.
①TM571.6

中国版本图书馆 CIP 数据核字(2012)第 315092 号

PLC 原理与应用(修订版)

李树雄　主编

责任编辑　张冀青

*

北京航空航天大学出版社出版发行

北京市海淀区学院路 37 号(邮编 100191)　http://www.buaapress.com.cn
发行部电话:(010)82317024　传真:(010)82328026
读者信箱:emsbook@gmail.com　邮购电话:(010)82316936
北京市同江印刷有限公司印装　各地书店经销

*

开本:787×960　1/16　印张:21　字数:470 千字
2006 年 10 月第 1 版　2013 年 1 月修订第 1 次印刷　印数:4000 册
ISBN 978-7-5124-0011-5　定价:36.00 元

修订版前言

本书是编者依据对松下电工 PLC 近 30 年的高等职业教育、培训和工程实践经验编写而成。

本书在内容上进行了较大幅度的修订,将工厂电气控制设备、PLC 技术、变频器技术、触摸屏技术四门课程进行了有机整合,使其融为一体。删除了陈旧过时,以及偏多偏深内容,努力反映新技术。在编写中以培养高技能型人才为目标,以培养工程应用为出发点,站在系统应用角度,力求反映控制思维的全过程,结合工业生产实际,以工程实例为主线,注重理论联系实际。加强对重点内容的文字叙述,突出内容的科学性和通俗性,增加了实例和插图,力图帮助读者通过自学理解和掌握相关技术。

全书共分 9 章,重新编写了第 4～9 章,并对 1～3 章作了修改。其中增加了"触摸屏、变频器及其应用"一章,可拓宽读者的知识面。在第 5 章中,删繁就简,重点介绍了软件的一般使用方法,读者可在此基础上通过上机自学提高软件使用能力。在第 7 章中,增加了对西门子 S7 - 200、三菱 FX_{2N}、欧姆龙(OMRON)CPM1A 三种机型的介绍。

本书可作为二年制或三年制高职高专、成人教育电气工程及自动化、机械制造与电气自动化、机电等相关专业教材,也可供相关工程技术人员参考。本书有相应的电子教案,可供广大教师和学生使用。

本书由李树雄担任主编,并负责全书的修订和统稿。其中,第 1～3、8 章、修订版前言和附录由李树雄编写,第 4、6 章由陈红编写,第 5 章由蔡姗姗编写,第 7、9 章由刘振昌编写。

本书的第一版在使用过程中得到多所高校同仁的悉心指导,并提出很多积极建议。正是由于他们的热情关注,我们才下定决心进行本书的修订。在修订过程中,松下电器(中国)有限公司控制机器营业本部无偿提供了设备支持,李庭弼先生多次提出修改意见,并给予技术指导,在此一并向他们表示衷心感谢。

限于编者水平,书中难免有疏漏和不妥之处,诚望读者不吝指正。

作者 E - mail:yefan200165@yahoo.com.cn。

作　者

2012 年 12 月

本书还配有教学课件。需要用于教学的教师,请与北京航空航天大学出版社联系。
E - mail:bhkejian@126.com
电　话:010 - 82317027

前　言

　　PLC(可编程控制器)是专门为工业控制应用而设计的一种通用控制器。它以微处理器为核心,是将计算机技术、自动化技术、通信技术及传统的继电器控制技术融为一体的新型工业控制装置,具有编程容易、结构简单、体积小、使用灵活方便、抗干扰能力强、可靠性高等一系列优点。近些年来,PLC 在制药、冶金、化工、电力、机械、石油、煤炭、交通、环保、轻工、建材、食品等工业生产的许多领域都得到了广泛应用,已成为工业自动化的三大支柱之一。

　　随着可编程控制器的广泛应用,对 PLC 技术人才的需求明显增加。因此,学习和掌握其原理及应用设计,对高职、高专院校自动化、机电等相关专业的学生和广大科技工作者是十分重要的。为了满足这种需要,我们在总结了多年教学经验和科研工作的基础上,编写了这本教材。

　　本书以日本松下电工 FP1 系列 PLC 为样机,详细介绍了 PLC 的原理、指令系统和系统设计三部分。日本松下小型机以其体积小、指令丰富、功能强大在国际同类产品中享有盛誉,在市场份额中占有重要一席。读者只要掌握了该机型的指令系统,对其他机型可收到触类旁通、举一反三的效果。

　　本书还用了近一章的篇幅,介绍了 OMRON 公司 C200H 型 PLC 的系统构成及指令系统。简要介绍了日本三菱电机公司 F1 型及德国西门子公司 S7 - 200 型的功能和特点,以期拓宽读者的知识面,增加对 PLC 的全面了解。

　　在编写过程中,我们根据高职、高专院校学生的特点,力求做到"浅、宽、高、新、用"。在机型选择上注重高水平、新产品。在浅、宽、用上,不求深,但求广,突出实际应用。去除了应用性很小,理论性又较强的内容,或者只作简要介绍。重点突出地介绍了常用指令及程序设计方法,并介绍了许多具有实际应用价值的程序,为读者进行实际程序设计提供了重要帮助。此外,在编写上我们力求文字通俗化,加强对重点内容的文字叙述,注意让教师好教,学生好学。

　　本书共分 8 章,考虑到专业不同,所授课时不同,可以根据实际情况适当取舍。例如,如果学生已开设了有关继电接触器控制的相关课程,第 1 章可不讲,直接进入

第 2 章，不会影响教学连续性。又如，关于 PLC 软件学习的第 5 章，建议只作适当介绍，让学生能够掌握一般的程序录入、修改、运行即可，更多的内容应该由学生上机自学。教学的重点应放在指令的介绍、典型程序的分析，以及设计思想等方面，为学生在程序设计上打下基础。

本书由李树雄担任主编，并负责全书的修改和统稿。其中，第 1、2、3、6 章及前言和附录由李树雄编写。第 4 章的 1～3 节和第 7、8 章由闫虎民编写。第 4 章的第 4 节和第 5 章由方强编写。

本书在编写过程中得到天津工程师范学院李全利副教授、常斗南教授，河北工业大学张乃宽教授的悉心指导。曾昭成、张鸿珍先生为本书编写提供了大量资料。本书部分插图由胡昱、毕晔帮助绘制。在此一并向他们表示衷心的感谢。同时，还要感谢日本松下电工（中国）有限公司李庭弼先生的鼎力协助。

由于编者水平有限，书中难免有疏漏和不妥之处，恳请读者批评指正。

作者 E－mail：yefan200165@yahoo.com.cn。

作　者
2006 年 7 月

目　录

第 1 章
继电接触器控制系统

继电接触器控制是一门重要的控制技术,尤其在电力拖动等领域的控制中,应用十分广泛。本章首先对继电接触器控制作一概述;然后,介绍常用的低压电器,包括它们的基本构成、工作原理,并从应用的角度介绍常用的基本控制线路,以及连线的基本原则。

1.1 概 述

自动生产线、各种功能的机械手和多工位、多工序自动机床等设备,在自动控制过程中大多以电动机作为动力。电动机是通过某种控制方式接受控制的。其中以各种有触点的继电器、接触器、行程开关等自动控制电器组成的控制线路称为继电接触器控制方式。

继电接触器控制经历了比较长的发展历史。我国从 20 世纪 50 年代开始对新建的工业控制采用这种控制方式。随着电力拖动、自动控制的发展,继电接触器控制方式得到迅速推广,对当时我国工业建设和国民经济发展起到了巨大推动作用。直至 20 世纪 80 年代,我国的大部分自动控制仍然采用这种方式。但随着自动化水平的不断提高,控制系统更加复杂,继电接触器控制的缺点就明显显现出来。一个大型的控制系统可能会使用成百上千个各式各样的继电器、接触器,使接线和安装工作量很大;而最大的问题是控制线路的专一性。在生产过程中,可能会需要改变生产工艺,这就要求改变控制程序。此外,在生产过程的试运转期,控制程序也经常发生变更,这就意味着要改动控制柜内的电器和接线。这种改变往往费用高、工期长,以至于有的用户宁愿扔掉旧的控制柜去制作一台新的控制柜。这些固有的缺点,给日新月异的工业生产带来了不可逾越的障碍,由此人们产生了一种寻找新型控制装置的想法。

20 世纪 70 年代开发了新型控制装置——顺序控制器。它采用的是晶体管无触点的逻辑控制,通过在矩阵板上插接晶体管实现编程。它的主要特点是:可以满足程序经常改变的要求,比继电接触器控制增加了灵活性、通用性,而且可靠性提高,使用操作比较方便。但它仍属于硬件组成的顺序控制装置,程序更改仍然不很方便。随着 PLC 的出现,顺序控制器很快淡出了市场。因为 PLC 以软件形式完成顺序逻辑控制,用计算机手段实施操作,所以程序的更改十分方便。加上得益于类似计算机的高可靠性和高运算速度,PLC 一经出现立即得到广泛应用,而且逐渐取代了复杂的继电接触器控制。但是,由于构成继电接触器控制的各种低压电器的特殊性,继电接触器控制不可能完全被取代。这不仅仅因为它是一种成熟、完善的技术,而且它是 PLC 的基础。此外,几乎所有的 PLC 的输入、输出仍然都要与这些电器相连接,通过它们将输入信号送给 PLC,再通过它们将 PLC 的输出信号传送给负载,带动执行机构动作。因此,学习常用的低压电器,掌握一些常用的继电接触器控制线路是十分必要的。

1.2　常用低压电器

在电能的产生、输送与使用中,电路中需装有多种电气元件,用它们来分合电路,以达到控制、调节与保护目的。这些电气元件统称为电器。

电器的功能多、用途广,品种规格繁多。按工作电压等级分为高压电器(用于交流电压 1 200 V,直流电压 1 500 V 以上电路中的电器)和低压电器(用于交流 50 Hz,额定电压 1 200 V 以下,直流额定电压 1 500 V 以下电路中的电器)。本节仅就常用的低压电器作些介绍,包括按钮、开关、熔断器、接触器、继电器。

1.2.1　按钮与开关

按钮及开关是用来改变控制系统工作状态的电器,主要包括按钮、刀开关、自动开关、行程开关等。

1. 按　钮

按钮是手动开关,通常用来接通或断开小电流控制的电路。在结构上一般分为揿钮式、紧急式、钥匙式和旋钮式。其中紧急式表示紧急操作,按钮上装有蘑菇形钮帽,颜色为红色,一般安装在操作台(控制柜)明显位置上。按钮分为常开按钮、常闭按钮,以及将常开、常闭封装在一起的复合按钮。图 1-1 所示为按钮结构示意图及符号。

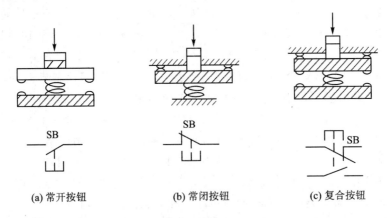

(a) 常开按钮　　　　　(b) 常闭按钮　　　　　(c) 复合按钮

图 1-1　按钮结构示意图及符号

由图 1-1 可知,常开按钮平时触点分开,手按下时触点闭合,手抬起时触点分开。常闭按钮工作过程与其恰恰相反。

　　按钮主要依据所需的触点数、使用的场合及颜色来选择。为避免按钮误操作,通常将按钮帽做成红、绿、黑、黄、蓝、白、灰等颜色。按照国标 GB 5226—85 规定,"停止"和"急停"按钮必须用红色;"启动"按钮用绿色;"启动"与"停止"交替动作的按钮用黑色、白色或灰色,不能用红色或绿色;"点动"按钮用黑色,等等。

　　常用按钮的型号有 LA 2、LA 10、LA 18、LA 19、LA 20 及新型号 LA 25;除此之外,还有引进的国外其他系列产品。

　　按钮一般适用于交流电压 500 V 以下、直流电压 440 V 以下、额定电流 5 A 以下的控制线路中。

2. 刀开关

　　刀开关又称闸刀,主要用来接通和切断长期工作设备的电源,也可以对小容量电动机(小于 7.5 kW)作不频繁的直接启动。刀开关主要类型有:带熔断器的开启式负荷开关(胶盖开关),带灭弧装置和熔断器的封闭式负荷开关(铁壳开关)等。刀开关主要根据电源种类、所需极数、额定电压、电流值、电动机容量及使用场合来选择。选择时刀的极数要与电源进线数相等,刀开关的额定电压应大于所控制线路的额定电压,刀开关的额定电流应大于负载的额定电流。刀开关结构示意图及符号如图 1-2 所示。

3. 自动开关

　　自动开关又称低压断路器,在自动控制中有着广泛应用。这是因为它不仅可以用来对不频繁的接通和断开电路以及电动机实施控制,而且它本身具有对过载、短路及欠压、失压的保护作用,在分断故障电流后无需更换零部件。自动开关的结构有框架式和装置式。框架式为敞开式结构,适用大容量配电装置;装置式有塑料外壳封闭,广泛用于工业自动控制及建筑物内作电源线路保护。

　　选择自动开关主要考虑额定工作电压、电流、极数及允许切断的极限电流。极限电流至少要等于电路的最大短路电流,以保证分断的安全可靠。自动开关的图形符号如图 1-3 所示。

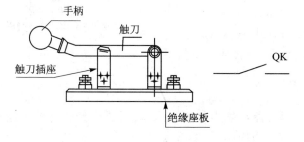

图 1-2　刀开关结构示意图及符号

图 1-3　自动开关的图形符号

4. 行程开关

行程开关主要用于检测工作机械的位置,发出命令以控制其运动方向和行程长短。它的作用原理与按钮类似,是靠外加机械力碰撞行程开关的顶杆,使触点接通或断开,实现对电路的控制。行程开关按结构分为直动式、滚动式、微动式;按工作速度分为瞬动式、慢动式;按复位方式分为自动复位式、非自动复位式等。行程开关的选择主要根据机械位置对结构形式的要求,对常开、常闭触点数目的要求,以及电压种类、额定电压、电流值大小来确定其型号。行程开关种类很多,常用的有 LX 10、LX 21、JLXK 1 等系列。行程开关结构示意图及符号如图1-4 所示。

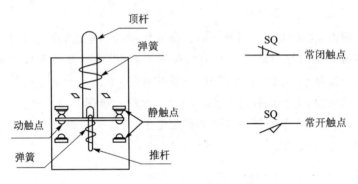

图 1-4　行程开关结构示意图及符号

近年来,由于电子技术的发展,已出现多种无触点电子接近开关,它们具有工作可靠、寿命长、操作频率高等优点,目前已得到广泛应用。

5. 熔断器

熔断器是一种最简单的起短路保护作用的电器,一般是将熔体(易熔的合金制成丝、片状)放入绝缘盒或管内而构成,使用时串入欲保护的线路中。正常工作时熔体温升低于其熔点;若发生短路时,熔体温升超过其熔点而熔化,将电路断开,从而保护了电路和用电设备。熔断器图形符号如图 1-5 所示。

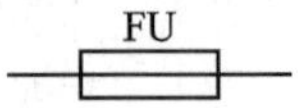

常用的熔断器有插入式、螺旋式、管式和填料式。选择熔断器主要是根据熔断器的种类、额定电压、熔体额定电流等。

FU

图 1-5　熔断器图形符号

1.2.2　接触器与继电器

接触器、继电器是电力拖动和自动控制系统中使用最多、涉及最广的一种低压控制电器。它们基本工作原理相似,但应用场合不尽相同。

1. 接触器

接触器适用于远距离频繁接通和断开交流、直流电路,可以带动电动机,也可带动电加热器、照明灯等电力负载。接触器按其触点通过电流的性质不同,可分为交流及直流接触器;按灭弧介质可分为空气式、油浸式、真空式等。应用最多的是空气式电磁接触器。交流接触器结构如图 1-6 所示;图形符号如图 1-7 所示。

如图 1-6 所示,交流接触器有 5 对主触点,2 对辅助触点。主触点可通断大电流;辅助触点供控制用,一般允许通断较小电流。其中,电磁部分包括铁心、电磁线圈、衔铁和返回弹簧。它的基本作用是将电磁能转换成机械能,通过电磁力吸引衔铁带动触点动作,实现对电路的控制。当电流比较大时,在分断电流的瞬间,触点间可能产生电弧,甚至造成触点烧损,因此要采取灭弧措施。灭弧罩是常用的灭弧方式之一。

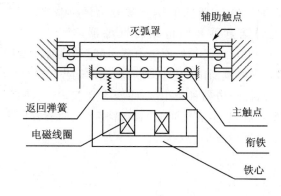

图 1-6　交流接触器结构示意图

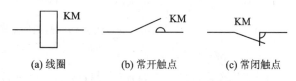

(a) 线圈　　(b) 常开触点　　(c) 常闭触点

图 1-7　交流接触器图形符号

交流接触器的选择一般根据以下几个参数:主触点的额定电压、电流值;辅助触点的额定电流值;吸引线圈的电压等级以及触点数量等。常用的交流接触器有 CJ 20、CJ 10 系列。

2. 继电器

继电器是根据控制信号动作的电器。它的种类繁多,主要有:中间继电器、电流继电器、电压继电器、时间继电器、热继电器等。其中,中间、电流和电压继电器属于电磁式继电器。

(1) 电磁式继电器

电磁式继电器的结构、工作原理与接触器相似,主要组成有电磁和触点两部分。中间继电器是将一个输入信号变成多个输出信号或将信号放大(增大触点容量)的继电器。由于触点的电流比较小,因此它不需要灭弧装置。电流继电器是根据输入(线圈)电流大小而动作的继电器,按用途分为过电流继电器和欠电流继电器。电压继电器是根据输入电压大小而动作的继电器,同样分为过电压继电器和欠电压继电器。它们分别起到了对电流、电压的保护作用。

图 1-8 给出了电磁式继电器的图形符号。

（2）时间继电器

　　时间继电器是一种按照时间原则动作的继电器，这一时间由人设定。时间继电器按工作方式分为通电延时继电器和断电延时继电器。

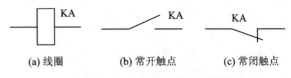

（a）线圈　　　　（b）常开触点　　　　（c）常闭触点

图 1-8　电磁式继电器图形符号

所谓断电延时是指线圈断电后，经过一段时间延时自身的触点才动作。通电延时工作与其相似，是在线圈通电一段时间后触点才动作。

　　时间继电器种类很多，主要有空气式、电动式、电子式等。近年来，电子式时间继电器获得长足发展，它具有延时时间长、精度高、调节方便等优点；有的还带有数字显示，应用很广。时间继电器的图形符号如图 1-9 所示。

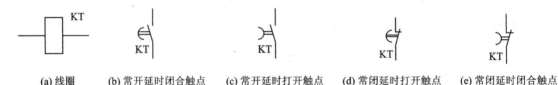

（a）线圈　　（b）常开延时闭合触点　　（c）常开延时打开触点　　（d）常闭延时打开触点　　（e）常闭延时闭合触点

图 1-9　时间继电器图形符号

（3）热继电器

　　热继电器是专门用来对连续运行的电动机进行过载及断相保护，以防止电动机过热而烧毁。热继电器的结构示意图如图 1-10 所示。它由两种膨胀系数不同的金属片压焊而成。上层 A 片热膨胀系数大，下层 B 片热膨胀系数小。当电阻丝通电加热时，因两片金属片伸长率不同而变曲，使常闭触点断开、常开触点闭合。加热用电阻丝（称为热元件）串接在电动机定子绕组中，在电动机正常运行时，所产生的热不会使触点动作。当电动机过载时，流过电流加大，经过一定时间，导致热继电器触点动作。通常将热继电器的常闭触点串接在接触器线圈电路中，用其切断线圈电流，使电动机主电路失电。故障排除后，按下复位按钮，使热继电器触点复位。热继电器一般有 2 个或 3 个发热元件，图形符号如图 1-11 所示。

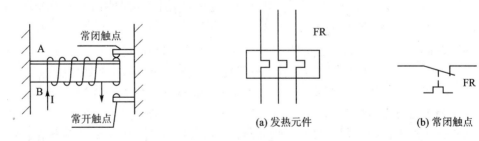

图 1-10　热继电器结构示意图　　　　　　**图 1-11　热继电器图形符号**

1.3　常用控制线路

1.3.1　电气控制线路图的绘制及读图

继电接触器控制系统由各种电器元件连接而成。为了便于设计、分析以及安装维修,绘制电气控制线路图必须采用统一规定的图形符号和文字符号。电气控制线路的表示方法一般有2种,即电气原理图和电气安装接线图。电气原理图是为了便于阅读和理解电气控制线路的工作原理;电气安装接线图是为了便于安装和检修电气控制设备。

1. 电气控制线路的图形符号和文字符号

在电气控制线路中,代表电动机、各种电气元件的图形符号应按照国家电气图用符号标准GB 4728 的规定绘制。该标准与国家电气制图标准 GB 6980 于 1990 年 1 月 1 日正式贯彻执行。国家标准已与国际电工委员会(IEC)颁布的有关标准基本相同。文字符号应符合国家标准 GB 7159—87《电气技术中文字符号制订通则》中所规定的要求。表 1－1 给出了部分常用电气图形符号和文字符号。考虑到目前仍有些技术资料使用旧国标,表中给出了新、旧国标对照,以供参考。若需要更详细的资料,请查阅国家标准。

2. 电气原理图

电气原理图是根据工作原理绘制的,一般不表示电器元件的空间位置关系,因此图中不反映电器元件的实际安装位置和实际接线情况。但原理图具有线路简单、层次分明、易于掌握等特点。原理图一般分为主电路和控制电路两部分。

主电路主要包括:电动机以及和电源相连接的刀开关、熔断器、接触器的触点、热继电器的发热元件等。主电路一般画在线路图左侧。经常应用的常规主电路由于比较简单也可省略不画。

控制电路即为控制主电路的那部分电路,主要包括:按钮、接触器线圈、热继电器的触点等。控制电路一般画在线路图的右侧。在一张完整的电气原理图中常还包括照明电路、保护电路等有关线路,一般和控制电路画在一起。

图 1－12 所示为三相鼠笼异步电动机可逆运行线路原理图。在电气原理图中,同一符号的触点和线圈属于同一电器元件,但为绘图简便常常不画在一起。因此,应注意电路中各元件之间的配合动作,明确它们之间的关系。线路图中的各电器触点状态都按未通电,或没有外界作用(如手揿、受热等)时的情况画出。对于接触器、继电器等,是指其线圈未加电压;而对于按钮、行程开关,是指未被压合。

表 1 - 1 电气图常用图形符号和文字符号新旧标准对照表

名　称		新标准		旧标准		名　称		新标准		旧标准	
		图形符号	文字符号	图形符号	文字符号			图形符号	文字符号	图形符号	文字符号
一般三极电源开关			QK		K	接触器	线圈		KM		C
低压断路器			QF		UZ		主触头				
位置开关	常开触头		SQ		XK		常开辅助触头				
	常闭触头						常闭辅助触头				
	复合触头					速度继电器	常开触头		KS		SDJ
熔断器			FU		RD		常闭触头				
按钮	启动		SB		QA	时间继电器	线圈		KT		SJ
	停止				TA		常开延时闭合触头				
	复合				AN		常闭延时打开触头				
							常闭延时闭合触头				

名称		新标准		旧标准	
		图形符号	文字符号	图形符号	文字符号
时间继电器	常开延时打开触头	[图形符号]	KT	[图形符号]	SJ
热继电器	热元件	[图形符号]	FR	[图形符号]	RJ
热继电器	常闭触头	[图形符号]	FR	[图形符号]	RJ
继电器	中间继电器线圈	[图形符号]	KA	[图形符号]	ZJ
继电器	欠电压继电器线圈	[图形符号]	KV	[图形符号]	QYJ
继电器	过电流继电器线圈	[图形符号]	KI	[图形符号]	GLJ
继电器	常开触头	[图形符号]	相应继电器符号	[图形符号]	相应继电器符号
继电器	常闭触头	[图形符号]	相应继电器符号	[图形符号]	相应继电器符号
继电器	欠电流继电器线圈	[图形符号]	KI	与新标准相同	QLJ
转换开关		[图形符号]	SA	与新标准相同	HK
制动电磁铁		[图形符号]	YB	[图形符号]	DT

名称	新标准		旧标准	
	图形符号	文字符号	图形符号	文字符号
电磁离合器	[图形符号]	YC	[图形符号]	CH
电位器	[图形符号]	RP	与新标准相同	W
桥式整流装置	[图形符号]	VC	[图形符号]	ZL
照明灯	[图形符号]	EL	[图形符号]	ZD
信号灯	[图形符号]	HL	[图形符号]	XD
电阻器	[图形符号]	R	[图形符号]	R
接插器	[图形符号]	X	[图形符号]	CZ
电磁铁	[图形符号]	YA	[图形符号]	DT
电磁吸盘	[图形符号]	YH	[图形符号]	DX
串励直流电动机	[图形符号]	M	[图形符号]	ZD
并励直流电动机	[图形符号]	M	[图形符号]	ZD
它励直流电动机	[图形符号]	M	[图形符号]	ZD
复励直流发电机	[图形符号]	M	[图形符号]	ZD

名　称	新标准		旧标准		名　称	新标准		旧标准	
	图形符号	文字符号	图形符号	文字符号		图形符号	文字符号	图形符号	文字符号
直流发电机	Ⓖ	G	Ⓕ	ZF	三相自耦变压器		T		ZOB
三相鼠笼式异步电动机	M 3~	M		D	半导体二极管		V		D
三相绕线式异步电动机	M 3~	M		D	PNP型三极管				T
单相变压器				B	NPN型三极管		V		T
整流变压器		T		ZLB					
照明变压器				ZB	晶闸管（阴极侧受控）				SCR
控制电路电源用变压器		TC		B					

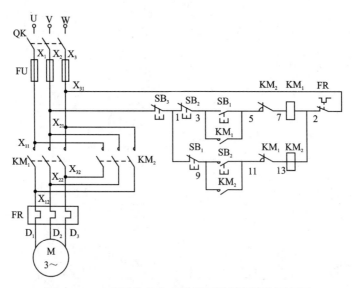

图 1 - 12　三相鼠笼异步电动机可逆运行线路原理图

3. 电气安装接线图

电气安装接线图表示各电气设备之间的实际接线情况，以及各电器的实际位置，以便在具体施工和检修中使用。安装接线图应把同一电器的各元件画在一起，而且各个元件的布置要尽可能符合这个电器的实际情况，但对尺寸和比例没有严格要求。图形和文字符号、元件连接顺序、线路号码编制应与原理图一致，以便查对。安装接线图上应该详细标明导线及走线管的型号、规格和数量。图 1-13 所示为三相鼠笼异步电动机可逆运行安装接线图。

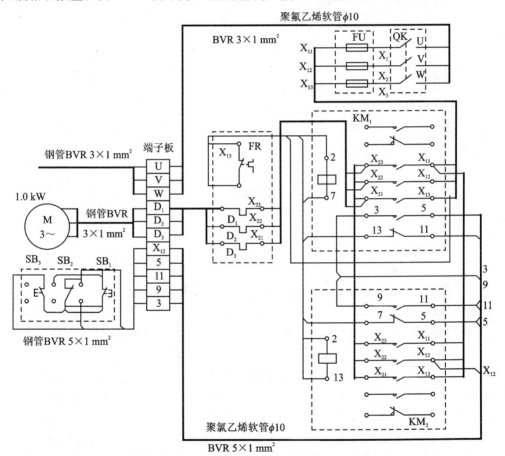

图 1-13　三相鼠笼异步电动机可逆运行安装接线图

1.3.2　基本控制线路

控制线路类型很多，有的初看上去电器元件繁多，结构复杂，但实际大多数线路都由一些基本控制线路组成。掌握这些基本线路，可为阅读和拟定复杂线路打下基础。下面将分别介绍。

1. 单向运动控制线路

在自动控制中,电动机拖动运动部件沿着一个方向运动,称为单向运动。这是基本控制线路中最简单的一种。根据控制要求不同,单向运动分为点动单向运动和长动单向运动(又称连续动),如图 1 - 14 所示。

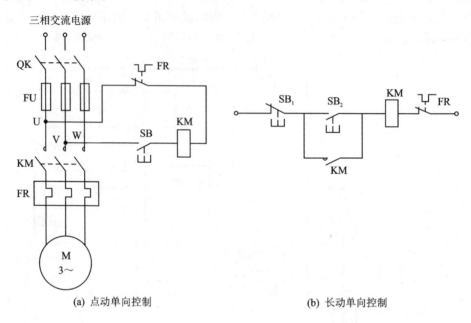

(a) 点动单向控制　　　　　　　　　　　　　　(b) 长动单向控制

图 1 - 14　单向运动控制线路

图 1 - 14(a)为点动单向控制线路。合上刀开关 QK,主电路和控制电路接入电网;按下启动按钮 SB、接触器线圈 KM 通电,其主触点 KM 闭合,电动机接通电源开始转动。放开按钮 SB,接触器线圈 KM 失电释放,主触点 KM 断开,电动机脱离电源停转。

图 1 - 14(b)为长动单向控制线路。因主电路相同省略没画,只画出控制电路。按下启动按钮 SB₂,线圈 KM 通电,其主触点 KM 将电动机接通电源而启动,同时常开辅助触点 KM 闭合。即使放开按钮 SB₂,SB₂ 触点断开,线圈 KM 经辅助触点 KM 仍通电,电动机继续转动。这种依靠接触器自身辅助常开触点使其线圈保持通电的作用称为"自锁"。起自锁作用的辅助触点称为自锁触点。需要电动机停转,按下停止按钮 SB₁ 使线圈 KM 失电释放,主触点和辅助触点均断开,电动机停止转动。当手松开 SB₁,虽复位成常闭状态,但 KM 的自锁常开触点已断开,KM 线圈不能再依靠自锁通电了。

图 1 - 14(a)、(b)所示线路都接有热继电器,在线路中起保护作用。当某种原因使电动机轴上的机械负载超过额定能力,或者三相电路断掉一相,使电动机工作电流增大,接在主电路中的发热元件发热,导致热继电器动作,接在控制电路中的常闭触点 FR 断开,使线圈 KM 失

电释放,电动机脱离三相电源实现过载保护。

　　由前面的分析可以看出,点动和长动的主要区别是控制线路是否有自锁。有自锁的可以实现长动,反之只能点动。图 1-15(a)中打开手动开关 SA,切断 KM 的自锁,线路只能点动。图 1-15(b)中增加了一个复合按钮 SB$_3$,按下按钮 SB$_2$,通过接触器 KM 长开触点的闭合形成自锁,实现长动。按下复合按钮 SB$_3$切断自锁,实现点动。图 1-15(c)中增加了中间继电器 KA,在控制线路中的用途主要是担负指令记忆、信号传递等任务。图中需要长动时,按下按钮 SB$_2$,中间继电器线圈 KA 得电,同时两个常开触点闭合。与 SB$_2$并联的触点 KA 闭合后,实现自锁,使中间继电器始终保持得电。与接触器线圈相串联的触点 KA 闭合后,使线圈 KM 得电。按下停止按钮 SB$_1$,线圈 KM 才失电释放。不难看出 SB$_3$仅做点动之用。

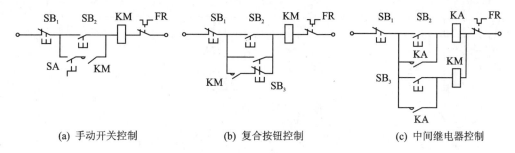

(a) 手动开关控制　　　　　　(b) 复合按钮控制　　　　　　(c) 中间继电器控制

图 1-15　长动、点动控制线路

2. 多地控制线路

　　在大型生产设备上,为使操作人员在不同方位均能进行启、停操作,常常要求组成多地控制线路。电路如图 1-16 所示。

　　由图 1-16 可见,接线的原则是将各启动按钮的常开触点并联,各停止按钮的常闭触点串联,分别装在不同的地方,就可进行多地操作。

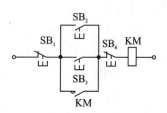

图 1-16　多地控制线路

3. 双向(可逆)运动控制线路

　　双向运动是指电动机既可以正转也可以反转。这在自动控制中是经常遇到的。在"电工学"课程中我们知道,只要把电动机定子绕组任意两相电源线对调,电动机就将改变转动方向。在下面分析中,用两个接触器 KM$_1$ 和 KM$_2$ 来完成电动机定子绕组相序的改变,如图 1-17 所示。

　　在图 1-17(b)所示的线路中,按下正转按钮 SB$_2$,KM$_1$ 得电,电动机正转。要反转时需先按下 SB$_1$ 使 KM$_1$ 失电释放,然后再按下反转按钮 SB$_3$,KM$_2$ 得电,电动机反转。这个电路存在一个问题,如果在正(反)转过程中,误按下 SB$_3$(SB$_2$),则使 KM$_1$、KM$_2$ 同时得电,由主电路

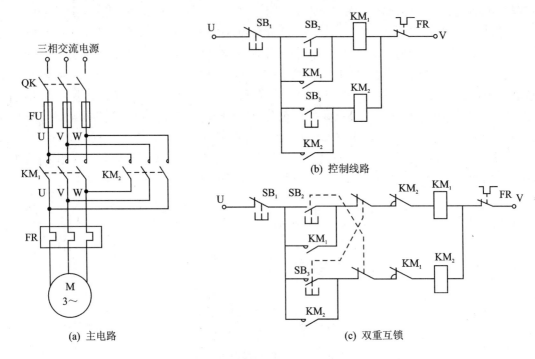

图 1-17 正反转手动控制线路

不难看出将造成电源短路。为此需采取"互锁"保护。所谓"互锁"是指当一个接触器工作时，另一个接触器不能工作。在线路中可以利用两个接触器的常闭辅助触点实现相互控制。图 1-17(c)中常闭触点 KM$_1$、KM$_2$ 构成互锁。这种互锁还可以通过图中复合按钮的常闭触点实现。这种既有接触器互锁，又有按钮的互锁构成的双重互锁，在电力拖动控制系统中常用，工作过程请读者自行分析。图 1-17(a)所示为主电路图。

　　在自动生产过程中控制电机正、反转，一般是用行程开关作为控制元件。例如，在一些机床上常要求它的工作台能在一定范围内自动往返；行车到达终点位置时，要求自动返程等。图 1-18 所示为行程控制线路。其中，图 1-18(a)是应用行程开关进行限位的示意图。

　　工作过程：按下 SB$_2$，接触器 KM$_1$ 通电并自锁，电动机正转，机械前行。当前行至限位位置时，安装在运动部件上的挡铁压合行程开关 SQ$_1$，SQ$_1$ 常闭触点断开，使接触器 KM$_1$ 失电释放，正转停止，机械停止前行。与此同时，SQ$_1$ 的常开触点闭合使接触器 KM$_2$ 通电并自锁，电动机反转，机械返回，挡铁脱离行程开关 SQ$_1$，其常闭触点恢复初态。在返回过程中，当挡铁压合行程开关 SQ$_2$，SQ$_2$ 常闭触点断开，使接触器 KM$_2$ 失电释放，反转停止，机械停止返回。同时 SQ$_2$ 的常开触点又使接触器 KM$_1$ 通电，电动机再次正转，机械前行。如此周而复始，电动机拖动运动部件不断自动往复。需要停止时，按下停止按钮 SB$_1$，接触器 KM$_1$ 或 KM$_2$ 失电释放，电动机停转，机械停止运动。

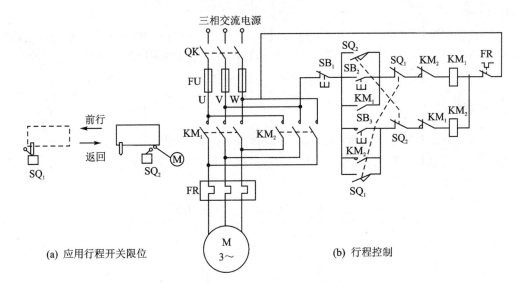

(a) 应用行程开关限位 (b) 行程控制

图 1-18 行程控制线路

4. 连锁控制线路

在自动控制中连锁应用也是十分广泛的。所谓连锁是指有关设备之间的互相制约或互相配合。例如，某自动运料小车，必须在小车行进到装料位时才允许卸料机动作；又如，机械手必须在确保物体夹紧后，机械手才能后退等。这种动作的顺序体现了各电动机之间的相互联系和制约。图 1-19 为连锁控制线路。

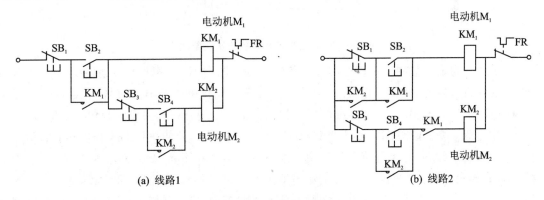

(a) 线路1 (b) 线路2

图 1-19 连锁控制线路

图 1-19(a) 表示电动机 M_1 启动后，电动机 M_2 才能启动，M_2 能单独停止。按下停止按钮 SB_1，两个电动机同时停止。图 1-19(b) 表示 M_1 启动后，M_2 才能启动。停止时，M_2 停止

后 M_1 才能停止。

连锁控制线路连接规律:先动作的接触器常开触点串联在后动作的接触器线圈电路中。在多个停止按钮中,先停的接触器常开触点与后停的停止按钮相并联。连锁控制在实际应用中很多,连锁保护控制线路也很多,这里不再一一介绍。

5. 步进控制线路

在自动控制中机械的各个动作是按程序逐次进行的,一个程序执行完成后,便自动转换到下一程序。实现这种有序的控制称为步进控制。线路的特点:以一个继电器的得电和失电去控制某一程序的开始和结束,如图 1-20 所示。

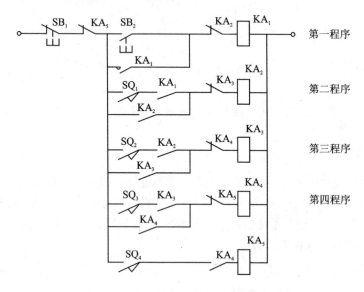

图 1-20　由继电器组成的步进控制线路

图 1-20 为依次控制 4 个程序的步进控制线路。图中 KA_1 至 KA_4 分别表示第 1 至第 4 个程序的执行继电器。SQ_1 和 SQ_4 分别表示程序执行完成后所发出的信号,它可以是该程序终了时压动的行程开关,或是某些继电器的触点。本例中用行程开关作为程序终了信号。

工作过程:按下按钮 SB_2,继电器线圈 KA_1 得电并自锁,开始执行第 1 程序;同时 KA_1 的另一个常开触点闭合,为执行第 2 程序做好准备。当第 1 程序终了时,SQ_1 被接通,KA_2 得电并自锁,开始执行第 2 程序;同时 KA_2 常闭触点断开继电器线圈 KA_1 即切断第 1 程序,KA_2 另一常开触点闭合,为执行第 3 程序做好准备。依此下去,直至第 4 程序完成时,SQ_4 闭合使继电器线圈 KA_5 得电,其常闭触点切断控制线路电源,继电器线圈 KA_5 随之释放,电路恢复初态,步进控制结束。

这种步进线路是由程序执行后,发出信号实现自动转步的。在实际应用中,也可以利用时间继电器通过时间的设定发出转步信号,实现程序转换。因为这种转步要求每一程序在定时内完成,因此又称为定时步进电路。具体线路这里不作介绍。

6. 电动机的 Y-△降压启动控制

三相鼠笼异步电动机在电力拖动中应用非常广泛。它的启动方式有全电压直接启动和降压启动。全电压启动是通过开关或接触器将额定电压直接加在电动机定子绕组上。全电压启动,电流一般约为额定电流的 4～7 倍,因此常用于中、小容量的电动机,一般是指容量小于几千瓦的电动机。对于大容量电动机,由于启动电流甚大,在短时间内会使输电线路上产生很大电压降落,造成电网电压显著下降。这样不但会减少电动机本身的启动转矩($T \propto U^2$),甚至电动机不能启动,而且会使同一电网上其他设备不能正常工作,如使其他电动机因欠压而停车。因此必须采取某些限制启动电流的措施。Y-△降压启动可以大大降低启动电流。一般超过 10 kW 以上的电动机都要求采取降压启动。

图 1-21 为 Y-△降压启动控制线路,线路特点是:在电动机启动时,定子绕组接成 Y 形,待电动机启动完毕后,则由 Y 形改接为△形。由电工学知道,当定子绕组接成△形时,每一相绕组承受的电压为电源的线电压。在电动机启动时,定子绕组先暂接为 Y 形,则每一相绕组承受线电压的 $1/\sqrt{3}$,同时索取电流也为△形的 1/3,达到降压限流目的。降压启动一般仅用于空载或轻载启动场合,对于满载启动的设备不适宜。

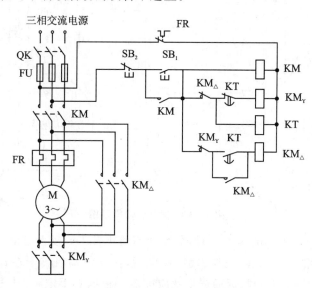

图 1-21　Y-△降压启动控制线路

工作过程:按下启动按钮 SB$_1$,接触器线圈 KM 通电并自锁,同时接触器线圈 KM$_Y$、时间继电器线圈 KT 相继通电,电动机接成 Y 形,处于降压启动。经过延时作用,时间继电器 KT

延时闭合常开触点及延时打开常闭触点分别动作,使接触器线圈 KM_Y 失电,线圈 $KM_\triangle$ 得电并自锁,电动机接成△形。与此同时,随着常闭触点 $KM_\triangle$ 断开使时间继电器 KT 失电。到此降压启动完成,电动机在全电压下正常运行。图 1-21 中常闭触点 $KM_\triangle$ 串接在线圈 KT 和线圈 KM_Y 支路上,构成了互锁。同理,常闭触点 KM_Y 与线圈 $KM_\triangle$ 也构成了互锁。利用时间继电器还可以构成其他形式的 Y-△降压启动线路。除此之外,还有定子串电阻降压启动、自耦变压器降压启动等。限于篇幅这里不再赘述。

7. 电动机能耗制动控制

三相异步电动机从切断电源到完全停止旋转,由于惯性的作用总要经过一段时间,这往往不能符合工艺要求。例如,在自动控制中有时需要电动机拖动的运动部件到位后立即停车,这就要求电动机能够迅速制动。电动机的制动一般分为机械制动和电气制动。机械制动是利用电磁铁操作机械进行制动,如常用的电磁抱闸制动。电气制动是利用电气的方法,使电动机产生一个与转子原来转动方向相反的力矩来进行制动。下面介绍的能耗制动是电气制动的常用方法之一。

能耗制动是指在电动机脱离三相电源之后,给定子绕组任意二相中通入直流电源,以产生直流磁场。利用转子感应电流与直流磁场的作用而达到制动。能耗制动原理如图 1-22 所示。

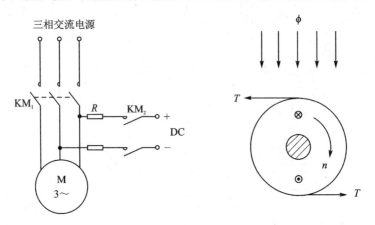

图 1-22 能耗制动原理图

当 KM_1 触点打开后,KM_2 触点立即闭合,将直流电源 DC 接入定子绕组。定子绕组的直流电流形成一个固定的直流磁场。在 KM_1 断电后,由于电动机转子在惯性作用下仍按原来方向转动,在旋转中切割磁力线,因而产生感应电流。根据右手定则,转子导体产生的感应电流方向上面为⊗,下面为⊙。转子导体即有电流流过,又处于直流磁场之中,根据左手定则,转子将产生一个反方向的制动转矩。这个转矩方向与电动机惯性旋转方向恰好相反,所以起到了制动作用,电动机迅速停转。当电动机停转后,再将直流电源切断。

制动转矩 T 的大小与直流磁场、转子惯性转速有关。在同样的转速下显然直流电流越大,直流磁场越强,产生的制动转矩越大。通过调整串接在直流电源的电阻 R 的大小,可以调节制动电流。一般可取直流电流为电动机空载电流的 3～4 倍,电流过大将使定子发热。

从能量角度来看,能耗制动是通过电动机将转子储存的机械能转换为电能,而后在转子电路中迅速转变为转子的铜耗和铁耗,从而迫使电动机被制动。从这个意义上所以称为能耗制动。

图 1-23(b)、(c)是分别用复合按钮和时间继电器实现能耗制动的控制线路。图中整流装置由变压器和整流元件组成。KM_2 为制动用接触器,KT 为时间继电器。图 1-23(b)所示为手动控制的简单能耗制动线路。

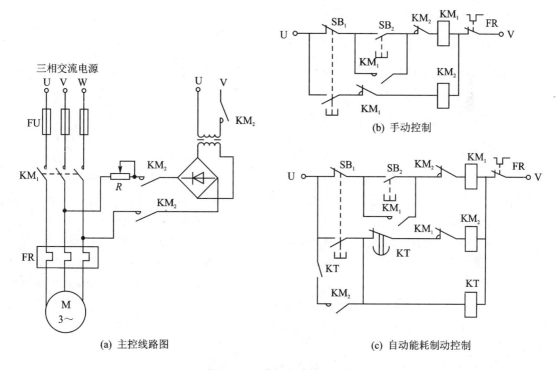

(b) 手动控制

(a) 主控线路图

(c) 自动能耗制动控制

图 1-23　能耗制动控制线路

工作过程:按下启动按钮 SB_2,接触器 KM_1 得电并自锁,电动机启动。停车时,按下复合停止按钮 SB_1,接触器 KM_1 失电释放,电动机脱离三相电源。同时由于接触器 KM_2 通电,KM_2 主触点闭合,而使直流电源加至两相定子绕组。电动机在能耗制动下迅速停车。放开停止按钮,接触器 KM_2 失电,切断直流电源,制动结束。显然这种线路从停车到制动是由操作者用手动进行控制的。

图 1-23(c)是自动能耗制动控制线路。工作过程:在电动机正常运行时,按下复合按钮 SB_1,接触器线圈 KM_1 失电,切断电动机三相电源。同时接触器线圈 KM_2 和时间继电器线圈

KT 得电,KM$_2$ 得电,使电动机定子绕组加入直流电源,电动机进入能耗制动状态。KT 得电使时间继电器开始对能耗制动进行定时。KM$_2$ 常开触点和 KT 瞬动常开触点串联后并联在 SB$_1$ 常开按钮两端,形成对 KT、KM$_2$ 线圈的自锁。当转子的惯性速度接近零时,定时时间已到,时间继电器延时打开常闭触点 KT 使线圈 KM$_2$ 断电,相继也使时间继电器线圈 KT 断电,电动机能耗制动过程结束。图 1-23(a)所示为主控线路图。

在控制线路中,自锁回路中 KT 的瞬动常开触点的作用是为了考虑时间继电器 KT 线圈断线或发生机械卡住故障时,断开接触器 KM$_2$ 的线圈通路,使电动机定子绕组不致长期接入直流电源。该电路具有手动控制能耗制动能力,如果上述故障发生,只要按下复合按钮 SB$_1$,电动机就能实现能耗制动。

1.3.3　电动机控制的保护环节

电力拖动控制系统除了能满足生产机械加工工艺要求,还要保证系统长期、正常、无故障运行,因此要加保护环节,以保护电动机及其他电器设备、机械设备和人身安全。

常用的保护环节有:短路保护、过电流保护、过载保护、零电压和欠电压保护及弱磁保护。

1. 短路保护

电动机绕组的绝缘导线的绝缘损坏或线路发生故障会造成短路现象。短路时电路电流剧增,将导致产生过大的热量,使同一线路上电机、电器及导线绝缘损坏。因此,当电路出现短路电流或者数值接近短路电流时,应立即切断电源。常用的短路保护装置是熔断器和自动开关。

熔断器的熔体与被保护的电路串联,当电路发生短路时,短路电流流过熔体,使之被加热,部分熔体熔解汽化而被熔断,将电源切断达到保护目的。由于熔断器的熔体受老化、环境温度等因素的影响,其动作值不太稳定,用其保护电动机时,可能只有一相熔断器熔断而造成单相运行。因此熔断器常用于动作准确度要求不太高和自动化程度较低系统中。用自动开关作短路保护能很好克服这些缺陷。它可以用作低压(500 V 以下)配电的总电源开关,一旦出现短路,其电流线圈动作会将三相电源同时切断。此外,它还兼有过载、欠压保护。自动开关广泛应用于要求较高的场合,但其结构复杂、操作频率低,价格也较贵。

2. 过电流保护

电动机在启动、制动中常常会产生过大的电流。此外,在电动机负载剧烈增加时也会引起电流增加。尽管其电流值比短路电流要小,但对设备的危害是一样的;而且过电流的发生比短路电流发生的可能性更大,例如,在频繁启动、制动以及正反转控制线路中常会发生过电流。

过电流保护常用于直流电动机或绕线式异步电动机,常用的保护装置有自动开关或过电流继电器。图 1-24 所示为使用过电流继电器实现过电流保护的原理图。

过电流继电器 3 个线圈 1KI、2KI、3KI 分别串接在主电路中,用来检测电流的大小。电动

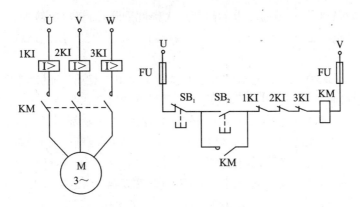

图 1 - 24 过电流保护线路

机正常运转时,接触器主触点 KM 闭合。当出现过电流时,过电流继电器线圈中电流达到其动作值,打开相应的常闭触点 KI,使接触器线圈 KM 断电,主触点 KM 断开,使电动机脱离电源实现过流保护。

由于三相鼠笼电动机本身启动电流较大,因此一般不采用过电流保护,而采用短路保护和过载保护。

应当说明的是,在直流电动机或绕线式异步电动机线路中,过电流继电器同时起着短路保护作用。

3. 过载保护

过载保护又称热保护。电动机出现过载的主要原因有机械负载超过额定值,以及三相电源断掉一相、欠压运行等。在这种情况下,连续运行的电动机由于电流大于其额定值,使电动机发热;当温升超过其允许值时,甚至将电动机烧毁。常用的过载保护装置为热继电器。

热继电器也是一种电流敏感装置,但是和熔断器作用不同。热继电器只能用于过载保护,不能用于短路保护。当发生短路时电流很大,由于热惯性原因,热继电器还来不及动作电动机就已受到损坏,因此短路保护要由熔断器完成。一般在使用热继电器作过载保护的同时,还必须设有短路保护。

4. 零电压和欠电压保护

当电动机正常运转时,电源电压突然消失,电动机将停转。如果不断开电源,当电压恢复时,电动机又会自行启动。电动机的突然运转可能会造成设备和人身事故。而且当许多电动机及其他用电设备同时自行启动时,还会造成电网电压下降,使得一些应该自行启动的重要设备无法启动。为了防止电压恢复时电动机自行启动的保护叫零电压保护。

当电动机正常启动时,如果由于某种原因使电源电压降低时,电动机的磁转矩要与电压的平方成正比的下降($T \propto U^2$),因而使电动机转速大幅度下降,而绕组电流大大增加。如果电动机长时间在这种欠压状态下工作,将会使电动机严重损坏。为防止电动机在欠压下工作的保护叫做欠压保护。

零电压和欠电压保护就是当电动机的电源电压下降到一定允许值以下时,立即将电源自动切断,以使电动机脱离电网。待电压恢复正常后再重新启动。

在前面介绍的采用按钮、接触器组成的基本线路中一般都具有零压和欠压保护,如图 1 - 14(b)所示。当电源电压降低到额定电压的 85% 以下(或断电)时,接触器电磁线圈所产生的吸力不足以吸牢衔铁而释放,使接触器各触点恢复初态,将电动机电源切断,并且使控制回路失去自锁。当电源恢复正常电压时,电动机不能重新启动,必须由人再次按动启动按钮,从而得到保护。所以带有自锁环节的电路本身已具备了欠压或零压保护。

为了实现欠压保护也可采用欠电压继电器。将欠电压继电器线圈直接跨接在定子的两相电源线上,用来检测电压大小。当电源电压降低到一定值时线圈释放,切断整个控制电路。

5. 弱磁保护

直流电动机在使用中有一个重要问题,要求在电动机运行时,激磁电流不能突然消失或减少很多,否则将会使电枢电流急剧增加,造成严重后果。如果电动机在重载下运行,则会使电动机转速下降,甚至停转,而过大的电枢电流可能烧毁电枢绕组;如果电动机在轻载或空载下运行,那么过大的电枢电流所产生的电磁转矩将使电动机转速迅速升高,甚至发生"飞车"。因此需要弱磁保护。弱磁保护是通过在电动机激磁回路中串入欠电流继电器来实现的。在电动机运行中,如果激磁电流消失或降低太多,那么欠电流继电器线圈就会断电,其触点切断主电路接触器线圈,使电动机断电停车。

除以上介绍的几种保护外,控制系统中还可能有其他多种保护,如联锁保护、行程保护、温度保护等。只要在控制电路中串接上能反映这些参数的控制电器的常开触点或常闭触点,就可实现有关保护。详细情况请参阅有关书籍。

1.3.4 控制线路连线的基本原则

进行一个电器控制线路的设计,应保证线路工作安全、可靠、操作和维修方便,同时要尽量减少设备投资。这就要求设计人员能够熟练掌握系统设计的基本原理、基本线路单元,了解生产工艺对控制线路的要求,尤其要非常注意控制线路连线的基本规则及有关事项。

1. 触点的串联、并联

在控制中如果要求几个条件都具备时,才使控制电器线圈得电,可将几个常开触点与线圈相串联,如图 1 - 25(a)所示。如果要求几个条件只具备一个时,就使所控制的电器线圈断电,可将几个常闭触点与线圈串联,如图 1 - 25(b)所示。这两种线路的控制称为串联控制。

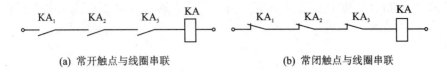

(a) 常开触点与线圈串联　　　　　　　　(b) 常闭触点与线圈串联

图 1－25　串联控制

在电器控制中也常常需要并联控制。如图 1－26(a)所示,它表明当几个条件具备一个时,就使所控制的电器线圈得电。图 1－26(b)表明当几个条件都具备时,才能使控制电器线圈断电。

多个触点的串联或并联的线路在继电接触器控制中有两种应用的可能:由于自动控制过程中各个动作环节相互关联的要求;由于对电器触点接通或断开能力的考虑。当线路中采用小容量继电器的触点断开和接通大容量接触器线圈时,应计算继电器的断开和接通容量是否足够,否则应增加中间

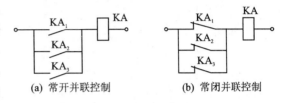

(a) 常开并联控制　　　　(b) 常闭并联控制

图 1－26　并联控制

继电器以增加线路中的触点。一般增加接通能力用多触点并联;增加分断能力用多触点串联。

2. 简化触点和连线

线路设计时,在满足动作要求情况下,应尽量减少触点,以便降低故障率,提高线路的可靠性。图 1－27 为合并同类触点的例子。但要注意在合并触点时应考虑触点的额定电流是否允许。

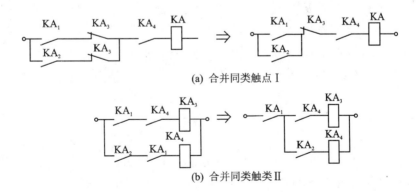

(a) 合并同类触点 Ⅰ

(b) 合并同类触类 Ⅱ

图 1－27　简化触点

图 1－28(a)所示,当继电器线圈 KA_3 动作时,必须先经过 KA_1 和 KA_2 两个继电器动作。当控制过程允许继电器 KA_3 与继电器 KA_2 同时动作时,可改画成图 1－28(b)。这样,继电器 KA_3 动作时只要求 KA_1 继电器动作。如果控制过程需要 3 个继电器 KA_1、KA_2、KA_3 有序动

作,显然图 1-28(a)接线也不适宜,应改接为图 1-29。这样可以尽量减少电路连接点,降低故障率,增加线路工作可靠性。

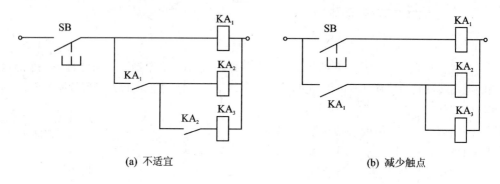

(a) 不适宜   (b) 减少触点

图 1-28 减少触点

3. 两个交流线圈不能串联连接

交流电器线圈不能串联连接,即使两个电器型号相同也不允许。这是因为交流线圈上的电压与线圈阻抗大小成正比。两个线圈通电后动作总有先有后,不可能同时吸合。当其中一个电器线圈通电动作后,因为磁路闭合,线圈的电感显著增加,阻抗增大,该线圈两端电压增加,以致另一线圈达不到额定电压值而不能吸合。因此,两个交流电器需要同时动作时,两个电器的线圈必须用并联接法。

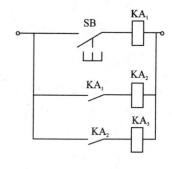

图 1-29 减少连线

在继电接触器控制线路设计过程中,还有一些规则,限于篇幅此处不能一一介绍,请读者参考有关书籍。

小　结

继电接触器控制在生产过程及其他各个领域仍有着广泛的应用,它既是一门独立的控制技术,又是 PLC 的应用基础,因此学习和掌握继电接触器控制十分重要。

构成继电接触器控制系统的设备种类繁多,功能各异。本章主要以电动机作为控制对象,介绍常用的低压电器和常用的基本控制线路。在低压电器中,介绍了在控制中不可缺少的按钮及各种开关,包括刀开关、自动开关、行程开关及熔断器;介绍了它们的基本构成及在控制中所起的作用;介绍了接触器、继电器的基本构成和工作原理,以及它们在线路中作用。接触器主要用来接通和断开电动机等执行设备,可以允许通过较大电流。继电器主要用来接通或断开控制线路,允许通过较小电流。

　　本章还从应用的角度介绍了若干常用的基本继电接触器线路图,因为它们是组成任意复杂线路的基础。同时介绍了自锁、互锁、连锁的概念。在电动机的保护环节中,详细介绍了5 种保护措施,因为这是电力拖动系统设计中不可缺少的组成部分。其中,关于短路、过电流、过载保护虽然都是电流保护,但由于故障电流的动作值、保护特性和保护要求以及使用的元件不同,因此三者之间不能相互取代。为了加深对继电接触器线路的了解,本章还简要介绍了线路连接的基本原则。

习题与思考题

　　1.1　电气原理图中,QS、FU、KM、KA、KI、KT、FR、SB、SQ 分别代表什么电器元件?

　　1.2　什么叫自锁、互锁? 如何实现自锁和互锁?

　　1.3　设计一个控制线路,要求第一台电动机启动 10 s 后,第二台电动机自动启动,运行20 s,两台电动机同时停转。

　　1.4　设计一个控制线路,按下启动按钮后 KM_1 线圈通电,经 10 s 后 KM_2 线圈通电,经5 s 后 KM_2 线圈断电释放,同时 KM_3 线圈通电,再经 15 s 后,KM_1、KM_3 线圈断电释放。

　　1.5　鼠笼异步电动机降压启动的目的是什么? 重载启动时宜采用降压启动吗?

　　1.6　既然在电动机主电路中装有熔断器,为什么还要装热继电器? 装有热继电器是否可以不装熔断器,为什么?

　　1.7　短路保护和过电流保护有何区别,应采用什么控制电器?

　　1.8　为什么电动机应具有零电压、欠电压保护?

　　1.9　当三相异步电动机启动时,启动电流很大,热继电器是否会动作? 为什么?

第 2 章
PLC 概述及系统构成

　　PLC(可编程序控制器)是将计算机技术应用于工业控制领域的产品,在短短的几十年里得到了迅猛发展,已成为当代工业自动化的主要支柱之一。本章对可编程序控制器,从硬件、软件两个方面介绍它的基础知识,概述其定义、特点、一般构成和基本工作原理,还初步介绍它的编程语言。

　　FP1 是日本松下电工株式会社生产的小型可编程序控制器。它有许多规格,具有体积小、质量轻、功能齐全、编程简单、价格便宜等优点,在工业控制中应用十分广泛。本章将介绍 FP1 可编程序控制器的类型、规格、主要技术性能指标以及内部寄存器及 I/O 配置等概念。

2.1 PLC 的历史与发展

2.1.1 PLC 的定义

　　可编程序控制器是在继电接触器控制和计算机控制基础上开发的工业自动控制装置。进入 20 世纪 80 年代以来,由于计算机技术和微电子技术的迅猛发展,极大地推动了可编程序控制器的发展,使其功能日益增强,更新换代明显加快。目前,它广泛应用在各种机械和生产过程的自动控制中,为工业自动化提供了有力的工具。应用较多的场合有:电动机的启停、电磁阀的开闭、产品的计数以及温度、压力、流量的设定与控制等。

　　早期的可编程序控制器在功能上只能进行逻辑控制,替代以继电器、接触器为主的各种顺序控制,因此称为可编程序逻辑控制器(Programmable Logic Controller,PLC)。

　　随着技术的发展,国外一些厂家采用微处理器(Microprocessor)作为中央处理单元,使其功能大大增强。它不仅具有逻辑运算功能,还具有算术运算、模拟量处理和通信联网等功能。PLC 这一名称已不能准确反映它的特性。因此,1980 年美国电气制造商协会(NEMA)将它命名为可编程序控制器(Programmable Controller,PC)。但由于个人计算机(Personal Computer)也简称 PC,为避免混淆,可编程序控制器仍习惯称为 PLC。

　　1982 年国际电工委员会(IEC)颁布了可编程序控制器标准草案第一稿;1985 年提交了第二稿。1987 年 2 月在第三稿中对可编程序控制器定义如下:"可编程序控制器是一种数字运算操作的电子系统,是专门为在工业环境下应用设计的。它采用可以编制程序的存储器,用来在其内部存储执行逻辑运算、顺序控制、定时、计数和算术运算等操作的指令,并能通过数字式或模拟式的输入和输出,控制各种类型的机械或生产过程。可编程序控制器及其有关设备,都应按易于与工业控制系统形成一个整体,易于扩展其功能的原则设计。"

事实上,可编程序控制器是一种以微处理器为核心,带有指令存储器和输入/输出接口,将自动化技术、计算机技术、通信技术融为一体的新型工业控制装置。

2.1.2　PLC 的产生与发展

在 PLC 出现之前,生产线的控制多采用继电接触器控制系统。所谓继电接触器控制系统是指,由各种自动控制电器组成的电器控制线路。它经历了比较长的历史。其特点为结构简单、价格低廉、抗干扰能力强,能在一定范围内满足单机和自动生产线的需要。但是,它有明显的缺点,主要体现在有触点的控制系统,触点繁多,组合复杂,因而可靠性差。此外,它是采用固定接线的专用装置,灵活性差,不能满足程序经常改变、控制要求比较复杂的场合。因此,它制约了日新月异的工业发展。于是,人们寻求研制一种新型的通用控制设备,取代原有的继电接触器控制系统。

20 世纪 60 年代末期,美国汽车制造工业竞争激烈,为了使汽车型号不断翻新,缩短新产品的开发周期,1968 年美国通用汽车公司(GM)提出研制 PLC 的基本设想,即:

把计算机的功能和继电接触器控制系统结合起来,将硬件接线的逻辑关系转为软件程序设计;而且要求编程简单易学,能在现场进行程序修改和调试;并且要求系统通用性强,适合在工业环境下运行。

1969 年,美国数字设备公司(DEC)根据上述要求研制出了世界第一台可编程序控制器。限于当时的科学技术水平,可编程序控制器主要由分立元件和中小规模集成电路构成。但是,它实现了取代传统的继电接触器控制系统,首次在美国 GM 公司的汽车自动装配线运行,获得了成功。其后日本、德国等相继引入,并使其应用的领域迅速扩大。

自第一台 PLC 诞生以来,它的发展经历了五个重要时期:

① 从 1969 年到 20 世纪 70 年代初期。主要特点:CPU 由中、小规模数字集成电路组成,存储器为磁芯存储器;控制功能比较简单,能完成定时、计数及逻辑控制;有多个厂商推出一些典型产品,但产品没有形成系列化;应用的范围不是很广泛,还仅仅是继电接触器控制的替代产品。

② 20 世纪 70 年代初期到 20 世纪 70 年代末期。主要特点:采用 CPU 微处理器,存储器也采用了半导体存储器,不仅使整机的体积减小,而且数据处理能力获得很大提高,增加了数据运算、传送、比较等功能;实现了对模拟量的控制;软件上开发出自诊断程序,使 PLC 的可靠性进一步提高。这一时期的产品已初步实现了系列化,PLC 的应用范围在迅速扩大。

③ 20 世纪 70 年代末期到 20 世纪 80 年代中期。主要特点:由于大规模集成电路的发展,推动了 PLC 的发展,CPU 开始采用 8 位和 16 位微处理器,使数据处理能力和速度大大提高;PLC 开始具有了一定的通信能力,为实现 PLC 分散控制、集中管理奠定了重要基础;软件上开发出了面向过程的梯形图语言及助记符语言,为 PLC 的普及提供了必要条件。在这一时

期,发达的工业化国家多种工业控制领域开始使用 PLC 控制。

④ 20 世纪 80 年代中期到 20 世纪 90 年代中期。主要特点:超大规模集成电路促使 PLC 完全计算机化,CPU 已经开始采用 32 位微处理器;数学运算、数据处理能力大大提高,增加了运动控制、模拟量 PID 控制等,联网通信能力进一步加强;PLC 功能在不断增加的同时,体积在减小,可靠性更高。在此期间,国际电工委员会(IEC)颁布了 PLC 标准,使 PLC 向标准化、系列化发展。

⑤ 20 世纪 90 年代中期至今。主要特点:PLC 使用 16 位和 32 位微处理器,运算速度更快、功能更强,具有更强的数值运算、函数运算和大批量数据处理能力;出现了智能化模块,可以实现对各种复杂系统的控制;编程语言除了传统的梯形图、助记符语言之外,还增加了高级编程语言。

可编程序控制器经过 40 多年的发展,现已形成了完整的产品系列,其功能与昔日的初级产品不可同日而语,强大的软、硬件功能已接近或达到计算机功能。目前,PLC 产品在工业控制领域中无处不见,并且已渗透到国民经济的各个领域。它所发挥的重要作用,得到各个发达的工业国家的高度重视。

随着计算机技术的发展,可编程序控制器也同时得到迅速发展。今后 PLC 将会朝着以下两个方向发展。

(1)方便灵活和小型化

工业上大多数的单机自动控制只需要监测控制参数,而且执行的动作有限,因此小型机需求量十分巨大。所谓向小型化发展是指,向体积小、价格低、速度快、功能强、标准化和系列化发展。尤其体积小巧,易于装入机械设备内部,是实现机电一体化的理想控制设备。

现在国际一些著名的 PLC 生产大公司,几乎每年都推出一些小型化,甚至微型化的新产品。它们的功能十分强大,将原来大中型 PLC 的功能移植过来,如对模拟量的处理、与上位计算机联网通信等。在结构上一些小型机采用框架和模块的组合方式,用户可根据需要选择 I/O 接口、内存容量或其他功能模块。这样,方便灵活地构成所需要的控制系统,以满足各种特殊的控制要求。

(2)高功能和大型化

对钢铁工业、化工工业等大型企业实施生产过程的自动控制一般比较复杂,尤其实现对整个工厂的自动控制更加复杂,因此要向大型化发展,即向大容量、高可靠性、高速度、高功能、网络化方向发展。为获得更高速度,就需要提高 CPU 的等级。相信不久的将来,大型 PLC 会全部使用 64 位 RISC 芯片,用 PLC 取代微机的工业控制将成为现实。

PLC 自 1969 年出现,立即引起各国的关注;1971 年日本引入 PLC 技术;1973 年德国引入 PLC 技术;我国于 1973 年开始研制 PLC。目前,世界上百家的 PLC 制造厂中,仍然是美、日、德三国占有举足轻重的地位。它们的系列产品有其技术广度和深度,因此控制着全世界一半以上的 PLC 市场。近年来,我国 PLC 生产有了长足地发展,国内 PLC 生产厂家也多达数个,产品已有几十种,有的已形成系列产品。其中,天津、上海、杭州、北京等生产厂家的产品已达到一定规模,但与世界水平相比,我国的 PLC 研制开发和生产还比较落后。

随着生产技术的发展,借鉴国外的先进技术,快速发展多品种多档次的 PLC,并且进一步促进 PLC 的推广和应用,是提高我国工业自动化水平的迫切任务。目前,已有愈来愈多的单位正积极致力于这项工作,并取得了很好的成绩。我们相信,随着 PLC 的研究、生产以及推广和使用,必然将会带动我国工业自动化迈向一个新的台阶。

2.2　PLC 的特点及应用领域

2.2.1　PLC 的特点

1. 可靠性高

可编程序控制器采用了微电子技术,大量的开关动作由无触点的半导体集成电路完成。内部处理过程不依赖于机械触点,而是通过对存储器的内容进行读或写来完成,因此不会出现继电接触器控制系统的接线老化、触点接触不良、触点电弧等现象。此外,在制造工艺上加强了抗干扰措施。如在输入、输出端口均采用了光电隔离,使外部电路与内部电路之间避免了直接电的联系,可有效地抑制外部电磁干扰。PLC 还具有完善的自诊断功能,检查判断故障方便,因而便于维修。PLC 特殊的外壳封装结构,使其具有良好的密封、防尘、抗振等作用,因此可以工作在环境恶劣的工业现场。由于 PLC 具有高可靠性,其平均故障间隔时间为 2 万～5 万小时。

2. 编程简单

PLC 最大特点,是采用了易学易懂的梯形图语言。它是以计算机软件技术构成人们已习惯的继电器模型,形成一套独具风格的,以继电器线路图为基础的形象编程语言。梯形图语言的电路符号和表达方式与继电接触器电路接线图相当接近,只用 PLC 的几十条开关量逻辑指令就可以实现继电接触器电路的功能。只要通过阅读 PLC 的使用手册或接受短期培训,电气操作人员就可以编制用户程序。正因为如此,PLC 才能够迅速普及。

梯形图语言实际是一种面向用户的高级语言。PLC 在执行梯形图程序时,通过解释程序将它"翻译"成汇编语言去执行。与直接用汇编语言编写相比,虽然执行时间要长一些,但对大多数自动控制系统是微不足道的。

3. 通用性好

PLC 是通过软件来实现控制的。同一台 PLC 可用于不同的控制对象,只需改变软件就可以实现不同的控制要求,充分体现了灵活性、通用性。

各种 PLC 都有各自的系列化产品。同一系列 PLC,不同机型功能基本相同,可以互换,可以根据控制要求进行扩展,包括容量扩展、功能扩展,可以进一步满足控制需要。

4. 功能强大

PLC 不仅可以完成逻辑运算、计数、定时,还可以完成算术运算以及 A/D、D/A 转换等。PLC 最广泛的应用场合是对开关量逻辑运算和顺序控制,同时还可以应用于对模拟量的控制。

PLC 可以控制一台单机、一条生产线,还可控制一个机群、多条生产线;可以现场控制,也可远距离控制;可控制简单系统,也可控制复杂系统。在大系统控制中,PLC 可以作为下位机与上位机或在同级的 PLC 之间进行通信,完成数据的处理和信息交换,实现对整个生产过程的信息控制和管理。

5. 体积小、功耗低

由于 PLC 采用半导体集成电路,因此具有体积小、质量轻、功耗低的特点,而且设计结构紧凑坚固,易于装入机械设备内部,是实现机电一体化的理想控制设备。

6. 设计施工周期短

使用 PLC 完成一项控制工程,在系统设计完成以后,现场控制柜(台)等硬件的设计及现场施工和 PLC 程序设计可以同时进行。PLC 的程序设计可以在实验室模拟调试。输入信号可通过外接小开关送入;输出信号通过观察 PLC 主机面板上相应的发光二极管获得。程序设计好后,再将 PLC 安装在现场统调。

由于 PLC 用软件取代了继电接触器控制系统中大量的中间继电器、时间继电器、计数器等低压电器,使整个的设计、安装、接线工作量大大减少。又由于 PLC 程序设计和硬件的现场施工可同时进行,因此大大缩短了施工周期。

2.2.2　PLC 的应用领域

随着微电子技术的快速发展,PLC 的制造成本不断下降,而功能却大大增强。目前,在先进工业国家中 PLC 已成为工业控制的标准设备,应用的领域已覆盖了所有工业企业。概括起来主要应用在以下几个方面。

1. 开关量的逻辑控制

开关量逻辑控制是工业控制中应用最多的控制,PLC 的输入和输出信号都是通/断的开关信号。对控制的输入、输出点数可以不受限制,从十几个到成千上万个点,可通过扩展实现。

在开关量的逻辑控制中,PLC 是继电接触器控制系统的替代产品。

用 PLC 进行开关量控制遍及许多行业,如机床电气控制、电机控制、电梯运行控制、冶金系统的高炉上料、汽车装配线、啤酒灌装生产线等。

2. 模拟量控制

PLC 能够实现对模拟量的控制。如果配上闭环控制(PID)模块后,可对温度、压力、流量、液面高度等连续变化的模拟量进行闭环过程控制,如锅炉、冷冻、反应堆、水处理、酿酒等。

3. 机械运动控制

PLC 可采用专用的运动控制模块,对伺服电机和步进电机的速度与位置进行控制,以实现对各种机械的运动控制,如金属切削机床、数控机床、工业机器人等。

4. 通信、联网及集散控制

PLC 通过网络通信模块及远程 I/O 控制模块,可实现 PLC 与 PLC 之间的通信、联网和与上位计算机的通信、联网;实现 PLC 分散控制、计算机集中管理的集散控制(又称分布式控制),增加系统的控制规模,甚至可以使整个工厂实现生产自动化。

5. 数据处理

许多 PLC 具有很强的数学运算(包括逻辑运算、矩阵运算、函数运算)、数据传送、转换、排序、检索等功能;还可以完成数据采集、分析和处理。这些数据可以与存储器中存储的参考数据相比较,也可以传送给其他智能装置或传送给打印机打印制表。较复杂的数据处理一般在大、中型控制系统。

2.3　PLC 的一般构成和基本工作原理

2.3.1　PLC 的一般构成

PLC 生产厂家很多,产品的结构也各不相同,但它们的基本构成相同,都采用计算机结构,如图 2-1 所示。由图可见主要有 6 个部分组成,包括 CPU(中央处理器)、存储器、输入/输出接口电路、电源、外设接口、I/O 扩展接口。

1. CPU

CPU 是中央处理器(Central Processing Unit)的英文缩写。它是 PLC 的核心,相当于人的大脑,是控制指挥的中心。它主要由控制电路、运算器和寄存器组成,并集成在一块芯片上。

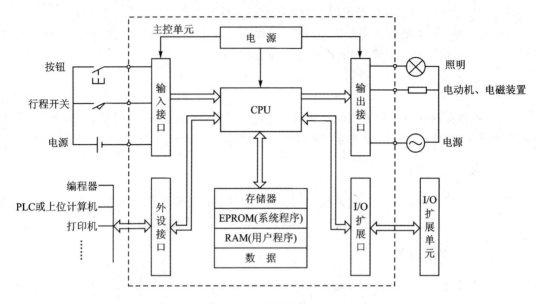

图 2 - 1　PLC 结构示意图

CPU 通过地址总线、数据总线和控制总线与存储器、输入/输出接口电路相连接,完成信息的传递、转换等。

CPU 的主要功能:

① 接收输入信号,并送入存储器存储起来;

② 按存放指令的顺序,从存储器中取出用户指令进行翻译;

③ 执行指令规定的操作,并将结果输出;

④ 接收输入、输出接口发来的中断请求,并进行中断处理,然后再返回主程序继续顺序执行。

PLC 常用的 CPU 主要采用通用的微处理器、单片机和双极型位片式微处理器。通用微处理器常用的是 8 位或 16 位,如 Z80A、8080、8085、8086、M68000 等。单片机集成了 CPU、部分存储器和部分 I/O 接口,因此性能价格比高,多为中小型 PLC 采用。单片机常用的有 8051、8098 等。位片式微处理器主要特点是运算速度快,以 4 位为一片,可以多片级联,组成任意字长的微处理器,因此多为大型 PLC 采用。位片式微处理器常用的有 AM2900、AM2901、AM2903 等。目前,PLC 的位数多为 8 位或 16 位,高档机已采用 32 位,甚至更高位数。

2. 存储器

存储器主要功能是存放程序和数据。程序是 PLC 操作的依据,数据是 PLC 操作的对象。根据存储器在系统中的作用,可分为系统程序存储器和用户程序存储器。

（1）系统程序存储器

系统程序是指对整个 PLC 系统进行调度、管理、监视及服务的程序，它决定了 PLC 的基本智能，使 PLC 能完成设计者要求的各项任务。系统程序存储器用来存放这部分程序。系统程序由 PLC 生产厂家设计提供，固化在各种只读存储器（ROM）中，用户不能直接存取、修改。

（2）用户程序存储器

用户程序是用户在各自的控制系统中开发的程序，是针对具体问题编制的。用户程序存储器用来存放用户程序，以及存放输入/输出状态、计数/定时的值、中间结果等，由于这些程序或数据需要经常改变、调试，故用户程序存储器多为随机存储器（RAM）。为保证掉电时不会丢失存储的信息，一般用锂电池作为备用电源。当用户程序确定不变后，可将其写入可擦除可编程只读存储器（EPROM）中。

PLC 具备了系统程序，才能使用户有效地使用 PLC；PLC 系统具备了用户程序，通过运行才能发挥 PLC 的功能。

一般系统程序存储器容量的大小，决定系统程序的大小和复杂程度，也决定了 PLC 的功能。用户程序存储器容量大小，决定了用户控制系统的控制规模和复杂程度。PLC 产品说明书中所给出的存储容量是指用户存储器的容量。

3. 输入、输出接口电路

输入、输出接口电路是 PLC 与现场 I/O 设备相连接的部件。它的作用是将输入信号转换为 CPU 能够接收和处理的信号，将 CPU 送出的弱电信号转换为外部设备所需要的强电信号。因此，它不仅能完成输入、输出接口电路信号传递和转换，而且有效地抑制了干扰，起到了与外部电信号的隔离作用。

（1）输入接口电路

输入接口一般接收按钮开关、限位开关、继电器触点等信号，电路如图 2 - 2 所示。虚线框内为 PLC 内部输入电路。图中只画出对应一个输入点的输入电路，各个输入点所对应的输入电路相同。外接直流电源极性任意。其中 R_1 为限流电阻，R_2 和 C 构成滤波电路，发光二极管与光电三极管封装在一个管壳内，构成光电耦合器。LED 发光二极管指示该点输入状态。当闭合开关 SB 后，光电耦合器中二极管中有电流流过，光电三极管在光信号照射下导通，将开关 SB 闭合的信号送入内部电路，同时发光二极管 LED 点亮，指示现场开关闭合。输入接口电路不仅使外部电路与 PLC 内部电路实现了电的隔离，提高了 PLC 的抗干扰能力，而且实现了电平转换（外部直流电源 24 V，而 CPU 的工作电压一般为 5 V）。应当说明，有的 PLC 已内置 24 V 直流电源，因此开关只需接在输入端子和公共端（COM）之间即可，不用再外接电源。有的 PLC 要求接入交流电源，因此应视具体机型而定。详见使用说明书。

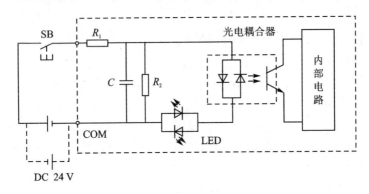

图 2-2　直流输入接口电路

（2）输出接口电路

输出接口电路按照 PLC 的类型不同一般分为继电器输出型、晶体管输出型和晶闸管输出型三类，以满足各种用户的要求。其中，继电器输出型为有触点的输出方式，可用于直流或低频交流负载；晶体管输出型和晶闸管输出型都是无触点输出方式，前者适用于高速、小功率直流负载，后者适用于高速、大功率交流负载。

1）继电器输出型

在继电器输出型中，继电器作为开关器件，同时又是隔离器件，电路如图 2-3(a)所示。图中只画出对应于一个输出点的输出电路，各输出点所对应的输出电路相同。电阻 R 和发光二极管 LED 组成输出状态显示器。KA 为一小型直流继电器。当 PLC 输出一个接通信号时，内部电路使继电器线圈通电，继电器常开触点闭合使负载回路接通；同时发光二极管 LED 点亮，指示该点有输出。根据负载要求可选用直流电源或交流电源。一般负载电流大于 2 A，响应时间为 8～10 ms，机械寿命大于 10^6 次。

由于继电器从线圈得电到触点动作，需要一定的时间，因此此不适宜要求工作频率高的场合。此外，由于触点的频繁通断，限制了它的使用寿命。如使用晶体管输出型将很好地解决这一问题。

2）晶体管输出型

在晶体管输出型中，输出回路的三极管工作在开关状态，电路如图 2-3(b)所示。图中只画出对应一个输出点的输出电路，各输出点所对应的输出电路相同。图中 R_1 和发光二极管 LED 组成输出状态显示器。当 PLC 输出一个接通信号时，内部电路通过光电耦合使三极管 VT 导通，负载得电，同时发光二极管 LED 点亮，指示该点有输出。稳压管 VZ 用于输出端的过压保护。晶体管输出型要求带直流负载。由于是无触点输出，因此寿命长，响应速度快，响应时间小于 1 ms，负载电流约为 0.5 A。

3）晶闸管输出型

在晶闸管输出型中，光控双向晶闸管为输出开关器件，电路如图 2-3(c)所示。每一个输

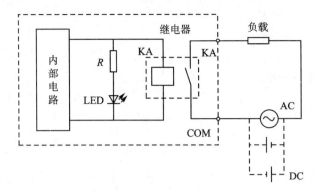

(a) 继电器输出型

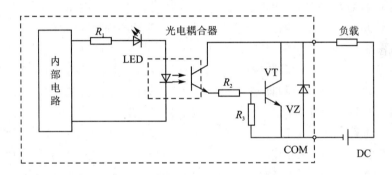

(b) 晶体管输出型

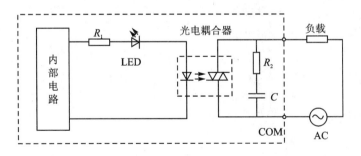

(c) 晶闸管输出型

图 2 - 3　输出接口电路

出点都对应一个这样的输出电路。当 CPU 发出一个接通信号时,通过光电耦合使双向晶闸管导通,负载得电;同时发光二极管 LED 点亮,表明该点有输出。R_2、C 组成高频滤波电路,以减少高频信号干扰。双向晶闸管是交流大功率半导体器件,负载能力强,响应速度快(μs 级)。

4. 电 源

PLC 的电源电路是将交流电源经整流、滤波、稳压后变换成供 PLC 的中央处理器、存储器等电子电路工作所需的直流电压。为保证 PLC 工作可靠，一般采用的是开关型稳压电源，其特点是电压范围宽、体积小、重量轻、效率高、抗干扰性能好。有的 PLC 还向外提供 24 V 直流电源，给开关量输入接口连接的现场无源开关使用，或给外部传感器供电。

5. 外设接口

外设接口是指在主机外壳上与外部设备配接的插座。通过电缆线可配接编程器、计算机、打印机、EPROM 写入器、盒式磁带机等。下面仅就配接的编程器作一简介。

PLC 的编程器是用来生成 PLC 的用户程序，并对程序进行编辑、修改、调试的外部专用设备。它实现了人与 PLC 的对话。通过编程器可以把用户程序输入到 PLC 的 RAM 中；通过编程器还可以对 PLC 的工作状态进行监视和跟踪。这对调试和试运行用户程序非常有用。编程器分为简易型和智能型。简易型编程器体积很小，由键盘和液晶显示器组成，只能输入和编辑助记符语句程序。简易编程器可直接插在 PLC 的插座上，有的要用电缆与 PLC 相接。智能型编程器实际是一台专用计算机，可以直接输入梯形图程序。它可以在线（联机）编程，也可以离线（脱机）编程。离线编程可以不影响 PLC 的现行工作，待程序编写完后再与 PLC 相接。近年来，智能型编程器一般采用个人计算机加上相应的编程软件构成。世界上各主要的 PLC 生产厂家现生产的 PLC 都采用了这种计算机编程。日本松下电工在其功能强大的 FP1 系列的 PLC 编程软件 NPST GR 基础上，又推出了 FPWIN GR 中文版软件，将用户从复杂的英文或日文环境中解放出来，给编程带来了极大方便。

6. I/O 扩展接口

I/O 扩展接口用来扩展输入、输出点数。当用户所需的输入、输出点数超过主机（控制单元）的输入、输出点数时，可通过 I/O 扩展接口与 I/O 扩展单元相接，以扩充 I/O 点数。A/D、D/A 单元及链接单元一般也通过该接口与主机相接。

2.3.2　PLC 的基本工作原理

PLC 的工作方式为循环扫描方式。PLC 的工作过程大致分为 3 个阶段，即输入采样、程序执行和输出刷新。PLC 重复地执行这 3 个阶段，周而复始。每重复一次的时间称为一个扫描周期。

① 输入采样。PLC 在系统程序控制下以扫描方式顺序读入输入端口的状态（如开关的接通或断开），并写入输入状态寄存器，此时输入状态寄存器被刷新；接着转入程序执行阶段。在程序执行期间，即使输入状态发生变化，输入状态寄存器的内容也不会改变。输入状态的改变

只能在下一个扫描周期输入采样到来时,才能重新读入。

② 程序执行。PLC 按照梯形图先左后右,先上后下的顺序扫描执行每一条用户程序。执行程序时所用的输入变量和输出变量,是在相应的输入状态寄存器和输出状态寄存器中取用,运算的结果写入输出状态寄存器。

③ 输出刷新。将输出状态寄存器的内容传送给输出端口,驱动输出设备,这才是 PLC 的实际输出。

上述三个阶段构成了 PLC 的一个工作周期。实际上 PLC 的扫描工作还要完成自诊断,与编程器、计算机等通信,如图 2-4 所示。这 5 个工作阶段,构成了一个扫描周期。一般扫描时间长短主要取决于程序的长短,通常扫描周期为几十毫秒。这对工业控制对象来说几乎是瞬间完成的。

图 2-4　PLC 工作过程图

PLC 的工作原理与计算机的工作原理基本一致,都是通过执行用户程序实现对系统的控制,但是在工作方式上两者有很大差别。计算机在工作过程中,如果输入条件没有满足,程序将等待,直到条件满足才继续执行。而 PLC 在输入条件不满足时,程序照样顺序往下执行,它将依靠不断地循环扫描,一次次通过输入采样捕捉输入变量。但由此带来的问题是,如果当扫描到来时输入变量在此期间发生变化,则本次扫描期间输出就会有相应的变化。如果在本次扫描之后输入变量才发生变化,则本次扫描周期输出不变,只有等待下一次扫描输出才会发生变化。这就造成了 PLC 的输入与输出响应的滞后,甚至可滞后 2~3 个周期。尽管这种响应滞后对工业设备来说是完全允许的,但表明只有当输入变量满足条件的时间大于扫描周期,这个条件才能被 PLC 接收并按程序执行。但另一方面也表明 PLC 对一些短时的瞬时干扰,会因响应滞后而躲避开,有利于提高 PLC 的抗干扰能力。

如果某些设备需要输出对输入作出快速响应,则可采取快速响应模块、高速计数模块以及中断处理等措施来尽量减少滞后时间。

2.4　PLC 的编程语言

PLC 是专为工业自动控制开发的装置,其主要使用对象是广大电气技术人员。考虑到传统习惯和技术人员的掌握能力,为利于推广普及,通常 PLC 不采用计算机的编程语言,而采用梯形图语言、助记符语言。除此之外,还可以使用逻辑功能图、逻辑方程等。有些 PLC 可使用BASIC、PASCAL、C 等高级语言。

2.4.1　梯形图语言

作为一种图形语言,它将 PLC 内部的各种编程元件和各种具有特定功能的命令用专用图形符号定义,并按控制要求将有关图形符号按一定规律连接起来,构成描述输入、输出之间控制关系的图形。这种图形称为 PLC 梯形图。

PLC 梯形图与继电接触器线路图在形式上相似,如图 2-5 所示。两种图形所表述的思想是一致的,但具体表述方式及其内涵是有区别的。

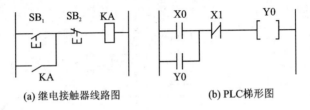

(a) 继电接触器线路图　　　　　　　　　(b) PLC梯形图

图 2-5　两种控制图

1. 电气符号

继电接触器线路图中的电气符号代表的是一个实际的物理器件,如继电器、接触器的线圈或触点等。图 2-5(a)中的连线是"硬接线",线路图两端有外接电源,连线中有真实的物理电流。PLC 梯形图表示的并不是一个实际电路,而是一个控制程序。图 2-5(b)中的继电器线圈、触点实际是存储器中的一位,因此称为"软继电器"。相应位状态为"1",表示该继电器线圈通电,带动自己的触点动作,常开触点闭合,常闭触点断开。相应位状态为"0",表示该继电器线圈断电,其常开、常闭触点保持原状态。PLC 梯形图两端没有电源,连线上并没有真实电流流过,仅是"概念"电流。

2. 线　圈

继电接触器线路图中继电器线圈包括时间继电器线圈、中间继电器线圈以及接触器线圈等。PLC 梯形图中的继电器线圈是广义的,除了有输出继电器线圈、内部继电器线圈,而且还有定时器、计数器以及各种运算等。

3. 触　点

继电接触器线路图中继电器触点数量是有限的,长期使用有可能出现接触不良。PLC 梯形图中继电器的触点对应的是存储器的存储单元,在整个程序运行中是对这个单元信息的读取、可以多次重复使用。因此,可认为 PLC 内部的"软继电器"有无数个常闭或常开触点供用户使用,没有使用寿命的限制,无须用复杂的程序结构来减少触点的使用次数。

4. 工作方式

继电接触器线路图是并行工作方式,也就是按同时执行的方式工作,一旦形成电流通路,可能有多条支路电器同时工作。PLC 梯形图是串行工作方式,按梯形图先后顺序自左至右,自上而下执行,并循环扫描,不存在几条并列支路电器同时动作因素。当逻辑继电器状态改变时,其众多触点只有被扫描的触点才会工作。这种串行工作方式可以在梯形图设计时减少许多有约束关系的连锁电路,使电路设计简化。

PLC 梯形图虽然在形式上沿袭了继电接触器线路图,但作为一种图形语言,它有自己的书写规则,将在后续章节中介绍。

2.4.2　助记符语言

助记符语言类似于计算机的汇编语言。它采用一些简洁易记的文字符号表示各种程序指令,但比汇编语言简单易学,是应用较多的一种编程语言。助记符语言与梯形图语言相互对应,而且可以相互转换。梯形图语言虽然直观、方便、易懂,但必须配有一较大的显示器才能输入图形,一般多用于计算机编程环境中。而助记符语言常用于手持编程器,可以通过输入助记符语言在生产现场编制、调试程序。

助记符语言包含两个部分,即操作码、操作数。

操作码表明该条指令应执行的操作种类,如数据传送、算术运算、逻辑运算等;操作数一般由标识符和参数组成。标识符表明输入的是继电器、输出继电器、计数器、定时器等;参数可以是一个常数,如计数器、定时器的设定值等。

与计算机相比,PLC 的硬件、软件体系结构都是封闭的,而不是开放的。因此,各厂家生产的 PLC 除梯形图相似,指令系统并不一致,使 PLC 互不兼容。

下面以松下电工 FP1－C40 型为例,对应图 2－5(b)写出程序清单。

ST	X0	逻辑行开始,输入 X0 常开触点
OR	Y0	并联 Y0 常开触点
AN/	X1	串联 X1 常闭触点
OT	Y0	输出 Y0

2.4.3　逻辑功能图

在开关量控制系统中,输入和输出仅有两种截然不同的逻辑状态,如触点的接通和断开、脉冲的有和无、电动机的转动和停止等。这种二值变量可以用逻辑函数来描述,而"与"、"或"、"非"是逻辑函数的最基本的表达形式。由这三种基本逻辑形式可以组合成任意复杂的逻辑关系。有一定数字电路知识的人不难理解用逻辑符号可以表征梯形图。三种基本逻辑关系如图 2－6所示。

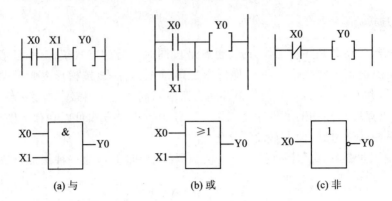

图 2-6　三种基本逻辑关系

用逻辑符号描述的 PLC 梯形图称为逻辑功能图。图 2-5(b)所示梯形图的逻辑功能图如图 2-7 所示。

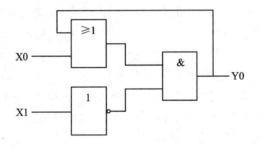

图 2-7　逻辑功能图

对应图 2-7 可写出逻辑方程为

$$Y0 = (X0 + Y0) \cdot \bar{X}1$$

2.5　PLC 的性能指标与分类

PLC 的性能通常是由一系列技术指标综合评价的。PLC 的品种繁多,型号和规格也不统一,功能也不尽相同。为了对 PLC 的性能指标能有一个全面了解,应对 PLC 进行类别划分。

2.5.1　PLC 的主要性能指标

1. I/O 点数

I/O 点数即输入、输出端子的个数。这些端子可通过螺钉与外部设备相连接。I/O 点数是 PLC 的重要指标,I/O 点数越多表明可以与外部相连接的设备越多,控制规模越大。PLC

的 I/O 点数一般包括主机 I/O 点数和最大扩展 I/O 点数。一台主机 I/O 点数不够时,可外接 I/O 扩展单元。一般扩展单元内只有 I/O 接口电路、驱动电路,而没有 CPU。它通过总线电缆与主机相接,由主机 CPU 进行寻址,因此最大扩展能力受主机最大扩展点数的限制。例如,松下电工的 FP1 - C40 型主机的 I/O 点数为 24/16(输入 24 点,输出 16 点),可再扩展两个 40 点的 I/O 单元,最大 I/O 点数为 120 点。

2. 程序容量

程序容量决定了存放用户程序的长短。在 PLC 中程序是按"步"存放的,1 条指令少则 1 步,多则十几步。1 步占用 1 个地址单元,1 个地址单元占用 2 字节(通常一个字节等于 8 个二进制位(bit))。例如,一个程序容量为 1 000 步的 PLC,可推知其容量为 2 KB。一般中、小型 PLC 的程序容量为 8 KB 以下;大型 PLC 程序容量可达几兆字节。

3. 扫描速度

如前所述,PLC 基本工作原理是采用循环扫描方式,扫描周期由输入采样、程序执行和输出刷新 3 个阶段构成,主要与用户程序的长短有关。为了衡量 PLC 的扫描速度,一般以执行 1 000 步指令所用的时间作为标准,即 ms/千步,也有时以执行 1 步所用的时间 μs/步。如松下电工的 FP1 型 PLC 的扫描速度均为 1.6 μs/步。

4. 指令条数

不同的厂家生产的 PLC 指令条数是不同的。指令条数多少是衡量 PLC 软件功能强弱的重要指标。指令越多编程功能越强。一般分为基本指令和高级指令两部分。松下电工 FP1 系列 PLC 具有基本指令近 80 条,高级指令 100 余条。其丰富的指令,使编程更加简捷、容易,给用户带来方便。

5. 内部继电器和寄存器

一个硬件功能较强的 PLC,内部继电器和寄存器的种类比较多,例如,具有特殊功能的继电器可以为用户程序设计提供方便。因此内部继电器、寄存器的配置是 PLC 的一个重要指标。

6. 特殊功能及高级模块

随着现代工业控制的发展,对控制的方式和手段都提出了更多、更新的要求。PLC 为扩大其应用范围,开发出了品种繁多的特殊功能及高级模块。特殊功能,如脉冲捕捉、高速计数、脉冲输出等;高级模块,如 A/D 和 D/A 转换模块、温度控制模块、高级语言编辑模块等。由于给用户提供了强有力的工具,因此人们常常以一台 PLC 特殊功能的多少以及高级模块的种类去评价这台机器的水平。

2.5.2　PLC 的分类

PLC 的品种很多,型号、规格也不统一,结构形式、功能范围各不相同,一般按外部特性进行如下分类。

1. 按结构形式分类

（1）整体式结构

整体式 PLC 是将 I/O 接口电路、CPU、存储器、稳压电源封装在一个机壳内,机壳两侧分装有输入、输出接线端子和电源进线端,并在相应端子接有发光二极管以显示输入、输出状态。此外,还有编程器、扩展单元接口插座等。整体式结构特点:结构紧凑、体积小、重量轻、价格低,便于装入设备内部。小型 PLC 常采用这种结构。

（2）模块式结构

模块式 PLC 为总线结构,在总线板上有若干个总线插槽,每个插槽上可安装一个 PLC 模块。不同的模块实现不同的功能,根据控制系统的要求配置相应的模块,如 CPU 模块(包括存储器)、电源模块、输入模块、输出模块以及其他高级模块、特殊功能模块等。模块式结构特点:系统配置灵活,对被控对象应变能力强,易于维修。一般大、中型 PLC 采用这种结构。

2. 按 I/O 点数分类

按 I/O 点数可分为微型机、小型机、中型机和大型机 4 类。

（1）微型机

I/O 点数在 64 点以内,程序存储容量小于 1 KB。具有逻辑运算功能,并有定时、计数等功能。但随着微电子技术的发展,有的微型机功能也十分强大,如日本松下 FP0 - C10,最小点数为 10 点(输入 6 点,输出 4 点),通过扩展可达 58 点,体积很小,近似于香烟盒,但功能却十分强大,它所具有的一些特殊功能甚至小型机也没有。由于超小型的尺寸可镶嵌在小型机器或控制机箱上,因此有着十分广泛的应用领域。

（2）小型机

I/O 点数为 64～256 点,程序存储容量小于 3.6 KB。它不但具有逻辑运算、定时、计数等基本功能,而且有少量模拟量 I/O、通信等功能;结构形式多为整体式。小型机是 PLC 中应用最多的产品。

（3）中型机

I/O 点数为 256～2 048 点,程序存储容量小于 13 KB。它可完成较为复杂的系统控制。结构形式多为模块式。

（4）大型机

I/O 点数在 2 048 点以上，程序存储容量大于 13 KB。强大的通信联网功能可与计算机构成集散型控制，以及更大规模的过程控制，形成整个工厂的自动化网络。大型机结构形式为模块式。

3. 按功能分类

PLC 的功能各不相同，大致可分为低档机、中档机和高档机。

（1）低档机

低档机主要以逻辑运算为主，可实现顺序控制、条件控制定时和计数控制，有的具有少量的模拟量 I/O、数据传送及通信等功能。低档机一般用于单机或小规模生产过程。

（2）中档机

中档机扩大了低档机的定时、计数范围，加强了对开关量、模拟量的控制，提高了数字运算能力，如整数和浮点数运算、数制转换、中断控制等，而且加强了通信联网功能。可用于小型连续生产过程的复杂逻辑控制和闭环调节控制。

（3）高档机

在中档机基础上扩大了函数运算、数据管理、中断控制、智能控制、远程控制能力，进一步加强了通信联网功能。高档机适用于大规模的过程控制。

进入 2000 年以来，PLC 发展更加迅速，大型机的计算机化已成为当今的发展趋势。微型机、小型机功能有的已达到大、中型机的水平。以上分类并不严格，仅供参考。

2.6 继电接触器线路图转换 PLC 梯形图

继电接触器控制技术具有的成熟、完善性，为 PLC 技术奠定了重要基础。尤其继电接触器控制的设计思想，对今天的 PLC 梯形图设计有着重要的指导意义。利用继电接触器线路设计 PLC 梯形图，在 PLC 发展的初期乃至当今都是经常使用的方法。那些多年从事继电接触器线路设计的电气技术人员，掌握着大量典型的继电接触器线路，因此他们可以非常方便地将线路转换为梯形图。

但应当指出，继电接触器线路已不能完全表现 PLC 梯形图的功能。因为 PLC 的控制能力，已经远远超过继电接触器控制，它不仅仅可以实现对开关量的控制，而且可以对模拟量实施控制。特别是 PLC 的高级指令，以及特殊功能指令，使 PLC 处理复杂控制系统的能力令继电接触器控制望尘莫及。

在 2.4.1 小节中，读者已了解到继电接触器线路与 PLC 梯形图结构相似，表述思想一致，但执行过程不一样。一个是靠"硬连线"，一个是靠"软连线"。下面以电动机双向（正、反转）控制线路为例，介绍如何由继电接触器线路转换为 PLC 梯形图，PLC 的实际外部接线以及 PLC 控制过程等概念。

1. 确定 I/O 点数

继电接触器线路图 2-8(a)中，KM_1、KM_2 分别为正、反转接触器线圈，SB_1 为停止按钮，SB_2 为正转按钮，SB_3 为反转按钮，KM_1、KM_2 辅助触点分别起自锁、互锁作用。

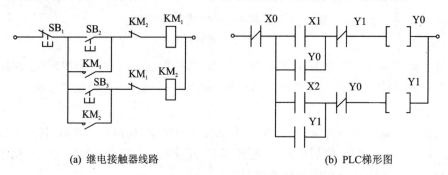

(a) 继电接触器线路　　　　　　　　　　　(b) PLC梯形图

图 2-8　电动机正反转线路图及 PLC 梯形图

为了画出 PLC 梯形图，首先要确定 I/O 点数，并分别配以不同的编号。

PLC 内部软继电器种类很多，常用的有输入继电器、输出继电器等。不同机型对它们的编号不同。这里采用日本松下电工 FP1 系列 PLC 的编号，输入继电器用 X 表示，输出继电器用 Y 表示。它们的接线端子分别在 PLC 机箱的上、下两侧。

图 2-8(a)中的 SB_1、SB_2、SB_3 是 3 个外部按钮，它们应分别接到 PLC 的对应 3 个输入接线端子上，将通、断信息送入 PLC。这 3 个端子可分配给 X0、X1、X2。继电接触器线路中输出是 2 个触发器 KM_1、KM_2，它们应是 PLC 输出端控制的外部设备，接收 PLC 发出的控制信号，要占用 PLC 的 2 个输出接线端子，可分配给 Y0、Y1。故 PLC 整个系统共 5 个 I/O 点：3 个输入点，2 个输出点。用于自锁、互锁的各个触点由内部"软触点"代替，故不占用 I/O 点。等效后的 PLC 梯形图如图 2-8(b)所示。下面是 I/O 分配：

输入：SB_1　X0　　　　　　输出：KM_1　Y0

　　　SB_2　X1　　　　　　　　　KM_2　Y1

　　　SB_3　X2

PLC 实际外部接线如图 2-9 所示。PLC 面板上"COM"端为公共端。

2. PLC 的控制过程

对照图 2-8(a)、(b)，无论是继电接触器线路图，还是 PLC 梯形图，可以认为它们是由 3 部分组成。

输入部分　由用户输入设备组成，它们直接连接在控制线路中。由它们产生控制信号，如

图 2-8 中的按钮 SB_1、SB_2、SB_3。

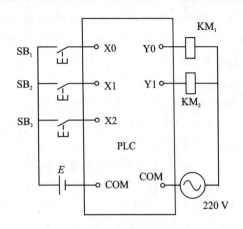

图 2-9 PLC 电动机正反转控制外部接线图

输出部分 由用户输出设备组成,用以控制各种被控对象(电动机的正、反转),如图2-8中的触发器 KM_1、KM_2。

控制部分 按照被控对象实际要求而设计的控制线路。在继电接触器控制中,控制线路是由实际的接触器组成的,是固定不能改变的。在PLC 梯形图中,控制线路是由"软继电器"组成的。它们实际是存储器中的一位,当该位为"1"态时,相当于继电器接通;为"0"态时,相当于继电器断开。因此,PLC 的控制部分是通过编制好并存入内存的程序组成的。

为了进一步了解 PLC 控制系统到底代替了继电接触器控制系统的哪一部分,图 2-10 画出了 PLC 控制系统的等效电路图。

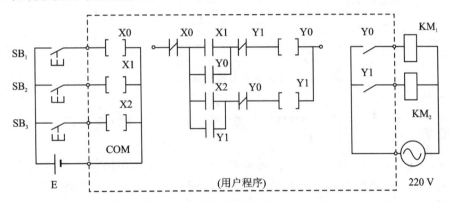

图 2-10 PLC 等效电路图

由图 2-10 可见,PLC 由用户程序代替了继电接触器的线路图。由于采用软件控制,因此可以灵活方便地改变用户程序以实现控制功能的改变,从根本上解决了继电接触器线路难以改变逻辑关系的缺点。

3. 常闭触点输入信号的处理

由以上分析可以看出,根据继电接触器线路图,可以直接画出 PLC 控制的梯形图。但在对 PLC 实际外部接线时,输入常闭触点的处理却是十分重要的问题。在继电接触器控制系统中,继电接触器线路的输入触点与实际连接的触点是完全一致的。例如,在继电接触器线路图中以常闭触点作为输入触点,在实际接线时,输入触点就采用常闭触点。但把它改画成梯形图时，如果照样把常闭触点接入 PLC，则输出不能实现预想的结果。

　　如图 2-8(a) 中，停止按钮 SB₁ 是以常闭触点作为输入触点，它的作用是当按下 SB₁，切断整个线路，使 KM₁ 或 KM₂ 失电，电动机停止转动。如果在 PLC 输入端外接 SB₁ 也采用常闭触点（图 2-10 中 SB₁ 已改为常开触点），则整个系统将不能启动，也就是当按下启动按钮 SB₂ 时，电动机不能运转。这是因为当 PLC 扫描到触点 SB₁，它将把 SB₁ 常闭触点的接通状态"1"，存入到相应的存储单元（通者为"1"，断者为"0"）；当 PLC 扫描完所有输入触点状态后，开始执行梯形图程序。由于 X0（对应 SB₁）同样为常闭触点，PLC 则将把刚刚读入的状态"1"取反变为"0"，意味着这个触点不通。因此，按下按钮 SB₂ 时整个系统不能运转。

　　由以上分析可见，用 PLC 实现对控制系统启、停控制时，当实际外接按钮为常闭触点时，梯形图中对应的输入软继电器应接为常开触点，或者将外接所有按钮都用常开触点，然后将梯形图中相应的软继电器改为常闭触点。图 2-11 给出了实际输入触点与其对应梯形图触点的相互关系。

实际输入触点的形式　　　　希望的功能　　　　梯形图中应使用的触点

图 2-11　输入触点与梯形图触点的对应关系

2.7　FP1 的类型、规格及特点

　　日本松下电工株式会社自 20 世纪 80 年代开始生产可编程序控制器，至今已有 20 多年历史。它所生产的 FP 系列机主要有 FP0、FP1、FP2、FP3、FP5、FP10、FPΣ 和 FPe 等。

　　FP1 系列机是 PLC 中的小型机产品。产品型号以 C 字母开头代表主控单元（又称主机），以 E 字母开头代表扩展单元，后面跟的数字代表 I/O 点数。主控单元有 C14～C72 六种，扩展单元有 E8～E40 四种。图 2-12 为 FP1-C24 可编程序控制器主控单元面板图。

　　C24 型主控单元设有输入、输出接线端子、电源端子，以及与编程器、计算机相接的插座和扩展用的插座等。下面结合面板图将各部分名称及用途作简单说明。

　　① 为存储器和主存储器插座。该插座用来连接存储器 EPROM 和主存储器 EEPROM。

　　② 为电源端子。FP1 主控单元有交流（AC）、直流（DC）两种电源类型，对于交流型控制单元，该端子接 100～240 V AC，对直流型控制单元接 24 V DC。

　　③ 为备份电池插座。为了使控制单元在断电后仍能保持信息，在控制单元中设有备份用电池，其使用寿命约在 3～6 年。如果备份电池电压较低时，面板上指示灯"ERR"亮，提醒应更换电池。

　　④ 为运行监视指示灯。当运行程序时，"RUN"指示灯亮，当执行强制输入/输出命令时，

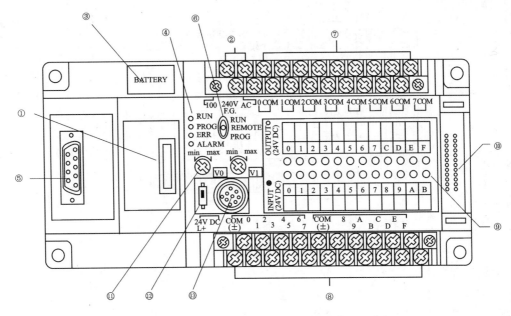

图 2 - 12　FP1 - C24 型可编程序控制器主控单元面板图

该指示灯闪烁;当控制单元中止执行程序时,"PROG"指示灯亮;当发生自诊断错误时,"ERR"指示灯亮;当检测到异常情况或"watchdog"定时故障时,"ALARM"指示灯亮。

⑤ 为 RS - 232 口(C24C、C40C、C56C、C72C 型有)。可用此插口连接有关外设,如 IOP (Intelligent Operating Panel)智能操作板、条码判读器和串行打印机等。

⑥ 为工作方式选择开关。共有三个工作方式挡位,"RUN"挡为程序运行挡;"PROG"挡为编辑程序挡;"REMOTE"挡则可使用编程工具(编程器或编程软件)改变可编程序控制器的工作方式为"RUN"或"PROG"。

⑦和⑧ 分别为输出、输入接线端。C24 型主控单元有 8 个输出端子,编号为 Y0~Y7;有 16 个输入端子,分为 2 组(共地),编号为 X0~X7,X8~XF。输出、输入端子板为两条带螺丝可拆卸的板。

⑨ 为 I/O 状态指示灯。用来显示输入、输出的工作状态。当某输入触点闭合时,相应输入指示灯亮。当某输出继电器接通时,相应输出指示灯亮。

⑩ 为扩展插座。该插座可以用来连接 I/O 扩展单元、A/D、D/A 转换单元及链接单元。

⑪ 为电位器(V0、V1)。用螺丝刀进行手动调节,实现从外部设定或改变内部特殊数据寄存器 DT9040、DT9041 的内容,变化范围在 0~255 之间,相当于由外部输入一个可调的模拟量。C24 主控单元只有 2 个电位器。C40 以上机型主控单元有 4 个电位器(V0~V3),对应有 4 个特殊数据寄存器 DT9040~DT9043。

⑫ 为波特率选择开关。波特率在串行数据通信中规定为每秒传输的二进制位数。选择开关有两挡,即 9 600 bit/s 和 19 200 bit/s。当 PLC 外接编程工具时,应根据不同的外设选定波特率。

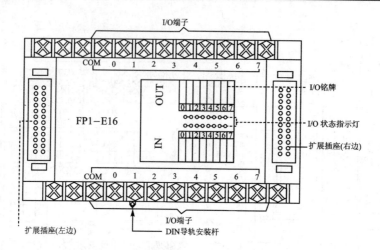

图 2 - 13　E16 扩展单元面板图

FP 编程器（AFP1112）：19 200 bit/s。

FP 编程器（AFP1112A）：19 200 bit/s 或 9 600 bit/s。

FP 编程器 Ⅱ（AFP1114）：19 200 bit/s 或 9 600 bit/s。

个人计算机：9 600 bit/s。

⑬ 为编程工具插座（RS-422 口）。可用此插座经外接电缆连接编程工具，如 FP 编程器 Ⅱ 或个人计算机。

图 2 - 13 为 FP1 - E16 PLC 的扩展单元面板图，各部分名称已在图中标出，其作用与主控单元类似。表 2 - 1 列出了 FP1 系列产品主控单元规格表。表 2 - 2 列出了 FP1 系列产品扩展单元规格表。

表 2 - 1　FP1 主控单元规格表

系　列		说　明					
		内藏式存储器	I/O 点数	工作电压	COM 端极性（输入）	类　型	型　号
C14	标准型	EEPROM	14 输入：8 输出：6	24 V DC	±	继电器	AFP12313B
						晶体管（NPN 集电极开路）	AFP12343B
						晶体管（PNP 集电极开路）	AFP12353B
				100 ～ 240 V AC	±	继电器	AFP12317B
						晶体管（NPN 集电极开路）	AFP12347B
						晶体管（PNP 集电极开路）	AFP12357B

续表 2 - 1

系列		内藏式存储器	I/O点数	工作电压	COM端极性（输入）	类型	型号
C16	标准型	EEPROM	16 输入:8 输出:8	24 V DC	±	继电器	AFP12113B
						晶体管（NPN 集电极开路）	AFP12143B
						晶体管（PNP 集电极开路）	AFP12153B
					+	继电器	AFP12112B
						晶体管（NPN 集电极开路）	AFP12142B
				100 ～ 240 V AC	±	继电器	AFP12117B
						晶体管（NPN 集电极开路）	AFP12147B
						晶体管（PNP 集电极开路）	AFP12157B
					+	继电器	AFP12116B
						晶体管（NPN 集电极开路）	AFP12146B
C24	标准型	RAM	24 输入:16 输出:8	24 V DC	±	继电器	AFP12213B
						晶体管（NPN 集电极开路）	AFP12243B
						晶体管（PNP 集电极开路）	AFP12253B
					+	继电器	AFP12212B
						晶体管（NPN 集电极开路）	AFP12242B
				100 ～ 240 V AC	±	继电器	AFP12217B
						晶体管（NPN 集电极开路）	AFP12247B
						晶体管（PNP 集电极开路）	AFP12257B
					+	继电器	AFP12216B
						晶体管（NPN 集电极开路）	AFP12246B
	C24C 型（带 RS - 232C 口及日历/ 时钟功能）	RAM	24 输入:16 输出:8	24 V DC	±	继电器	AFP12213CB
						晶体管（NPN 集电极开路）	AFP12243CB
						晶体管（PNP 集电极开路）	AFP12253CB
					+	继电器	AFP12212CB
						晶体管（NPN 集电极开路）	AFP12242CB
				100 ～ 240 V AC	±	继电器	AFP12217CB
						晶体管（NPN 集电极开路）	AFP12247CB
						晶体管（PNP 集电极开路）	AFP12257CB
					+	继电器	AFP12216CB
						晶体管（NPN 集电极开路）	AFP12246CB

续表 2 - 1

系　列		说　明				
		内藏式 存储器	I/O 点数	工作电压	COM 端极性 (输入)	类　型	型　号

系　列		内藏式存储器	I/O 点数	工作电压	COM 端极性(输入)	类　型	型　号
C40	标准型	RAM	40 输入:24 输出:16	24 V DC	±	继电器 晶体管(NPN 集电极开路) 晶体管(PNP 集电极开路)	AFP12413B AFP12443B AFP12453B
					+	继电器 晶体管(NPN 集电极开路)	AFP12412B AFP12442B
				100 ～ 240 V AC	±	继电器 晶体管(NPN 集电极开路) 晶体管(PNP 集电极开路)	AFP12417B AFP12447B AFP12457B
					+	继电器 晶体管(NPN 集电极开路)	AFP12416B AFP12446B
	C40C 型(带 RS－232C 口及日历/ 时钟功能)	RAM	40 输入:24 输出:16	24 V DC	±	继电器 晶体管(NPN 集电极开路) 晶体管(PNP 集电极开路)	AFP12413CB AFP12443CB AFP12453CB
					+	继电器 晶体管(NPN 集电极开路)	AFP12412CB AFP12442CB
				100 ～ 240 V AC	±	继电器 晶体管(NPN 集电极开路) 晶体管(PNP 集电极开路)	AFP12417CB AFP12447CB AFP12457CB
					+	继电器 晶体管(NPN 集电极开路)	AFP12416CB AFP12446CB
C56	标准型	RAM	56 输入:32 输出:24	24 V DC	±	继电器 晶体管(NPN 集电极开路) 晶体管(PNP 集电极开路)	AFP12513B AFP12543B AFP12553B
				100 ～ 240 V AC	±	继电器 晶体管(NPN 集电极开路) 晶体管(PNP 集电极开路)	AFP12517B AFP12547B AFP12557B
	C56C 型(带 RS－232C 口及日历/ 时钟功能)	RAM	56 输入:32 输出:24	24 V DC	±	继电器 晶体管(NPN 集电极开路) 晶体管(PNP 集电极开路)	AFP12513CB AFP12543CB AFP12553CB
				100 ～ 240 V AC	±	继电器 晶体管(NPN 集电极开路) 晶体管(PNP 集电极开路)	AFP12517CB AFP12547CB AFP12557CB

系　列		说　明					
		内藏式 存储器	I/O 点数	工作电压	COM 端极性 （输入）	类　型	型　号
C72	标准型	RAM	72 输入：40 输出：32	24 V DC	±	继电器 晶体管（NPN 集电极开路） 晶体管（PNP 集电极开路）	AFP12713B AFP12743B AFP12753B
				100 ～ 240 V AC	±	继电器 晶体管（NPN 集电极开路） 晶体管（PNP 集电极开路）	AFP12717B AFP12747B AFP12757B
	C72C 型（带 RS － 232C 口及日历/ 时钟功能）	RAM	72 输入：40 输出：32	24 V DC	±	继电器 晶体管（NPN 集电极开路） 晶体管（PNP 集电极开路）	AFP12713CB AFP12743CB AFP12753CB
				100 ～ 240 V AC	±	继电器 晶体管（NPN 集电极开路） 晶体管（PNP 集电极开路）	AFP12717CB AFP12747CB AFP12757CB

表 2 - 2　FP1 扩展单元规格表

系　列	说　明				
	I/O 点数	工作电压	输入 COM	输出类型	型　号
E8	8 输入：8	—	+	—	AFP13802
			±	—	AFP13803
	8 输入：4 输出：4	—	+	继电器 晶体管（NPN 集电极开路）	AFP13812 AFP13842
			±	继电器 晶体管（NPN 集电极开路） 晶体管（PNP 集电极开路）	AFP13813 AFP13843 AFP13853
	8 输出：8	—	—	继电器 晶体管（NPN 集电极开路） 晶体管（PNP 集电极开路） 三端可控硅	AFP13810 AFP13840 AFP13850 AFP13870
E16	16 输入：16	—	±	—	AFP13103
	16 输入：8 输出：8	—	+	继电器 晶体管（NPN 集电极开路）	AFP13112 AFP13142
			±	继电器 晶体管（NPN 集电极开路） 晶体管（PNP 集电极开路）	AFP13113 AFP13143 AFP13153
	16 输出：16		—	继电器 晶体管（NPN 集电极开路）	AFP13110 AFP13140

系 列	说 明				
	I/O 点数	工作电压	输入 COM	输出类型	型 号
E24	24 输入:16 输出:8	24 V DC	＋	继电器 晶体管(NPN 集电极开路)	AFP13212 AFP13242
			±	继电器 晶体管(NPN 集电极开路) 晶体管(PNP 集电极开路)	AFP13213 AFP13243 AFP13253
		100 ～ 240 V AC	＋	继电器 晶体管(NPN 集电极开路)	AFP13216 AFP13246
			±	继电器 晶体管(NPN 集电极开路) 晶体管(PNP 集电极开路)	AFP13217 AFP13247 AFP13257
E40	40 输入:24 输出:16	24 V DC	＋	继电器 晶体管(NPN 集电极开路)	AFP13412 AFP13442
			±	继电器 晶体管(NPN 集电极开路) 晶体管(PNP 集电极开路)	AFP13413 AFP13443 AFP13453
		100 ～ 240 V AC	＋	继电器 晶体管(NPN 集电极开路)	AFP13416 AFP13446
			±	继电器 晶体管(NPN 集电极开路) 晶体管(PNP 集电极开路)	AFP13417 AFP13447 AFP13457

除主控单元和扩展单元之外,FP1 为实现连续系统的过程控制,还有 A/D、D/A 转换单元(又称智能单元或高级模块),如表 2 - 3 所列。

表 2 - 3 A/D 和 D/A 转换单元

类 型	性能说明	工作电压	型 号
FP1 A/D 转换单元	模拟输入通道:4 通道/单元 模拟输入范围:0～5 V,0～10 V,0～20 mA 数字输出范围:K0～K1000	24 V DC	AFP1402
		100 ～240 V AC	AFP1406
FP1 D/A 转换单元	模拟输出通道:2 通道/单元 模拟输出范围:0～5 V,0～10 V,0～20 mA 数字输入范围:K0～K1000	24 V DC	AFP1412
		100 ～240 V AC	AFP1416

FP1 可编程序控制器具有较强的通信功能,通过与通信有关的配套设备 LINK 链接单元和 RS - 422/RS - 232C 转换单元,实现 PLC 与 PLC 之间或 PLC 与计算机之间的通信。表 2 - 4 列出了 FP1 链接单元规格表。

表 2 - 4　链接单元规格表

类　型	性能说明	工作电压	型　号
FP1 I/O LINK 单元	FP1 I/O LINK 单元是用于在 FP3/FP5 和 FP1 之间进行 I/O 信息交换的接口单元	24 V DC	AFP1732
	通过 I/O LINK 单元将 FP1 连到 FP3/FP5 远程 I/O 系统,用两线制电缆进行串行 I/O 信息交换	100 ～240 V AC	AFP1736
C - NET 适配器	RS - 485←→RS - 422/RS - 232C 信号转换器。用于 PLC 与计算机之间的通信	24 V DC	AFP8532
	通信介质(RS - 485 口):两线制或双绞线电缆	100 ～240 V AC	AFP8536
S1 型 C - NET 适配器 (只对 FP1 控制单元)	RS - 485←→RS - 422,用于 FP1 控制单元的信号转换器。用于 C - NET 适配器与 FP1 控制单元之间的通信	—	AFP15401

　　一台主控单元在 I/O 点数不够时,可通过扩展单元增加 I/O 点数,扩展单元有不同点数的产品可供选用。但如 2.5.1 节中所述扩展点数要受到主控单元扩展能力的限制。主控单元与扩展单元、智能单元及链接单元的连接如图 2 - 14 所示。

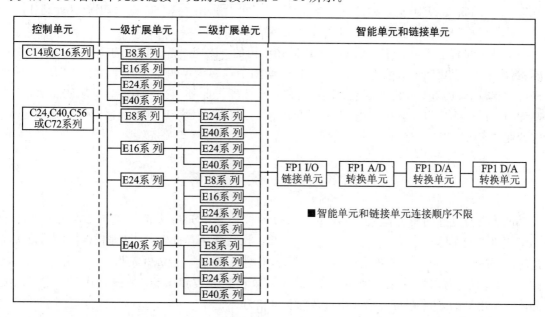

图 2 - 14　FP1 扩展单元连接示意图

　　由图 2 - 14 可见,主控单元 C14、C16 只能扩展 1 个单元,如 C14 最大 I/O 点数为 54 点。主控单元 C24、C40、C56、C72 最多可扩展 2 个单元,如 C72 最大 I/O 点数为 152 点。因扩展单元 E8 和 E16 没有外接电源(见表 2 - 2),故不能连续连接 2 个这样的单元。如果当 E8 和 E16 作为第一级扩展时,第二级只能用 E24 或 E40。

一个主控单元不但可连接扩展单元,还可连接智能单元和链接单元,如图 2 - 14 所示。对智能单元和链接单元的连接顺序无限制。应该注意,1 个主控单元最多可同时连接 2 个扩展单元、1 个 A/D 转换单元、2 个 D/A 转换单元和 1 个 I/O LINK 单元。

FP1 系列硬件配置较全,而且指令系统也较强。它除能进行逻辑运算外,还可以进行加、减、乘、除四则运算。数据处理能力也比一般小型机强,除处理 8 位、16 位数据外,还可处理 32 位数据,并能进行多种码制转换。除一般 PLC 常用指令外,还有中断和子程序调用、凸轮控制、步进控制、速度及位置控制等特殊功能指令。由于指令非常丰富、功能较强,给用户带来了极大方便。

FP1 有手持编程器和编程工具软件。其编程软件除已汉化的 DOS 版 NPST GR 外,还推出了 Windows 版的 FPSOFT;最新版的 FPWIN GR 也已进入了市场,而且也已汉化。这三种软件虽然使用的环境不同,但它们的功能和操作步骤大致相同,均支持所有松下电工生产的 PLC。用户利用编程软件可以方便地完成 PLC 程序的输入、编辑、检查,而且可在以 PLC 运行状态下进行数据的监控和测试,并且可以对程序清单和监控结果输出打印等,为用户的软件开发提供了方便的环境。

除 FP1 小型机外,松下电工公司还生产了中型、大型以及微型可编程序控制器。中、大型机有 FP3、FP5 和 FP10 等。由于在大型机中 CPU 芯片采用了 RISC 技术,因此其处理速度更快。此外用户程序存储容量更大,功能更加强大。

微型可编程序控制器有 FPx、FP0 和板式结构的 FP - M 等。它们的特点是体积更加紧凑、更加小巧,但功能十分强大。如 FPx、FP0 增加了许多大型机的功能和指令。PID 指令可进行过程控制;PWM 脉宽调制输出可直接控制变频器。此外,它们的编程口为 RS - 232C 口或 USB 口,可直接与计算机相连,无需适配器,CPU 速度也比 FP1 快,程序存储容量或更大。这就使得 FPx、FP0 一经推出,倍受欢迎。读者有兴趣可参阅有关资料。

2.8　FP1 技术性能

FP1 具有良好的硬件配置,主控单元通过外接扩展单元最大可扩展到 152 点。FP1 的 CPU 速度优于同类产品,运行速度为 1.6 μs/步。用户程序存储容量也较同类机型大,最大可达 5 000 步。FP1 指令系统功能也较强,尽管是小型机,也具有近 200 条指令。此外,FP1 具有高速计数功能,可以接收最高频率为 10 kHz 的单相脉冲或频率为 5 kHz 的两相正交脉冲。晶体管输出型的 FP1 还可输出频率可调的脉冲信号。

为提高 PLC 与外部设备运行时的工作效率,提高 PLC 应付突发事件的能力,FP1 设置了 8 个外部中断输入,充分体现了 PLC 具有的实时控制能力。

FP1 内部有许多寄存器,用以存放变量状态、中间结果和数据等。它还有许多辅助寄存器可供用户使用,这些辅助寄存器可以给用户提供很多特殊功能,有利于简化整个系统设计。

表 2-5 列出了 FP1 系列产品的基本性能。

表 2-5　FP1 系列产品基本性能一览表

项目	C14	C16	C24	C40	C56	C72
主机 I/O 点数	8/6	8/8	16/8	24/16	32/24	40/32
最大 I/O 点数	54	56	104	120	136	152
运行速度	1.6 μs/步；基本指令					
程序容量	900 步		2 720 步		5 000 步	
存储器类型	EEPROM		RAM（备用电池）和 EPROM			
指令条数	126		191		192	
内部继电器(R)	256		1 008			
特殊内部继电器(R)	64					
定时/计数器(T/C)	128		144			
数据寄存器(DT)	256		1 660		6 144	
特殊数据寄存器(DT)	70					
索引寄存器(IX,IY)	2					
主控指令(MC/MCE)点数	16		32			
跳转标记(LBL)个数 （用于 JMP、LOOP 指令）	32		64			
步进阶数	64		128			
子程序个数	8		16			
中断个数	—		9			
输入滤波时间	1～128 ms					
中断输入	—		8 点			
高速计数	X0、X1 为计数输入，可加/减计数。单路输入时，计数频率最高为 10 kHz； 两路输入时，最高为 5 kHz X2 为复位输入					
脉冲输出	1 点(Y7)脉冲输出频率：45 Hz～4.9 kHz				2 点(Y6、Y7)脉冲输出 频率：45 Hz～4.9 kHz	
自诊断功能	看门狗定时器，电池掉电检测，程序检测					

　　如前所述，可编程序控制器是专门为工业环境下应用而设计的，因此关于它的高可靠性应体现在若干技术项目中，如工作的环境温度、湿度、耐压以及抗振情况等，表 2-6 为 FP1 的基本技术特征说明。

表 2 - 6　FP1 的基本技术特征

项　目		说　明
环境温度		0～55 ℃/32～131 ℉
环境湿度		30％～85％RH(无冷凝)
储存温度		−20～＋70 ℃/−4～158 ℉
储存湿度		30％～85％RH(无冷凝)
击穿电压		AC 型：AC 端与框架接地端之间 1 500 V 有效值达 1 min DC 型：DC 端与框架接地端之间 500 V 有效值达 1 min
绝缘电阻		最小：100 MΩ AC 端与框架地端之间(用 500 V DC 兆欧表测量) 最小：100 MΩ DC 端与框架地端之间(用 500 V DC 兆欧表测量)
抗振动		10～55 Hz 1 周期/分,双幅值 0.75 mm/0.030 min,3 个轴各 10 min
抗冲击		98 m/s² 或更大冲击,3 个轴上 4 次
抗噪强度		可抗脉宽 50 ns～1 μs,幅值 1 000 V 的峰值脉冲(在室温下测量)
工作环境		不含腐蚀性气体和过量粉尘
额定 工作 电压	控制单元(所有系列)	AC 型：100～240 V 交流 DC 型：24 V 直流
	扩展单元(E24 和 E40 系列)	
	FP1 A/D 转换单元	
	FP1 D/A 转换单元	
	FP1 I/O LINK 单元	

2.9　FP1 内部寄存器及 I/O 配置

在使用 FP1 之前应先了解主控单元内部寄存器的作用、意义和 I/O 分配情况。表 2 - 7 所列为 FP1 内部寄存器及 I/O 配置情况。

由表 2 - 7 可见,内部寄存器(又称软继电器)大至分为如下几类:外部输入/输出继电器、内部继电器、定时/计数器、数据寄存器、系统寄存器、索引寄存器及常数寄存器。它们分别承担着不同的作用,而且有自己的固定编号。下面根据表 2 - 7 作如下几点说明:

① X 和 Y 分别表示输入、输出继电器,可以直接和外部设备相连接。X 用来接收外部的控制信号,不能由内部其他继电器对其实施控制。因此在梯形图中只能出现"输入继电器触点",而不能出现"输入继电器线圈"。Y 用来存储程序运行结果并输出,Y 决定了外部负载的通、断。

其中 X、Y 是以位(bit)寻址。X 和 Y 的编号规则如下:最低位用十六进制数(位地址)表示,前 2 位用十进制数(字地址)表示,如图 2 - 15(a)所示。X0～X12F 共有 208 个继电器,如图 2 - 15(b)所示。

表 2-7　FP1 系列 PLC 控制单元内部寄存器表

名　称	符号(bit/word)	编　号		
		C14、C16	C24、C40	C56、C72
输入继电器	X(bit)	208 点：X0～X12F		
	WX(word)	13 字：WX0～WX12		
输出继电器	Y(bit)	208 点：Y0～Y12F		
	WY(word)	13 字：WY0～WY12		
内部继电器(寄存器)	R(bit)	256 点：R0～R15F	1 008 点：R0～R62F	
	WR(word)	16 字：WR0～WR15	63 字：WR0～WR62	
特殊内部继电器(寄存器)	R(bit)	64 点：R9000～R903F		
定时器	T(bit)	100 点：T0～T99		
计数器	C(bit)	28 点：C100～C127	44 点：C100～C143	
定时/计数器设定值寄存器	SV(word)	128 字：SV0～SV127	144 字：SV0～SV143	
定时/计数器经过值寄存器	EV(word)	128 字：EV0～EV127	144 字：EV0～EV143	
数据寄存器	DT(word)	256 字：DT0～DT255	1 660 字：DT0～DT1659	6 144 字：DT0～DT6143
特殊数据寄存器	DT(word)	70 字：DT9000～DT9069		
系统寄存器	(word)	No.0～No.418		
索引寄存器	IX(word)	一个字/每个单元，无编号系统		
	IY(word)			
十进制常数寄存器	K	16 位常数(字)：K－32768～K32767		
		32 位常数(双字)：K－2147483648～K2147483647		
十六进制常数寄存器	H	16 位常数(字)：H0～HFFFF		
		32 位常数(双字)：H0～HFFFFFFFF		

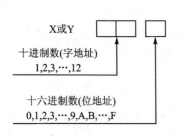

(a) 位寻址编号规则

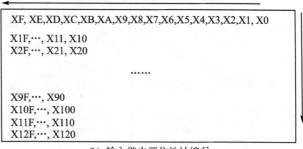

(b) 输入继电器位地址编号

图 2-15　继电器编号

同样，Y0～Y12F 也有 208 个继电器。这样 FP1 的 I/O 点数共有 416 点。但受外部接线端子和主控单元驱动能力的限制，最多只能连接二级扩展单元（见图 2-14），I/O 最大点数为 152 点（C72 型）。应该说明，没有输出接线端子的输出继电器，可作为内部寄存器使用。

FP1 控制单元、扩展单元、I/O 链接单元和 A/D、D/A 转换单元的 I/O 编号是固定的，如表 2-8 所列。

表 2-8　I/O 地址分配表

单元类型		输入编号	输出编号
控制单元	C14 系列	X0～X7	Y0～Y4,Y7
	C16 系列	X0～X7	Y0～Y7
	C24 系列	X0～XF	Y0～Y7
	C40 系列	X0～XF X10～X17	Y0～YF
	C56 系列	X0～XF X10～X1F	Y0～YF Y10～Y17
	C72 系列	X0～XF X10～X1F X20～X27	Y0～YF Y10～Y1F
一级扩展单元	E8 系列　输入类型	X30～X37	—
	E8 系列　I/O 类型	X30～X33	Y30～Y33
	E8 系列　输出类型	—	Y30～Y37
	E16 系列　输入类型	X30～X3F	—
	E16 系列　I/O 类型	X30～X37	Y30～Y37
	E16 系列　输出类型	—	Y30～Y3F
	E24 系列　I/O 类型	X30～X3F	Y30～Y37
	E40 系列　I/O 类型	X30～X3F X40～X47	Y30～Y3F
二级扩展单元	E8 系列　输入类型	X50～X57	—
	E8 系列　I/O 类型	X50～X53	Y50～Y53
	E8 系列　输出类型	—	Y50～Y57
	E16 系列　输入类型	X50～X5F	—
	E16 系列　I/O 类型	X50～X57	Y50～Y57
	E16 系列　输出类型	—	Y50～Y5F
	E24 系列　I/O 类型	X50～X5F	Y50～Y57
	E40 系列　I/O 类型	X50～X5F X60～X67	Y50～Y5F

续表 2-8

单元类型		输入编号	输出编号
I/O 链接单元		X70～X7F(WX7) X80～X8F(WX8)	Y70～Y7F(WY7) Y80～Y8F(WY8)
FP1 A/D 转换单元	通道 0	X90～X9F(WX9)	—
	通道 1	X100～X10F(WX10)	—
	通道 2	X110～X11F(WX11)	—
	通道 3	X120～X12F(WX12)	—
FP1 D/A 转换单元	No.0 单元 通道 0	—	Y90～Y9F(WY9)
	No.0 单元 通道 1	—	Y100～Y10F(WY10)
	No.1 单元 通道 0	—	Y110～Y11F(WY11)
	No.1 单元 通道 1	—	Y120～Y12F(WY12)

例 2-1　现有一台 C24 型主机,若需扩展至输入 24 点,输出 16 点,应选择何种型号扩展单元? 它的 I/O 地址如何分配?

解:C24 型主机共有 24 点(16/8),现需增至 40 点(24/16)。由图 2-14 可知,应选 E16 型扩展单元(8/8)。由表 2-8 可知 I/O 分配。C24 主机:输入编号 X0～XF,输出编号 Y0～Y7。E16 型扩展单元:输入编号 X30～X37,输出编号 Y30～Y37。

② WX 和 WY 分别是"字"输入继电器和"字"输出继电器。它们是以字(word)寻址,一个字对应 16 位继电器。WX0～WX12 表示共有 13 个字继电器,同样 WY 也有 13 个字继电器。X 和 WX 的区别是:X 是按位寻址,WX 只能按字(16 位)寻址。例如,WX1 表明包含了 X10～X1F 共16 个输入继电器。FP1 运行时,既可按字存取 WX1,也可按位存取 X10～X1F 中任何一个继电器,可用图 2-16 表示 WX 与 X 编号的关系。Y、WY 的编号关系与 X、WX 相同。

图 2-16　WX 与 X 的关系

③ 表 2-7 中内部继电器 R、WR 可供用户存放中间变量。其作用与继电接触器控制系统中的中间继电器相似,不能提供外部输出。其中 R 按位(bit)寻址,WR 按字(word)寻址。根据主控单元型号不同,继电器的数量不同,因此编号不同。R 和 WR 之间的编号关系与 X 和 WX 相同。

从 R9000 开始为特殊内部继电器。它们具有专门的用途,例如可以作为某种错误或异常的标志,还可以作为多种时钟脉冲继电器等。详见附表 1。

内部继电器 R 分为保持型和非保持型。保持型是当工作电源掉电或工作方式选择由RUN 变为 PROG 时,R 中的内容不会丢失,而非保持型则丢失。FP1-C40 默认值是:R0～R9F 为非保持型,R100～R62F 为保持型。

④ FP1 系列控制单元提供 100 个定时器和 28 个(C14、C16)或 44 个(C24 以上型号)计数器。定时器和计数器的编号是统一编排的,出厂前按照定时器在前、计数器在后进行编排,0～99 号为定时器编号,从 100 号开始为计数器编号。如果不改变定时/计数器总数,调整定时器和计数器的个数,用户可通过系统寄存器改变其编号。当定时器或计数器工作达到其设定值时,带动自己的触点动作。

SV 寄存器是定时/计数器的设定值寄存器,其编号与定时/计数器一一对应。

EV 寄存器是定时/计数器的经过值寄存器,其编号与定时/计数器一一对应。

程序中没有使用的定时器或计数器,其相对应的 SV 和 EV 寄存器,可以作为数据寄存器使用。

⑤ 数据寄存器 DT 用于存放各种数据,例如从外设采集进来的数据,或运算、处理的结果。数据寄存器只能按字(16 位)存取。

从 DT9000 开始为特殊数据寄存器。它们具有特殊的功能,例如用做存储高速计数器的经过值、目标值,用做存储时钟/日历数据等。详见附表2。

系统寄存器专门用于对系统设置,例如改变定时/计数器编号,可由系统寄存器 No.5 设定。详见附表3。

⑥ FP1 内有 2 个 16 位的索引寄存器 IX、IY,它们可以作为数据寄存器使用,也可用作对寄存器地址及常数的修正。

⑦ 常数寄存器 K 和 H,主要用来存放 PLC 输入数据,K 为十进制常数寄存器,H 为十六进制常数寄存器。十进制、十六进制常数字头分别用 K、H 表示。它们的数值范围已在表2-7列出。

小　结

PLC 是一种专为工业控制设计的装置。它的早期产品只能进行开关量的逻辑控制。随着采用微处理器作为中央处理单元,其功能大大增强。因此它的定义也由“可编程序逻辑控制器”变更为“可编程序控制器”。这一名称的改变体现了 PLC 功能和应用领域的扩展。

目前 PLC 的发展趋势有两个极端方向:一是向小型化,二是向大型化。小型机力求体积更小、功能更强;大型机力求高速、高功能、大容量,以满足不同场合的要求。

PLC 以其丰富的功能、显著的特点而得到广泛应用。PLC 的主要特点有:高可靠性、编程简单、通用性好、功能强大等。PLC 的主要应用领域:开关量逻辑控制、模拟量控制、机械运动控制等。

PLC 结构与计算机近似,也是由 CPU、存储器及 I/O 接口电路等组成。为提高抗干扰能力,I/O 接口电路均采用光电耦合电路。输出接口有继电器型、晶体管型及晶闸管型三种输出方式,以满足不同负载的要求。

PLC 采用循环扫描工作方式,主要分为 3 个阶段:输入采样、程序执行和输出刷新。PLC 重复地执行上述 3 个阶段,每重复一次的时间称为一个扫描周期。循环扫描方式有助于提高

PLC 的抗干扰能力,但要注意因扫描方式造成输入与输出响应的滞后。

　　PLC 编程语言主要是梯形图语言和助记符语言。梯形图语言的最大特点是与继电接触器线路图近似,便于电气人员掌握,有利于 PLC 的推广应用。但应注意,这两种图的具体表述形式和内涵是有区别的,例如,继电接触器线路图为"并行"工作,PLC 梯形图为"串行"工作。

　　一台 PLC 的性能通常由若干个技术指标来表征,其中主要有:I/O 点数、程序存储容量、扫描速度、指令条数、内部继电器和寄存器、特殊功能及高级模块等。

　　对 PLC 进行分类是站在不同的角度将其特点归纳整理,以便于更深入了解 PLC。按结构形式可分为整体式和模块式;按 I/O 点数可分为微型机、小型机、中型机和大型机;按功能可分为低档机、中档机和高档机。

　　在 2.6 节中,通过介绍 PLC 控制系统与继电接触器控制系统的相互关系,揭示了 PLC 的工作过程,加深了对 PLC 的了解,为过渡到用 PLC 梯形图语言设计程序做了必要的准备。

　　FP1 是日本松下电工生产的可编程序控制器系列产品之一,有 C14~C72 多种规格,属于小型机,特别适用于中、小型企业。本章重点介绍了它们的类型、规格和主要功能。

　　通过本章学习,应该知道在组成 PLC 系统时,除了选择合适的主控单元外,还应该能根据系统的需要选择合适的 I/O 扩展单元,以满足扩展点数的需要。应该知道利用 A/D 单元和 D/A 单元可以进行模/数和数/模转换;利用 C—NET 和链接单元可以进行网络通信等。因为以上这些配套设备都要与主控单元相接,并且要占用一定数量的输入、输出接口,因此 FP1 为这些设备规定了 I/O 地址。应该明确 I/O 地址编号是不能随意设定的。

　　FP1 内部配有丰富的继电器,它们的功能不同,作用各异,为编制程序带来了极大方便。本章重点介绍了各种继电器的功能、符号及编号范围。目的是初步了解 PLC 的内部配置,为学习 PLC 指令及程序设计打下基础。

习题与思考题

　　2.1　简述 PLC 的定义。

　　2.2　PLC 发展至今经过了几个时期?各时期的主要特点是什么?

　　2.3　PLC 的发展趋势如何?

　　2.4　PLC 的主要特点和应用领域是什么?

　　2.5　PLC 由哪几个主要部分组成?并简述它们的作用。

　　2.6　PLC 的输入输出接口为什么要采用光电隔离?

　　2.7　PLC 的输出接口电路有几种?它们可分别带什么类型的负载(交流、直流)?

　　2.8　PLC 的工作过程主要分哪几个阶段?主要作用是什么?

　　2.9　影响扫描周期长短的主要因素是什么?

　　2.10　循环扫描方式对输入、输出信号的影响是什么?

2.11　PLC 梯形图与继电接触器线路图主要区别是什么?

2.12　PLC 的主要性能指标是什么?

2.13　PLC 有哪几种分类?

2.14　试说明 PLC 梯形图与继电接触器线路图的异同。

2.15　试分析 C14~C72 六种主控单元性能指标的主要区别。

2.16　C14、C72 分别有多少个内部继电器? 它们的编号(地址)范围分别是多少?

2.17　试确定 C14、C40 主控单元可分别连接几级扩展单元,它们最大的输入/输出点数是多少? 输入点、输出点各是多少?

2.18　现有一台 C16 型主控单元,若需扩展至输入 24 点、输出 16 点,试选择何种扩展单元? 其 I/O 地址如何分配?

2.19　E8、E16 扩展单元在第二级扩展时能否再次连接 E8、E16? 为什么?

2.20　C24 型以上主控单元定时/计数器的编号范围分别是多少?

2.21　十进制常数寄存器、十六进制常数寄存器 16 位(bit)的数值范围分别是多少?

2.22　在 FP1－C24 PLC 的面板上有一手动调节的电位器,试说明通过这个旋钮可改变哪两个特殊数据寄存器的数据? 数值变化范围是多少?

2.23　输入继电器 X1 是输入字继电器 WX0 中的第几号位? 输出继电器 Y30 是输出字继电器 WY3 的第几号位?

2.24　内部字继电器 WR42 的第 F 位继电器的编号应如何写?

第 3 章
FP1 指令系统及其应用

可编程序控制器是通过运行编写的程序,实现继电接触器控制系统硬接线逻辑控制的。程序通过特定的编程语言描述控制任务。一般来讲,PLC 是用梯形图或者助记符作为编程语言,而梯形图已成为用户的第一编程语言。由于它与助记符语言有一一对应关系,因此可以根据需要两者进行相互转换。助记符语言尤其适用于手持式编程器,因为大多数编程器不能直接录入梯形图。助记符语言和微机的汇编语言形式相似,由一条条指令组成,但 PLC 的指令系统比汇编语言简单得多。目前各厂家生产的 PLC 不同,指令系统也不同,但基本思想是一致的。本章将以日本松下 FP1 为例介绍其指令系统。其中包括基本指令和高级指令。

3.1 基本指令及其应用

FP1 指令系统按功能可以分为两大类:基本指令和高级指令。其中 C14、C16 机型有 131 条指令;C24、C40 机型有 196 条指令;C56、C72 机型有 198 条指令。表 3 – 1 列出了不同机型的基本指令类别及条数。

表 3 – 1　FP1 基本指令分类表

指令类别＼指令条数＼系列机型	C14、C16	C24、C40	C56、C72
顺序指令	19	19	19
功能指令	7	7	8
控制指令	15	18	18
条件比较指令	0	36	36
合　计	41	80	81

由于条件比较指令是近几年才开发的指令,因此对于主控单元只有 C24 机型以上,并且 CPU 为 2.7 或以上版本的型号才有。它们的基本功能如下:

- 基本顺序指令,执行以位(bit)为单位的逻辑操作;
- 基本功能指令,用以产生定时、计数和移位操作(考虑到指令特点,这一部分中还包括了三条高级指令);
- 控制指令,用以决定程序执行的顺序和流程;
- 条件比较指令,用来进行数据比较。

3.1.1　基本顺序指令

基本顺序指令包括 ST、ST/、OT、/(NOT)、AN、AN/、OR、OR/、ANS、ORS、PSHS、RDS、POPS、DF、DF/、SET、RST、KP、NOP。

1. ST、ST/和 OT 指令

ST(Start)——初始加载指令,表示常开触点与左侧母线相接,开始一个逻辑操作。

ST/(Start Not)——初始加载"非"指令,表示常闭触点与左侧母线相接,开始一个逻辑操作。

OT(Out)——输出指令,表示将操作的结果输出到指定继电器。

程序举例见图 3-1。

梯形图	助记符	时序图
0 ──┤├── X0 ─[Y0]── 2 ──┤├── X1 ─[Y1]──	0　ST　X0 1　OT　Y0 2　ST/　X1 3　OT　Y1	X0 Y0 X1 Y1

图 3-1　ST、ST/和 OT 指令例图

说明:当继电器 X0 接通(ON)时,其常开触点 X0 闭合,Y0 继电器接通。当继电器 X1 断开(OFF)时,其常闭触点 X1 闭合,Y1 继电器接通。

应当指出,时序图中 X 的高电平是指开关动作;而不论其触点是常开、常闭,低电平是指开关未动作,同样与常开、常闭无关。以后时序图均按此规定。

指令 ST、ST/可用的继电器类型为 X、Y、R、T、C;指令 OT 可用的继电器类型为 Y、R。

2. "/"指令

/(NOT)——"非"指令,表示将该指令处的操作结果取反。程序举例见图 3-2。

梯形图	助记符	时序图
0 ──┤├── X0 ─[Y0]── 　　└──/──[Y1]──	0　ST　X0 1　OT　Y0 2　/ 3　OT　Y1	X0 Y0 Y1

图 3-2　"非"指令例图

说明：当触点 X0 闭合(ON)，Y0 接通；当触点 X0 断开(OFF)，Y1 接通。

3. AN 和 AN/指令

AN(AND)——"与"指令，表示将一个常开触点与前面的触点相串联。

AN/(AND Not)——"与非"指令，表示将一个常闭触点与前面的触点相串联。

程序举例见图 3-3。

梯形图	助记符	时序图
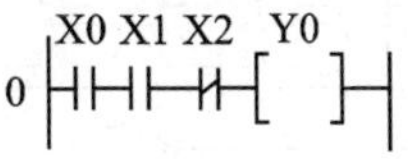 0 ⊢⊢⊣⊢⊢⊣⊢⊢ X0 X1 X2　Y0	0　ST　　X0 1　AN　　X1 2　AN/　X2 3　OT　　Y0	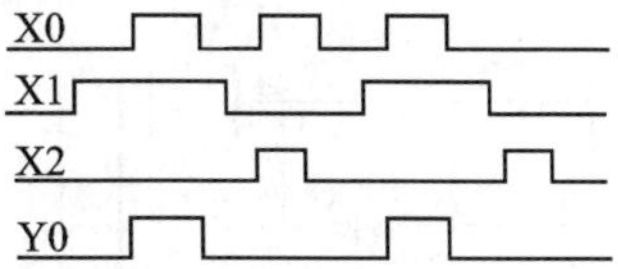 X0 X1 X2 Y0

图 3-3　AN 和 AN/指令例图

说明：当继电器 X0、X1 接通且 X2 不接通时，Y0 继电器接通，或者说只有当 3 个触点都闭合时，Y0 才接通。

应当指出，串联的常开、常闭触点数量没有限制，也即 AN 和 AN/指令可连续使用。

AN 和 AN/指令可用的继电器类型为 X、Y、R、T、C。

4. OR 和 OR/指令

OR(OR)——"或"指令，表示将一个常开触点与前面的触点相并联。

OR/(OR Not)——"或非"指令，表示将一个常闭触点与前面的触点相并联。

程序举例见图 3-4。

梯形图	助记符	时序图
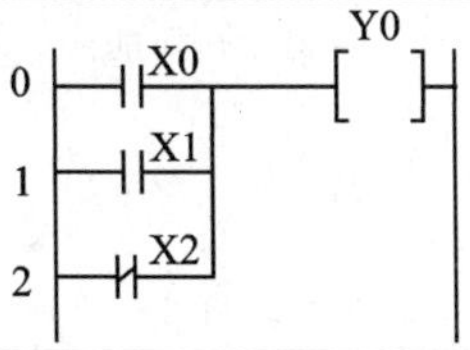 0 ⊢⊢ X0　　Y0 1 ⊢⊢ X1 2 ⊢⊢ X2	0　ST　　X0 1　OR　　X1 2　OR/　X2 3　OT　　Y0	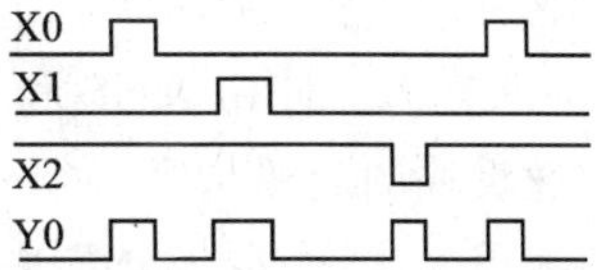 X0 X1 X2 Y0

图 3-4　OR 和 OR/指令例图

说明：当继电器 X0 或 X1 接通或继电器 X2 断开时，Y0 接通，或者说 3 个触点有一个闭合,就可使 Y0 接通。并联的触点数量没有限制。

OR、OR/指令可用的继电器类型为 X、Y、R、T、C。

5. ANS 和 ORS 指令

ANS(AND Stack)——组"与"指令,用于逻辑块的串联,又称块"与"指令。

ORS(OR Stack)——组"或"指令,用于逻辑块的并联,又称块"或"指令。

程序举例见图 3-5。

梯形图	助记符	时序图
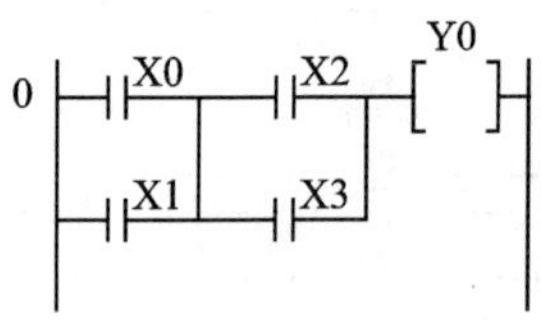	0　ST　X0 1　OR　X1 2　ST　X2 3　OR　X3 4　ANS 5　OT　Y0	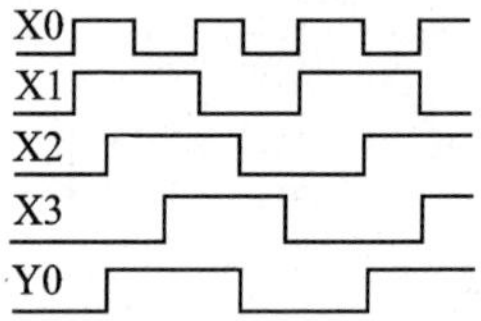

图 3-5　ANS 指令例图

说明:梯形图中 X0 和 X1 并联后组成一逻辑块;X2 和 X3 并联后组成一逻辑块。用 ANS 将两个逻辑块串联起来。

程序举例见图 3-6。

梯形图	助记符	时序图
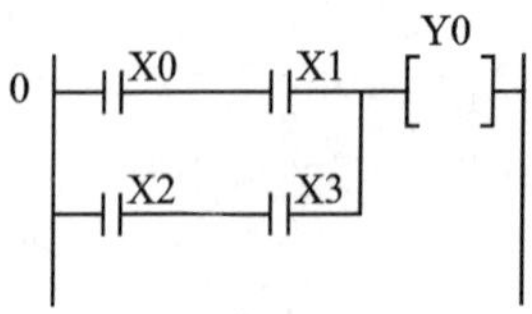	0　ST　X0 1　AN　X1 2　ST　X2 3　AN　X3 4　ORS 5　OT　Y0	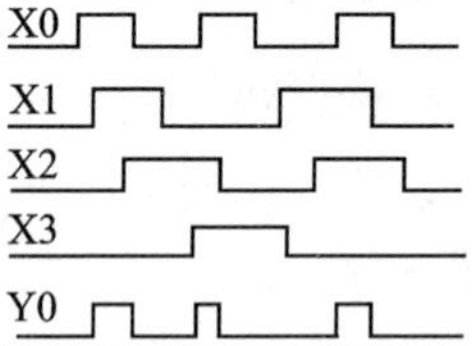

图 3-6　ORS 指令例图

说明:梯形图中 X0 和 X1 串联后组成一逻辑块,X2 和 X3 串联后组成一逻辑块,用 ORS 将 2 个逻辑块并联起来。使用 ANS 和 ORS 指令时要两点注意:

① 每一个逻辑块的起始指令必须是 ST 或 ST/;

② 有两种编程方法:一种为分置法,另一种是后置法,如图 3-7 所示。

利用上面介绍的有关指令可以对复杂的梯形图编程,如图 3-8 所示。

6. PSHS、RDS 和 POPS 指令

PSHS(Push Stack)——推入堆栈指令。将该指令以前的运算结果推入堆栈保存。

梯形图	分置法助记符	后置法助记符
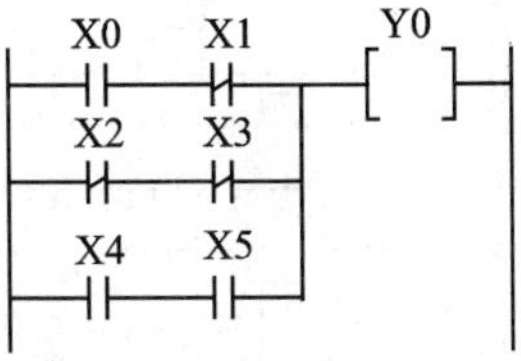 X0 X1 Y0 / X2 X3 / X4 X5	0 ST X0 1 AN/ X1 2 ST/ X2 3 AN/ X3 4 ORS 5 ST X4 6 AN X5 7 ORS 8 OT Y0	0 ST X0 1 AN/ X1 2 ST/ X2 3 AN/ X3 4 ST X4 5 AN X5 6 ORS 7 ORS 8 OT Y0

图 3 - 7 使用 ORS 的两种编程方法

梯形图	助记符	
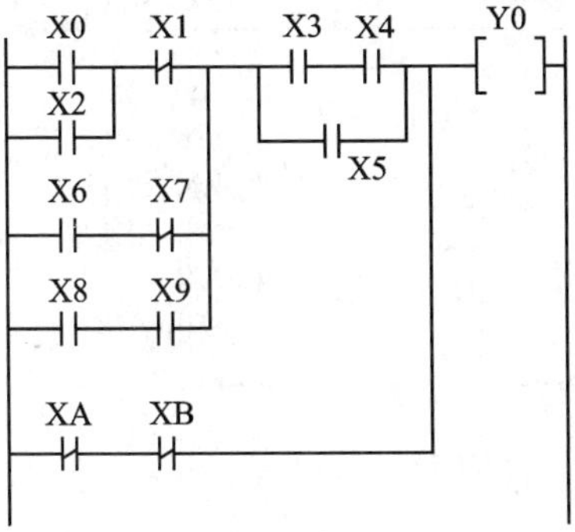 X0 X1 X3 X4 Y0 X2 X5 X6 X7 X8 X9 XA XB	0 ST X0 1 OR X2 2 AN/ X1 3 ST X6 4 AN/ X7 5 ORS 6 ST X8 7 AN X9 8 ORS 9 ST X3	10 AN X4 11 OR X5 12 ANS 13 ST/ XA 14 AN/ XB 15 ORS 16 OT Y0

图 3 - 8 复杂梯形图编程举例

RDS(Read Stack)——读出堆栈指令。从堆栈中读出由 PSHS 指令存储的运算结果。

POPS(POP Stack)——弹出堆栈指令。从堆栈中读出并清除由 PSHS 指令存储的运算结果。

以上 3 条指令应用在具有分支点的梯形图中,并且要求 3 条堆栈指令顺序使用。所谓分支点梯形图是指几条支路上的线圈,同时受到一个或一组公共触点的控制,并且每条支路上的线圈另有一触点控制。这种连接方式既不同于触点与触点的连接,也不同于逻辑块与逻辑块的连接,因此不能用前面的指令编程,只能用堆栈指令。

程序举例见图 3 - 9。

说明:使用堆栈指令时,在分支的开始和结尾分别用 PSHS 和 POPS 指令,中间的分支用 RDS 指令,中间分支数不受限制,也即 RDS 指令可连续使用。

注意区分并联输出、连续输出与分支点梯形图的差别,以及编程方法上的不同,如图 3 - 10 和图 3 - 11 所示。

梯形图	助记符	时序图
	0　ST　X0	
	1　PSHS	
	2　AN　X1	
	3　OT　Y0	
	4　RDS	
	5　AN　X2	
	6　OT　Y1	
	7　POPS	
	8　AN/　X3	
	9　OT　Y2	

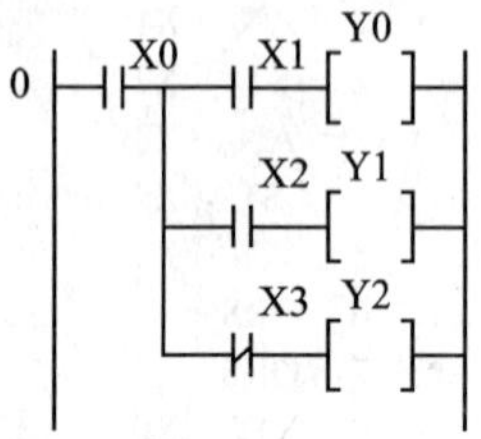

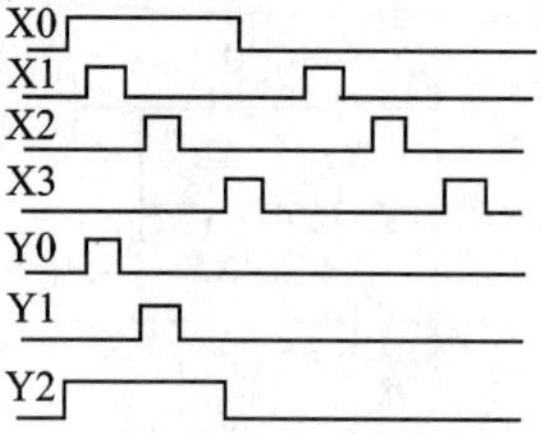

图 3 - 9　堆栈指令例图

并联输出梯形图	助记符	连续输出梯形图	助记符
	0　ST　X0		0　ST　X0
	1　OT　Y0		1　OT　Y0
	2　OT　Y1		2　AN/　X1
			3　OT　Y1
			4　AN　X2
			5　OT　Y2

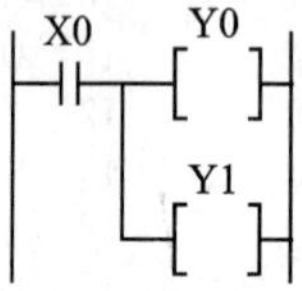

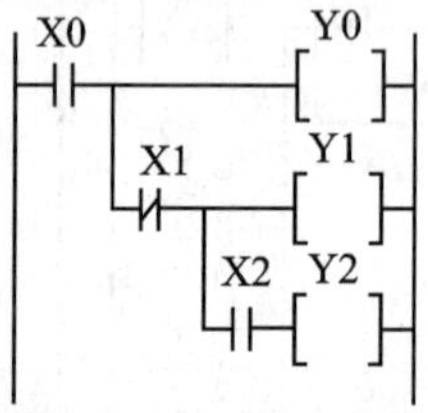

图 3 - 10　并联及连续输出梯形图

梯形图	助记符	
	0　ST　X0	12　POPS
	1　PSHS	13　AN/　X6
	2　AN　X1	14　OT　Y3
	3　AN　X2	
	4　OT　Y0	
	5　RDS	
	6　AN/　X3	
	7　AN　X4	
	8　OT　Y1	
	9　RDS	
	10　AN　X5	
	11　OT　Y2	

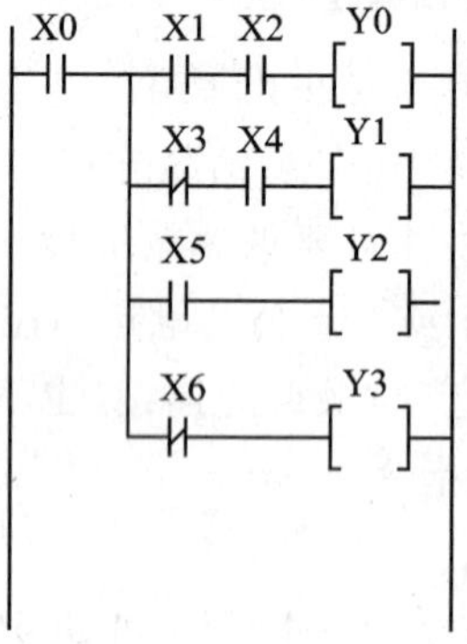

图 3 - 11　分支点梯形图

7. DF 和 DF/指令

DF(Leading edge differential)——上升沿微分指令。当输入触点由断开到接通(上升沿),使该触点控制的继电器或触点仅导通一个扫描周期。

DF/(Trailing edge differential)——下降沿微分指令。当输入触点由接通到断开(下降沿),使该触点控制的继电器或触点仅导通一个扫描周期。

程序举例见图 3-12。

梯形图	助记符	时序图
0 X0 (DF) Y0	0 ST X0	X0
3 X1 (DF/) Y1	1 DF	X1
	2 OT Y0	Y0
	3 ST X1	Y1
	4 DF/	
	5 OT Y1	

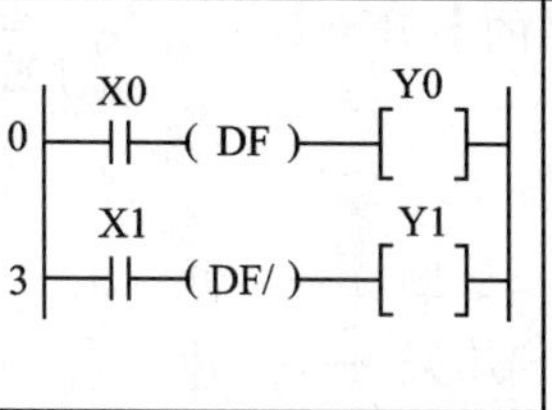

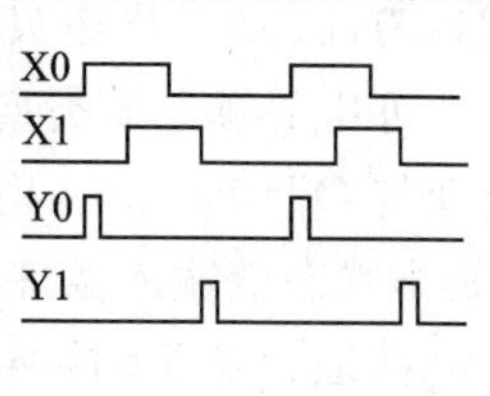

图 3-12　DF 和 DF/指令例图

说明:微分指令仅在输入触点 X 动作瞬间有效,是边沿触发指令。在输入触点动作以后,一直导通的输入触点不会引起 DF 的执行,同样动作以后一直断开的输入触点也不会引起 DF/的执行,其执行次数为一次,并且使输出继电器仅导通一个扫描周期。微分指令常用于控制那些只需触发执行一次的动作,尤其在高级指令中应用较多。

程序举例见图 3-13。

说明:与图 3-13(b)相比,采用图 3-13(a)的控制可有效解决工程中可靠停车问题。

8. SET 和 RST 指令

SET(Set)——置位指令。当执行条件成立时,SET 指令使指定继电器接通,并保持接通状态。

RST(Reset)——复位指令。当执行条件成立时,RST 指令使指定继电器断开,并保持断开状态。

程序举例见图 3-14。

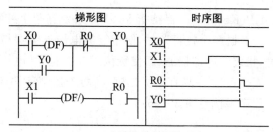

(a) 有微分指令的梯形图

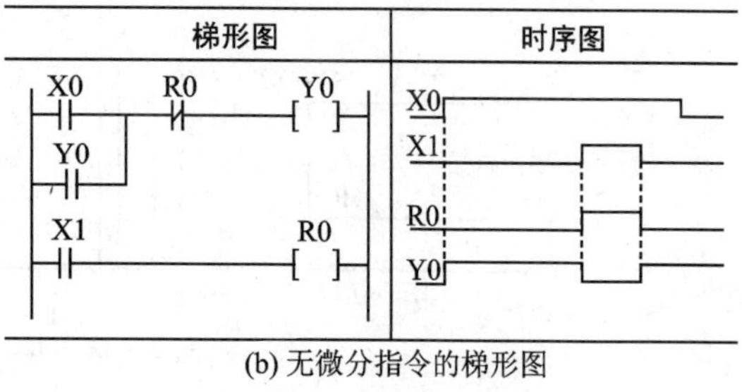

(b) 无微分指令的梯形图

图 3-13　微分指令应用例图

梯形图	助记符	时序图
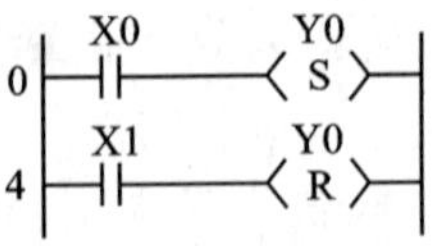 0 ├─X0──┤ ─⟨ Y0 S ⟩ 4 ├─X1──┤ ─⟨ Y0 R ⟩	0　ST　X0 1　SET　Y0 4　ST　X1 5　RST　Y0	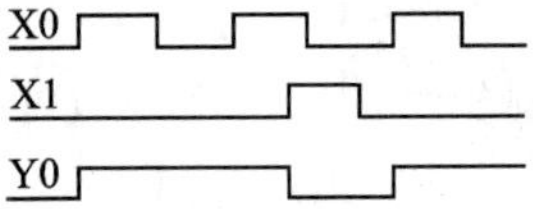 X0 ⎍⎍⎍ X1 ⎍ Y0 ⎍⎍

图 3-14　SET 和 RST 指令例图

说明：当 X0 接通时，Y0 接通并保持，不论 X0 如何变化，Y0 始终导通，直至 X1 接通时，才能使 Y0 断开，并且，SET、RST 指令只检测触发信号的上升沿。

SET、RST 指令可用的继电器类型为 Y、R。

SET、RST 指令与 OT 指令的区别：

① OT 指令，输出状态随输入条件的改变而改变，如图 3-10 并联输出梯形图中，X0 接通，Y0、Y1 接通；X0 断开，Y0、Y1 断开。这体现了条件与输出的共存；SET、RST 指令，一经触发，则输出状态保持。

② 对于同一序号的输出线圈可以重复使用 SET、RST 指令，而 OT 指令不允许，如图 3-15 所示。此外，SET 和 RST 指令不一定要成对使用。

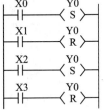

**图 3-15　SET、RST 指令
与 OT 指令区别**

9. KP 指令

KP(Keep)——保持指令。KP 指令有两个控制条件，一个是置位条件 S，另一个是复位条件 R。根据两个执行条件，使指定继电器处于保持接通状态或保持断开状态。当满足置位条件时，指定继电器接通，即使置位条件变化，继电器仍保持导通，直至复位条件满足使继电器断开。复位条件 R 具有高优先权，当两个控制条件同时满足时，继电器处于断开状态。

程序举例见图 3-16。

梯形图	助记符	时序图
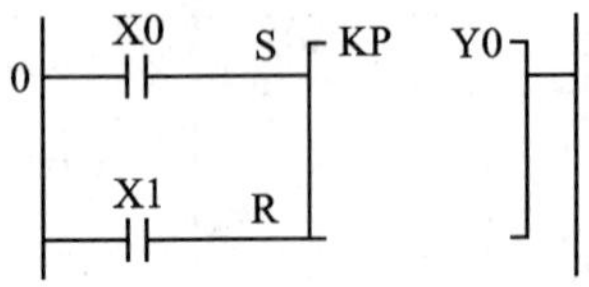 0 ├─X0──┤ S ┌KP Y0┐ 　├─X1──┤ R └─────┘	0　ST　X0 1　ST　X1 2　KP　Y0	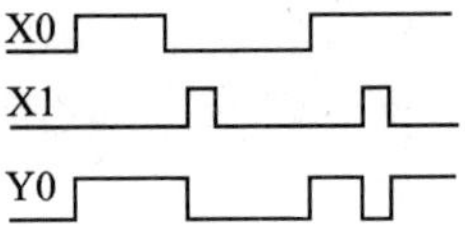 X0 ⎍⎍ X1 ⎍⎍ Y0 ⎍⎍

图 3-16　KP 指令例图

说明：当 X0 接通且 X1 断开时，Y0 接通并保持，直至 X1 接通，Y0 断开。

KP 指令可用的继电器类型为 Y、R。

注意：

① KP 指令对同一序号的输出线圈不能重复使用（与 OT 指令相同）。

② KP 指令与 SET、RST 指令不同之处是：SET、RST 指令之间可插入其他指令，并且置位、复位彼此独立，无优先权之分，在程序上按顺序执行。图 3-15 中，若 X0～X3 均接通，输出线圈 Y0 的最终结果是复位，而 KP 指令复位优先。

③ KP 指令实际完成的是一个启动、保持、停止电路的功能。图 3-16 代表的功能与图 3-17 代表的功能完全相同，但用 KP 指令编程可少一条指令。

④ 当切断电源时，或工作方式选择开关从"RUN"切换到"PROG"方式，KP 指令不再保持，除非选择掉电保持型继电器。

10. NOP 指令

NOP(No operation)——空操作指令。PLC 执行 NOP 指令时，不产生任何操作，但占一个序号空间。该指令可作为程序段的标记，或用于在输入程序时预留地址，以便于程序的查找或指令的插入。

程序举例见图 3-18。

梯形图	助记符
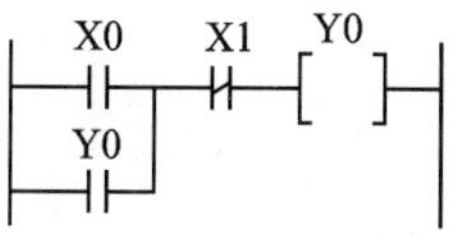 X0　X1　Y0 Y0	0　ST　X0 1　OR　Y0 2　AN/　X1 3　OT　Y0

图 3-17　启、保、停梯形图

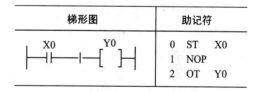

图 3-18　NOP 指令例图

说明：当 X0 接通时，Y0 接通。

3.1.2　基本功能指令

基本功能指令包括 TM、F137(STMR)、CT、F118(UDC)、SR 及 F119(LRSR)指令。

1. TM 指令

TM(Timer)——定时器指令。定时器被启动后，按设定的时间对设定值作减计数。当定时时间到，定时器接通，带动其触点动作。定时器指令根据单位定时时间不同分为 3 类。

· TMR：以 0.01 s 作为单位定时时间；

· TMX：以 0.1 s 作为单位定时时间；

· TMY：以 1 s 作为单位定时时间。

定时器指令梯形图符号：

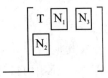

N_1 为定时器类型，用 R、X、Y 表示。

N_2 为定时器编号，用十进制数表示。FP1 有 100 个定时器，编号为 T0～T99（见表 2-7）。可以通过系统寄存器 No.5 重新设定定时/计数器的起始号码，改变定时器的个数。

N_3 为定时时间设定值。设定值可以用十进制常数 K 设置，范围为 K0～K32767。定时时间＝单位定时时间×设定值。设定值也可以直接用设定值寄存器 SV 设置，要求 SV 的编号要与定时器编号相同。

程序举例见图 3-19。

梯形图	助记符	时序图
（梯形图） X0　　TX K30　5　；　4　T5　Y0	0　ST　X0 1　TM　X5 　　K　30 4　ST　T5 5　OT　Y0	X0 T5 3s　　3s

图 3-19　定时器指令例图

说明：每个定时器都配有相同编号的设定值寄存器 SV 和经过值寄存器 EV。虽然在上面的程序中没有看到，但在程序执行中它们是存在的。当程序进入运行状态后，首先将常数 K30 送到设定值寄存器 SV5。当 X0 接通瞬间，设定值寄存器 SV5 将常数 K30 再传送给经过值寄存器 EV5，使得 SV5＝EV5。然后定时器 TX5 开始定时，定时器采取减 1 计数，每经过 0.1 秒从经过值寄存器 EV5 中减去 1，直至 EV5 内容减为 0；该定时器定时时间到，带动各触点动作，T5 常开触点闭合，Y0 接通。当 X0 触点断开，T5 触点恢复常态，Y0 断开。

注意：

① 当 X0 接通后，定时器开始进入定时状态。定时的过程就是每经过一个单位定时时间，从经过值寄存器 EV5 中减 1。

② 当 X0 断开时，定时器复位，对应触点恢复原来状态，同时经过值寄存器 EV5 被清 0，而设定值寄存器 SV5 内容（K30）保持不变，为再次定时做好准备。

③ 定时器的运行状态为非保持型。如果在定时过程中发生断电，或工作方式从"RUN"切换

到"PROG",则定时器被复位。若想保持其运行中的状态,可通过设置系统寄存器 No.6 实现。

④ 定时器的设定值也可以直接通过 SV 设置,如图 3-20(a)所示。

当 X0 接通时,通过数据传送指令 F0(MV),将常数 K20 送到设定值寄存器 SV4,使设定时间由 5 s 改为 2 s。当 X1 接通 2 s 后,继电器 Y0 接通。关于 F0(MV)指令将在 3.2 节中介绍。

SV 的编号在 FP1 的 C14、C16 机型中为 SV0~SV127;在 C24、C40、C56 和 C72 机型中为 SV0~SV143,见表 2-7。

设定值寄存器 SV 的内容还可以通过 PLC 主控单元面板上手动可调电位器 V0~V3,直接从外部送入。其中 V0~V3 的数值变化范围为 0~255,如图 3-20(b)所示。

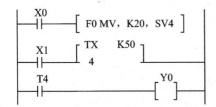
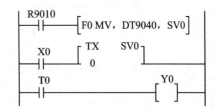

(a) 用 F0(MV)指令设置定时时间　　　　　　　(b) 用可调电位器设置定时时间

图 3-20　定时器定时时间设置方法

DT9040 为特殊数据寄存器,专门用来存放 V0 输入的数值。R9010 为常闭特殊继电器。PLC 运行时,R9010 始终处于接通状态。当 PLC 运行后,F0(MV)指令把电位器 V0 的数值经 DT9040 传送给 SV0。X0 接通后,定时器将延时由 V0 所确定的时间,定时时间到触点 T0 接通,并使 Y0 接通。这种定时方法常利用在试运行期间的时间调整。

程序举例,见图 3-21。

说明:这是由三个定时器构成的使 Y0、Y1、Y2 继电器顺序通、断的控制。X0 为总启动开关。当 X0 接通后,Y0 先接通,经过 5 s,Y1 接通,同时 Y0 断开;再经过 5 s,Y2 接通,同时 Y1 断开;又经过 5 s,Y0 接通,同时 Y2 断开。如此循环往复,直至总停开关 X1 断开,循环结束。

在 PLC 的控制中,定时器的应用很多,有一些定时器的实用梯形图,将在第 6 章中介绍。

2. CT 指令

CT(Counter)——计数器指令。CT 指令是一个减计数型计数器,每来一个计数脉冲上升沿,设定值减 1,直至设定值减为零,计数器接通,带动其触点动作。

计数器指令梯形图符号:

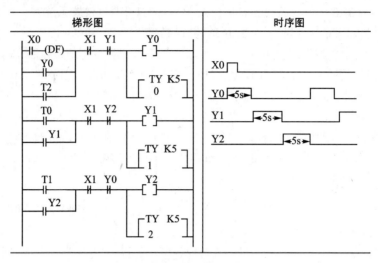

图 3 - 21　定时器应用举例

其中,N_1 为计数器编号,用十进制数表示。FP1 的 C14 和 C16 机型编号为 C100～C127,共 28 个计数器。C24、C40、C56 和 C72 机型编号为 C100～C143,共 44 个计数器(见表2 - 7),可以通过系统寄存器重新设定计数器个数和编号。N_2 为计数器设定值,用十进制数表示。与定时器的设定值范围相同,即 K0～K32767。

计数器有两个输入端:计数脉冲输入端 CP 和计数器复位端 R。它们均在上升沿起作用,并且 R 端比 CP 具有高优先权。当两个信号同时满足时,计数器处于复位状态。

程序举例见图 3 - 22。

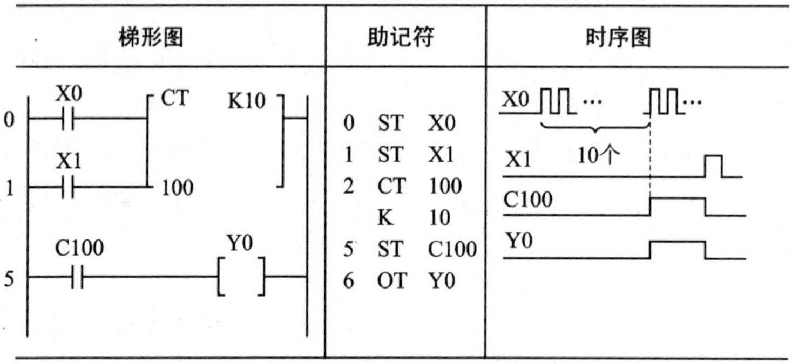

图 3 - 22　计数器指令例图

说明:与定时器一样,计数器配有相同编号的设定值寄存器 SV 和经过值寄存器 EV。当程序进入运行状态后,首先将常数 K10 送至设定值寄存器 SV100,如果复位信号 X1 断开,SV100 再将 K10 传送到经过值寄存器 EV100,使得 SV100＝EV100。以后,X0 每接通一次

(X0 的上升沿)EV100 减 1。当 X0 接通 10 次后,EV100 中的值为零,计数器接通,带动各触点动作,Y0 接通。当复位信号 X1 接通,经过值寄存器 EV100 复位,计数器各触点恢复常态,Y0 断开。当 X1 断开时,SV100 中的值 K10 再次送入 EV100 中,为下一次重新计数做好准备。

　　计数器的运行状态为保持型。在计数过程中即使断电或工作方式由"RUN"切换到"PROG",计数器也不复位,即触点保持断电或工作方式改变之前的状态。如果需要将计数器设置为非保持型,可通过设置系统寄存器 No.6 实现。

　　与定时器类似,计数器的设定值也可直接通过 SV 设置,或通过主控单元面板上手动可调电位器 V0~V3 直接由外部输入,如图 3 - 23 所示。

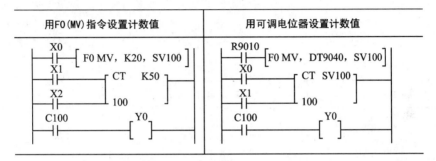

图 3 - 23　设定值的两种输入方法

3. F118(UDC)指令

　　F118(UDC)(UP/down counter)——可逆计数器指令。这是一条高级指令,可以指定任一寄存器(除 WX 以外)完成加/减计数。

　　可逆计数器指令梯形图符号:

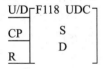

　　其中,S 为设定值或存放设定值的寄存器;D 为被指定用来计数用的经过值寄存器。设定值范围为 K-32768~K32767。

　　S 可用的继电器类型:WX、WY、WR、SV、EV、DT、K、H;D 可用的继电器类型:WY、WR、SV、EV、DT。

　　可逆计数器有 3 个输入端。加/减计数控制端 U/D,该端为"1"(输入触点接通)作加计数,为"0"(输入触点断开)作减计数。计数脉冲输入端 CP 和计数器复位端 R 的作用与 CT 指令相同,均以上升沿起作用,并且 R 端比 CP 端具有高优先权。

　　程序举例见图 3 - 24。

　　说明：图 3-24 中内部继电器 WR0 作为设定值寄存器，其中的数值需要提前通过程序输入。假设 WR0 中的数值为 K50（WR0＝K50），数据寄存器 DT0 作为计数用经过值寄存器，当 X2 断开时，WR0 将其数值 K50 送至 DT0（DT0＝WR0＝K50）中。当 X0 接通时，DT0 作加计数；当 X0 断开时，DT0 作减计数。X1 每接通一次，DT0 中的数值就加 1 或减 1。当 X2 接通时，DT0 被复位（DT0＝0）；当 X2 断开瞬间，WR0 中的设定值 K50 重新送入 DT0 中，为再次计数做好准备。

　　应当指出，可逆计数器没有对应的触点，若要利用计数结果进行控制，只能通过比较指令或其他高级指令实现，如图 3-25 所示。

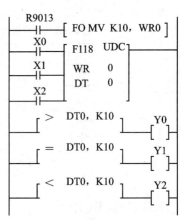

梯形图	助记符
![F118 UDC 梯形图]	0　ST　X0 1　ST　X1 2　ST　X2 3　F118　(UDC) 　　WR　0 　　DT　0

图 3-24　F118(UDC)指令例图　　　　　图 3-25　F118(UDC)指令应用举例

　　图 3-25 中 R9013 为特殊继电器，称为初始闭合继电器。它只在运行的第一次扫描时闭合，从第二次扫描开始断开并保持打开状态。在 R9013 闭合的一瞬间通过 F0(MV) 指令将常数 K10 传送给 WR0 中（WR0＝K10），以后的计数过程同图 3-24。当 DT0 的数据大于 10 时，Y0 接通；当 DT0 的数据等于 10 时，Y1 接通；当 DT0 的数据小于 10 时，Y2 接通。关于比较指令将在后面介绍。

　　4. SR 指令

　　SR（Shift register）——左移移位指令。它可以指定内部继电器 WR 中的任意一个作为移位寄存器，实现数据左移动。

　　左移移位指令梯形图符号：

```
        ┌ SR  WRN ┐
IN  ──┤          │
CP  ──┤          │
R   ──┤          │
        └─────────┘
```

　　该指令只能使用 16 位继电器 WR 中的任一个。FP1 的 C14、C16 机型 WRN 范围为

WR0～WR15；C24 以上机型为 WR0～WR62（见表 2-7）。SR 指令有 3 个输入端。其中 IN 为数据输入端，该端的输入触点接通，移位输入的是"1"；该端的输入触点断开，移位输入的是 "0"。CP 为移位脉冲输入端，该端输入触点每接通一次（上升沿有效），WRN 中的数据就从低位向高位左移一位，WRN 中的最低位将移入数据输入端 IN 的状态，WRN 中的最高位丢失。R 为移位寄存器的复位端，该端输入触点一旦接通，WRN 中的内容全部清 0，并且 R 端比 CP 端具有高优先权。

程序举例见图 3-26。

梯形图	助记符	时序图
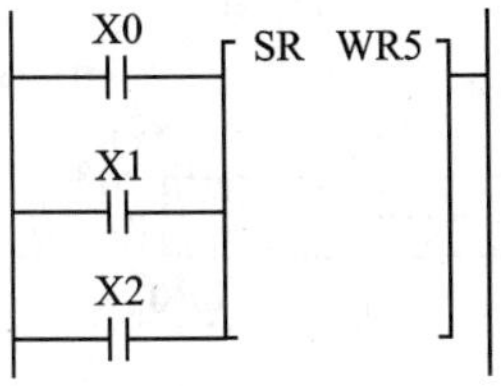 X0 ┤├ SR WR5 ┤ ┤ X1 ┤├ X2 ┤├	0 ST X0 1 ST X1 2 ST X2 3 SR WR5	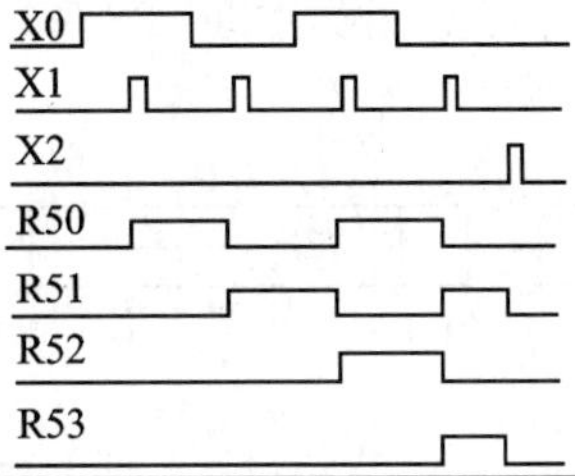 X0 X1 X2 R50 R51 R52 R53

图 3-26　SR 指令例图

5. F119(LRSR)指令

F119(LRSR)(Left/right shift register)——左/右移位指令。它可以指定任一内部继电器（除 WX 外）作为移位寄存器，实现数据的左或右的移动。

左/右移位指令梯形图符号：

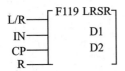

该指令中 D1、D2 是指同一类的寄存器。D1 为移位寄存器区的首地址，D2 为移位寄存器区的末地址，并且要求 D1≤D2。

其中，L/R 为左、右移位控制端，该端输入触点接通，左移；触点断开，右移。IN 为数据输入端，该端接通，移入"1"；反之移入"0"。CP 为移位脉冲输入端，该端每接通一次（上升沿有效），寄存器中的数据依次左移或右移。R 为复位端，该端一旦接通，寄存器区被清 0。

F119(LRSR)指令可用的继电器类型为 WY、WR、SV、EV、DT。

程序举例见图 3-27。

说明：DT0～DT9 共 10 个数据寄存器作为移位寄存器。在执行程序时，它们相当于首尾相接串联在一起,共有 $16 \times 10 = 160$ 位。当 $X0 = 1$ 时,如果检测到 X2 的上升沿,则 160 位数据一起左移一位,X1 的状态(0 或 1)移入 DT0 的最低位 bit 0 中,而 DT9 的最高位 bit 15 移入进位位 CY 中。当 $X0 = 0$ 时,如果有 X2 的上升沿,则 160 位数据一起右移,X1 的状态(0 或 1)移入 DT9 的最高位 bit 15 中,DT0 的最低位 bit 0 移入 CY 中。当 $X3 = 1$ 时,移位寄存器全部清 0,移位动作停止。左移动作示意图如图 3 - 28 所示。

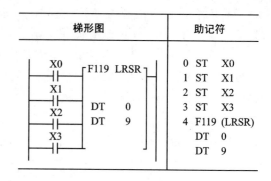

图 3 - 27　F119(LRSR)指令例图

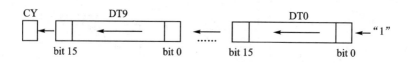

图 3 - 28　左移动作示意图

F137(STMR)指令,限于篇幅不再介绍,请参阅本章后面的指令表。

3.1.3　控制指令

控制指令主要包括 MC、MCE、JP、LBL、LOOP、ED、CNDE、NSTP、NSTL、SSTP、CSTP、STPE 等。这些指令都有着重要作用,根据控制要求用来改变程序的执行顺序和流程,以及产生跳转和循环。

1. MC 和 MCE 指令

MC(Master control relay)——主控继电器开始指令。

MCE(Master control relay end)——主控继电器结束指令。

主控指令梯形图符号:

——(MC　n)

——(MCE　n)

其中,n 为主控指令编号。FP1 的 C14、C16 机型,n 为 0～15;FP1 的 C24 以上机型,n 为 0～31。

功能:当 MC 指令前的控制触点接通时,执行 MC 至 MCE 之间的程序;当 MC 的控制触点断开时,不执行 MC 至 MCE 之间的程序,跳过这段程序,执行 MCE 之后的程序。

程序举例见图 3 - 29。

说明:当 X0 接通时,执行 MC 至 MCE 之间的程序。此时该程序与图 3 - 30 所示梯形图等效。

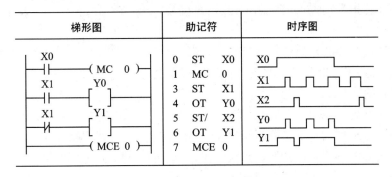

图 3 - 29　主控指令例图

　　由图 3 - 30 梯形图可见，当 X0 接通后，Y0 和 Y1 能否接通将取决于 X1 和 X2。显然这是一个带有分支点的梯形图。编写这段程序要用堆栈指令。

　　使用中注意的几点：MC 和 MCE 指令要求成对使用，并且位置不能颠倒。同一对指令编号应该相同，而且可嵌套使用，如图 3 - 31 所示。

　　此外应注意，当 MC 的控制触点断开时，MC 和 MCE 之间的程序处于停控状态，相关指令控制的继电器状态如表 3 - 2 所列。

表 3 - 2　主控指令之间程序处于停控状态下各继电器状态

指　令	I/O 状态
OT	全断开
KP	保持状态
SET	
RST	
TM 和 F137(STMR)	复位
CT 和 F118(UDC)	经过值保持
SR 和 F119(LRSR)	
其他指令	不执行

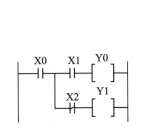
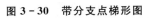

图 3 - 30　带分支点梯形图

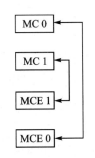

图 3 - 31　MC 指令的嵌套

2. JP 和 LBL 指令

JP(Jump)——跳转指令。

LBL(Label)——跳转标号指令。

跳转指令梯形图符号：

——(JP　n)

——(LBL　n)

其中 n 为跳转指令编号。FP1 的 C14、C16 机型，n 为 0～31；FP1 的 C24 以上机型，n 为 0～63。

功能：当 JP 指令前的控制触点接通时，程序不执行 JP 至 LBL 之间的程序，而是跳转到指定的 LBL 处，执行 LBL 指令以下的程序；反之，若控制触点断开，则顺序执行。

程序举例见图 3-32。

说明：当 X0 接通时，程序将跳转执行 LBL 以下的程序。X0 断开时，顺序执行。在使用中应注意，JP、LBL 指令前后位置不能颠倒，相同编号的 JP 指令可以多次使用，但同一编号的 LBL 只能有一个，即允许有多个不同的跳转点跳向同一处，而且可以嵌套使用，如图 3-33 所示。

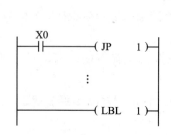

图 3-32 跳转指令例图

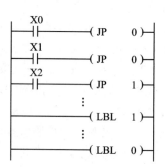

图 3-33 跳转指令应用举例

3. LOOP 和 LBL 指令

LOOP(Loop)——循环指令。

LBL(Label)——循环标号指令。

循环指令梯形图符号：

——[LOOP　n,s]

——(LBL　n)

其中 n 为循环指令编号。FP1 的 C14、C16 机型，n 为 0～31；FP1 的 C24 以上机型，n 为 0～63。s 为存有循环次数的寄存器，如 s 可取 DT，或 WR 寄存器等。

功能：当 LOOP 指令前的控制触点接通时，程序反复执行 LOOP 和 LBL 之间的程序，每执行一次，循环次数 s 减 1，直至 $s=0$，循环停止。若控制触点断开，LOOP 和 LBL 之间程序照常执行，但不循环。

使用中的几点注意：LOOP 和 LBL 指令要求成对使用，而且编号相同，如图 3-34 所示。LBL 指令可以放在 LOOP 指令之前，也可放在 LOOP 指令之后，但两者的工作过程有所不同。

特别指出，在程序中如果同时使用 JP 和 LBL 指令，应注意区分开 LBL 的各自编号，以免编号相同。

4. ED 和 CNDE 指令

ED(End)——无条件结束指令。

CNDE(Conditional end)——条件结束指令。

结束指令梯形图符号：

——(ED)

——(CNDE)

两者虽然都是结束指令,但作用各不相同,如图 3-35 所示。

当 X0 接通时,程序Ⅰ运行到 CNDE 不再往下运行,返回起始地址,重新执行程序Ⅰ。当 X0 断开时,程序Ⅰ执行完后,并不结束,继续执行程序Ⅱ,直到遇到 ED 指令,程序返回起始地址。在程序执行过程中,由于 X0 断开,CNDE 不起作用。由此可见,CNDE 为有条件结束指令,而 ED 为无条件结束指令。CNDE 指令在程序调试时常常使用。

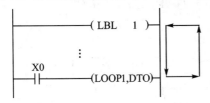

图 3-34　循环指令应用举例

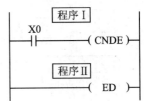

图 3-35　结束指令应用举例

5. NSTP、SSTP、CSTP 和 STPE 指令

NSTP(Next step(pulse))——步进转移(脉冲式)指令。当 NSTP 前的控制触点由断开到接通(上升沿)时,激活当前步进程序,并将前一个步进程序复位。

SSTP(start step)——步进开始指令,表示开始执行一段步进程序。

CSTP(clear step)——步进清除指令,表示清除一个指定的步进程序。

STPE(step end)——步进结束指令,表示步进程序结束。

步进指令梯形图符号：

——(NSTP　n)

——(SSTP　n)

——(CSTP　n)

——(STPE)

其中,n 为步进指令编号。FP1 的 C14、C16 机型,n 为 0~63;FP1 的 C24 以上机型,n 为 0~127。

需要说明,有一条与 NSTP 指令相类似的指令——NSTL,两者的区别在于前者是上升沿触发,后者是电平触发。即如果 NSTL 前的控制触点接通,则每次扫描,均执行激活当前步进程序,并将前一个步进程序复位。

在工业控制中,一个控制系统往往由若干个功能相对独立的工序构成,因此系统程序也由若干个程序段组成,每个程序段作为一个整体执行。所谓步进控制是指将多个程序段按一定的执行顺序连接起来,用步进指令顺序执行各个程序段。在程序的步进控制下,要求能够激活下一个程序段,同时清除前面的程序,例如关断前面程序段的输出,定时器复位等。

步进控制有 3 种执行类型:顺序执行、选择分支执行和并行分支执行。下面通过例题说明。

例 3 - 1　用步进指令实现顺序执行控制。

图 3 - 36 为某自动生产线的顺序执行过程示意图,它包括 3 个步进控制过程:将工件送到传送带上、装配及检验/推出。

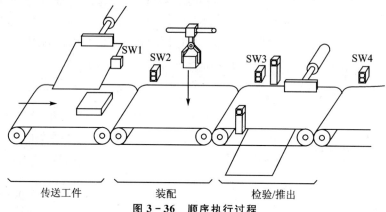

图 3 - 36　顺序执行过程

具体工作过程如下。当传感器 SW1 接通时,启动第一步将工件送到传送带上。当传感器 SW2 接通时,结束第一步,同时启动第二步装配部件。当传感器 SW3 接通时,结束第二步,同时启动第三步检验/推出,对工件进行检验,如有次品就弃掉。当传感器 SW4 接通时,结束第三步。

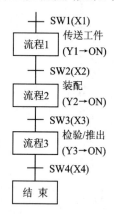

图 3 - 37　工艺流程图

以上过程可用图 3 - 37 工艺流程图表示。实现这一步进控制的梯形图如图 3 - 38 所示。

由图 3 - 38 可见,3 个流程段分别用 NSTP 和 SSTP 指令隔开。当 X1 接通(上升沿)瞬间,NSTP 1 激活流程 1,SSTP 1 使流程 1 开始运行,Y1 接通,实现第一步流程控制。当 X2 接通瞬间,NSTP 2 指令先将第一流程复位,使 Y1 断开,同时激活流程 2,SSTP 2 指令使流程 2 开始运行,Y2 接通,实现第二步流程控制。当 X3 接通瞬间,NSTP 3 结束流程 2 使 Y2 断开,并激活流程 3,SSTP 3 使流程 3 运行,Y3 接通。当 X4 闭合,CSTP 3 指令清除流程 3,Y3 断开,并由 STPE 指令结束整个步进控制,步进程序结束。

如果要使上述程序循环运行,只需将 CSTP 3 指令改写为 NSTP 1 即可。

几点说明:

① 由梯形图可以看出,在步进控制中,输出线圈 Y 可直接与母线相接,而不需经过触点。

② 步进指令编号 n 在不同的流程段应取不同编号,不能重复使用。

③ 在步进程序中有一些指令不能使用,如 JP、LBL;LOOP、LBL;MC、MCE;ED、CNDE。

例 3 - 2　用步进指令实现有选择分支的步进控制。

图 3 - 39 为选择分支执行过程流程图。由图 3 - 39 可见,系统包含了 4 个控制过程,其中流程 2 和流程 3 只能选择一个运行,不能同时运行。选择哪一个分支流程取决于 X2、X3,只有当流程 2 或流程 3 运行结束,才能运行流程 4。图 3 - 40 为选择分支控制梯形图。

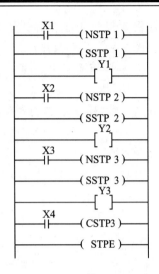

图 3 - 38　顺序步进控制梯形图

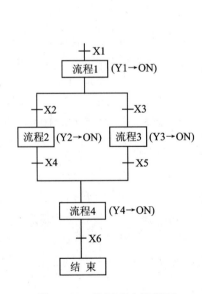

图 3 - 39　选择分支流程图

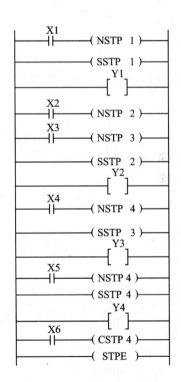

图 3 - 40　选择分支控制梯形图

例 3 - 3　用步进指令实现并行分支控制。

图 3 - 41 所示为并行分支执行过程流程图。整个控制过程经历了流程 1 至流程 5,其中流程 2、流程 3 与流程 4 是两个并行分支,这两组控制应同时进行。但流程 2、流程 3 是顺序控制关系,只有执行完流程 2 才能执行流程 3。当两组控制执行完,汇合在一起才能执行流程 5。图 3 - 42 所示为并行执行梯形图。

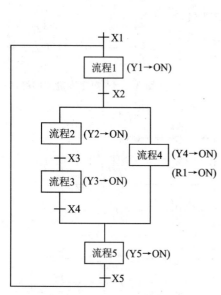

图 3 - 41　并行分支控制流程图

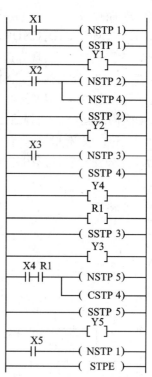

图 3 - 42　并行分支控制梯形图

3.1.4　条件比较指令

条件比较指令的助记符形式与基本顺序指令 ST、AN、OR 相类似,但两者功能并不相同。基本顺序指令中 ST、AN、OR 的操作数是寄存器的位(bit),条件比较指令的操作数是 16 位或 32 位的数据。因此条件比较指令分为单字节比较指令和双字节比较指令。条件比较指令是进行数值比较,根据比较结果决定被控继电器的接通、断开,使程序设计更加灵活。

条件比较指令梯形图符号:

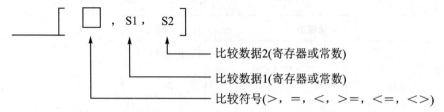

条件比较指令可以在两个寄存器之间、一个寄存器与常数之间，或两个常数之间进行如下 6 种比较：S1＞S2、S1＝S2、S1＜S2、S1＞＝S、S1＜＝S2、S1＜＞S2。

条件比较指令可用的继电器类型为 WX、WY、WR、SV、EV、DT、IX、IY、K、H。

条件比较指令梯形图符号可以直接从左母线开始，也可经过控制触点再与左母线相接。此外，条件比较指令符号还可串联使用、并联使用。如果直接从左母线开始用 ST，称为初始加载；如果经过控制触点或与条件比较指令相串联用 AN，称为逻辑"与"；如果与条件比较指令相并联用 OR，称为逻辑"或"。

条件比较指令按单字节、双字节分各有 18 条，共 36 条。这里仅对几条指令作介绍，其他指令与其相类似。请参阅本章后指令表。

图 3 - 43 表示了条件比较指令直接与左母线相接的情况。

说明： 将数据寄存器 DT0 的内容与常数 K50 相比较，如果 DT0＞K50，则 Y0 接通，否则不通。

图 3 - 44 表示控制触点与条件比较指令相串联情况。

说明： 当 X0 接通，并且数据寄存器 DT0 和 DT1 的内容相比较的结果为 DT0＝DT1，则 Y0 接通，否则不通。

梯形图	助记符		梯形图	助记符	
⊢ ＞, DT0, K50 ⊢ Y0	0　ST　　＞ 　　DT　　0 　　K　　50 5　OT　　Y0		X0 ⊢⊦ ＝, DT0, DT1 ⊢ Y0	0　ST　　X0 1　AN= 　　DT0 　　DT1 6　OT　　Y0	

图 3 - 43　条件比较指令直接与左母线相接　　**图 3 - 44　控制触点与条件比较指令串联**

图 3 - 45 表示条件比较指令相串联情况。

说明： 当 DT0＜K70，并且 DT1≠K50 时，Y0 接通，否则不通。

图 3 - 46 表示条件比较指令并联、串联情况。

说明： 若 DT0＝K50 或 DT1＞K40，并且 DT2≠K60，则 Y0 接通，否则不通。

图 3 - 47 表示控制触点与条件比较指令串联后，再并联，形成组"或"（块"或"）情况。

说明： 若 X0 接通，并且 DT0≤K40 或 X1 接通，并且 DT1≥K10，则 Y0 接通，否则不通。

梯形图	助记符

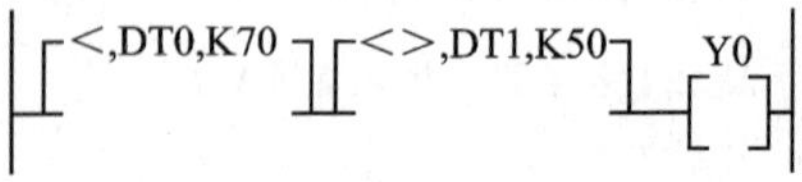

图中梯形图: ├─[< , DT0, K70]─┤├─[<> , DT1, K50]──(Y0)

0	ST	<
	DT	0
	K	70
5	AN	<>
	DT	1
	K	50
10	OT	Y0

图 3 - 45　条件比较指令相串联

梯形图	助记符

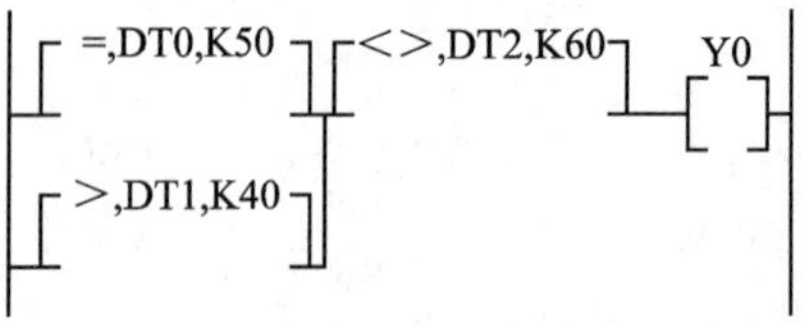

梯形图: ├─[= , DT0, K50]─┬─[<> , DT2, K60]──(Y0)
　　　　 ├─[> , DT1, K40]─┘

0	ST	=
	DT	0
	K	50
5	OR	>
	DT	1
	K	40
10	AN	<>
	DT	2
	K	60
15	OT	Y0

图 3 - 46　条件比较指令并、串联

梯形图	助记符

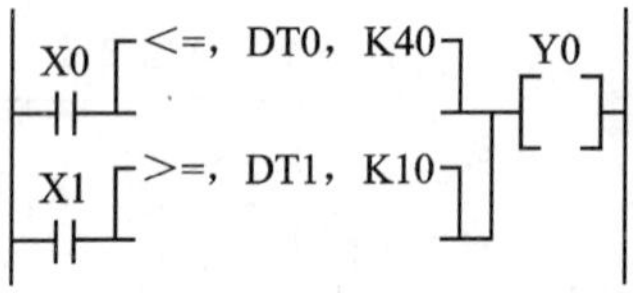

梯形图:
X0 ├─┤├─[<=, DT0, K40]──┐──(Y0)
X1 ├─┤├─[>=, DT1, K10]──┘

0	ST	X0
1	AN	<=
	DT0	
	K40	
6	ST	X1
7	AN	>=
	DT1	
	K10	
12	ORS	
13	OT	Y0

图 3 - 47　控制触点与条件比较指令先串联,后并联

　　以上各例均为单字节(16 位数据)比较指令;以下介绍双字节(32 位数据)比较指令。应当指出,在双字节比较指令中,助记符中所指定的寄存器为低 16 位寄存器,在处理数据时,将自动指向高 16 位寄存器。

　　图 3 - 48 表示双字节条件比较指令情况。

　　说明:将数据寄存器(DT1、DT0)的内容与常数 K50 相比较,如果(DT1,DT0)=K50,则 Y0 接通,否则不通。

　　图 3 - 49 表示双字节条件比较指令的并联情况。

说明:将数据寄存器(DT1,DT0)的内容与内部继电器(WR1,WR0)的内容相比较,将(DT11,DT10)的内容与常数 K40 相比较。若(DT1,DT0)=(WR1,WR0)或(DT11,DT10)>K40,则 Y0 接通,否则不通。

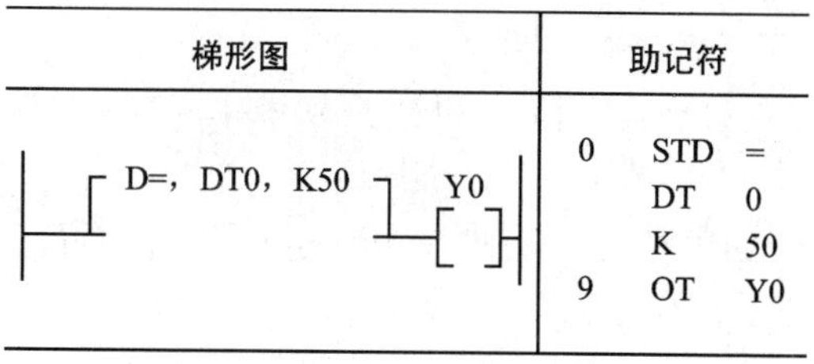

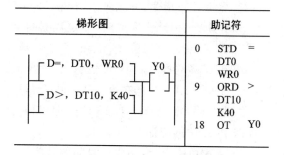

图 3-48　双字节条件比较指令

图 3-49　双字节条件比较指令并联

3.2　高级指令及其应用

3.2.1　高级指令类型及构成

FP1 具有丰富的指令,不仅有 80 余条基本指令,而且有 100 多条的高级指令。这些高级指令共分 8 种类型,充分体现了 PLC 的计算机功能。由于机型不同,高级指令条数不尽相同。表 3-3 列出了不同机型的指令类别及指令条数。

表 3-3　FP1 高级指令分类表

指令类别＼系列机型＼指令条数	C14、C16	C24、C40	C56、C72
数据传输指令	11	11	11
算术运算指令	28	32	32
数据比较指令	4	5	5
逻辑运算指令	4	4	4
数据转换指令	16	26	26
数据移位指令	14	14	14
位操作指令	6	6	6
特殊功能指令	7	18	19
合　　计	90	116	117

① 数据传输指令:完成对 16 位或 32 位数据的传送、复制、交换等功能。

② 算述运算指令:完成对 16 位或 32 位二进制数和 BCD 码数据的加、减、乘、除和加 1、减 1 等运算。

③ 数据比较指令:完成对 16 位和 32 位以及数据块的比较。

④ 逻辑运算指令:完成对 16 位数据的"与"、"或"、"异或"和"异或非"的运算。

⑤ 数据转换指令:将 16 位和 32 位数据按指定格式进行转换。

⑥ 数据移位指令:将 16 位数据进行左移、右移、循环移位和数据块移位(其中 F118(UDC)、F119(LRSR)已在第 3.1 节中介绍过)。

⑦ 位操作指令:完成对 16 位数据以位为单位的置位、复位、求反、测试,以及对 16 位、32 位数据中"1"位的统计。

⑧ 特殊功能指令:完成对时间的转换、I/O 刷新、通信、打印输出、高速计数等功能。

FP1 高级指令的一般构成:

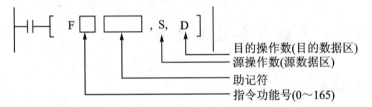

目的操作数(目的数据区)
源操作数(源数据区)
助记符
指令功能号(0～165)

几点说明:

① 高级指令前一定要有控制触点。当多个高级指令连续使用同一触点时,从第二条高级指令开始可以省略触点,如图 3-50 所示。

② 当控制触点闭合后,每经过一个扫描周期执行一次高级指令。如果根据控制要求只是让指令在控制触点接通(上升沿)时执行一次,应该在高级指令前使用微分指令(DF),如图 3-51 所示。

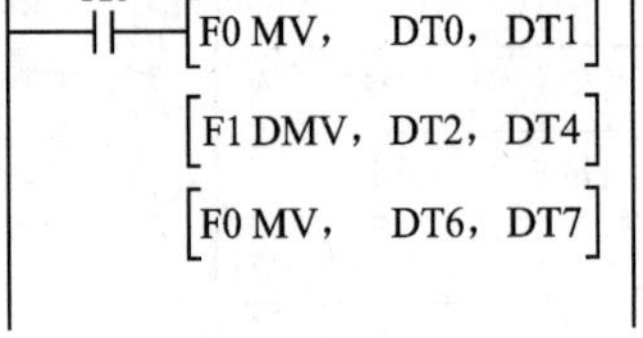

```
      X0
 ┤├─[F0 MV,   DT0, DT1]
     [F1 DMV, DT2, DT4]
     [F0 MV,   DT6, DT7]
```

　　　　　图 3-50　控制触点省略

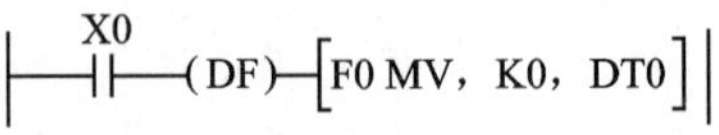

```
           X0
      ┤├──(DF)─[F0 MV, K0, DT0]
```

图 3-51　指令只在 X0 接通瞬间执行一次

③ 源操作数可以是寄存器也可以是常数,但目的操作数一定是寄存器。操作数一般是 16 位或 32 位数据。根据指令的不同,操作数的个数可以是 0～4 个不等。

下面根据各种分类,分别介绍具有代表性的高级指令,以求举一反三。更多的指令请读者参阅 3.3.2 小节高级指令表。

3.2.2　数据传输指令

数据传输指令(F0~F17)包括 16 位、32 位数据传输、求反后的数据传输,以及位传输、块传输、块复制和数据交换。

1. F0(MV)和 F1(DMV)指令

F0(MV)——16 位数据传输指令。

F1(DMV)——32 位数据传输指令。

梯形图符号:

```
├─┤ ├─[F0 MV, S, D]
├─┤ ├─[F1 DMV, S, D]
```

F0(MV)指令功能:当控制触点接通时,将源操作数 S 指定的 16 位数据传输到目的操作数 D 指定的 16 位数据区中。

F1(DMV)指令功能:当控制触点接通时,将源操作数 S 指定的 32 位数据传输到目的操作数 D 指定的 32 位数据区中。

程序举例见图 3－52。

说明:当 X0 接通时将十进制常数 40 送到数据寄存器 DT0 中。

程序举例见图 3－53。

梯形图	助记符	梯形图	助记符
X0 ├─┤ ├─[F0 MV, K40, DT0]	0　ST　X0 1　F0　(MV) 　　K40 　　DT0	X0 ├─┤ ├─[F1 DMV, WR0, DT0]	0　ST　X0 1　F1　(DMV) 　　WR0 　　DT0

图 3－52　F0(MV)指令例图　　　　　　　图 3－53　F1(DMV)指令例图

说明:当 X0 接通时,将内部继电器 WR1(高 16 位)、WR0(低 16 位)中的数据送到数据寄存器 DT1(高 16 位)、DT0(低 16 位)中。

类似地,F2(MV/)和 F3(DMV/)分别是将 16 位和 32 位数据求反后再传输。

2. F5(BTM)和 F6(DGT)指令

F5(BTM)——二进制数据位传输指令。

F6(DGT)——十六进制数据位传输指令。

F5(BTM)指令梯形图符号：

┤├─[F5 BTM，S，n，D]│

F5(BTM)指令功能：当控制触点接通时，根据 n 所指定的位地址，将 S 所指定的 16 位二进制数的某一位数据，传输到 D 所指定的 16 位二进制数据区的某一位上。n 的设置如图 3-54 所示。

程序举例见图 3-55。

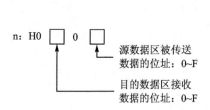

n: H0 □ 0 □

源数据区被传送
数据的位址：0~F

目的数据区接收
数据的位址：0~F

梯形图	助记符
X0 ┤├─[F5 BTM，DT0，H0E04，DT1]│	0　ST　X0 1　F5　(BTM) 　　DT0 　　H0E04 　　DT1

图 3-54　F5 指令中 n 的设置　　　　图 3-55　F5(BTM)指令例图

说明：当控制触点 X0 接通时，将数据寄存器 DT0 中的第 4 位数据传输到数据寄存器 DT1 的第 14 位上，如图 3-56 所示。

F6(DGT)指令梯形图符号：

┤├─[F6 DGT，S，n，D]│

F6(DGT)指令功能：当控制触点接通时，将 S 所指定的 16 位数据的十六进制数的若干位，传输到 D 所指定的 16 位数据的十六进制数据区。传输若干位的位址，由 n 指定。n 的设置如图 3-57 所示。

	15…12	11…8	7…4	3…0
DT0	1010	1100	1010	1110

	15 14 13 12	11…8	7…4	3…0
执行前 DT1	1110	0100	1000	0110

	15 14 13 12	11…8	7…4	3…0
执行后 DT1	1010	0100	1000	0110

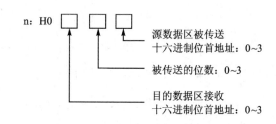

n: H0 □ □ □

源数据区被传送
十六进制位首地址：0~3

被传送的位数：0~3

目的数据区接收
十六进制位首地址：0~3

图 3-56　指令执行前、后数据区情况　　　　图 3-57　F6 指令中 n 的设置

程序举例见图 3-58。

说明：当 X0 接通时，将数据寄存器 DT1 中第 3 号位的 4 位数据传输到 DT0 的第 0 号位上，如图 3-59 所示。

梯形图	助记符
X0 ├┤├─[F6 DGT，DT1，H0003，DT0]─┤	0　ST　　X0 1　F6　　(DGT) 　　DT　　1 　　H0003 　　DT0

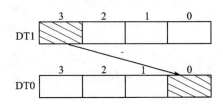

图 3-58　F6(DGT)指令例图　　　　　　　图 3-59　指令执行前、后数据区情况

当传输位位址 n 取不同值时，执令执行前、后数据区的数据如图 3-60 所示。

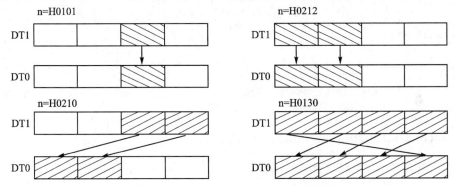

图 3-60　指令执行前、后数据区情况

3. F10(BKMV)和 F11(COPY)指令

F10(BKMV)——数据块传输指令。

F11(COPY)——区块复制指令。

F10(BKMV)指令梯形图符号：

├┤├─[F10 BKMV，S1，S2，D]─┤

F10(BKMV)指令功能：当控制触点接通时，将把以 S1 为起始地址和 S2 为终止地址的数据区数据，传输到以 D 为起始地址的目的数据区中。

程序举例见图 3-61。

说明：当 X0 接通时，将 WR0～WR4 五组数据传送到 DT0 开始的数据区中。在使用 F10 指令时，S1、S2 应属同一类型数据区，并且要求 S1＜S2。若 D 也为同类数据区，当 S1＞D 时，则向前传送（按照目的数据区从低位到高位）；当 S1＜D 时，则向后传送（按照目的数据区从高位到低位）。如此传送保证了数据不会因覆盖而丢失。

F11(COPY)指令梯形图符号:

$\vdash\!\!\vdash\!\!\vdash\!\![$ F11 COPY, S, D1, D2 $]\!\!|$

F11(COPY)指令功能:当控制触点接通时,将 S 指定的 16 位数据或寄存器中的数据复制到以 D1 为起始地址、D2 为终止地址的数据区中,如图 3 - 62 所示。要求 D1、D2 应为同类性质的寄存器,并且 D2≥D1。

梯形图	助记符
X0 $\vdash\!\!\vdash\!\!\vdash\!\![$ F10 BKMV, WR0, WR4, DT0 $]\!\!|$	0　ST　　X0 1　F10　　(BKMV) 　　WR0 　　WR4 　　DT0

图 3 - 61　F10(BKMV)指令例图

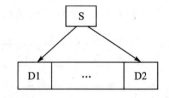

图 3 - 62　F11(COPY)指令功能示意图

4. F15(XCH)、F16(DXCH)和 F17(SWAP)指令

F15(XCH)——16 位数据交换指令。

F16(DXCH)——32 位数据交换指令。

F17(SWAP)——16 位数据的高/低字节交换指令。

梯形图符号及功能:

$\vdash\!\!\vdash\!\!\vdash\!\![$ F15 XCH, D1, D2 $]\!\!|$　功能为将 D1 和 D2 寄存器中的 16 位数据相互交换。

$\vdash\!\!\vdash\!\!\vdash\!\![$ F16 DXCH, D1, D2 $]\!\!|$　功能为将 D1+1、D1 中的 32 位数据与 D2+1、D2 中的 32 位数据相互交换。

$\vdash\!\!\vdash\!\!\vdash\!\![$ F17 SWAP, D $]\!\!|$　功能为将 D 寄存器中 16 位数据的高 8 位和低 8 位相互交换。

3.2.3　算术运算指令

算术运算指令(F20~F58)包括加、减、乘、除以及加 1、减 1 运算。这些运算按进制不同分为二进制和 BCD 码(十进制)运算;按运算数据位数不同又分为二进制 16 位、32 位及 BCD 码 4 位、8 位运算。下面仅举几例说明。

1. F20(＋)和 F22(＋)指令

梯形图符号:

$\dashv\vdash[\text{F20+, S, D}]$

$\dashv\vdash[\text{F22+, S1, S2, D}]$

这两条指令均为 16 位二进制数相加指令。

F20 为双操作数指令,功能:加数 S,被加数 D,相加结果存入 D。

F22 为三操作数指令,功能:加数 S1,被加数 S2,相加结果存入 D。

两者的区别:前者运算结果和被加数共用一个寄存器,可节省一寄存器,但运算结果将覆盖原来的被加数;后者需要 3 个不同的寄存器,被加数数据保留不变,但执行指令的步数要多两步。

两点说明:

① 16 位数据运算范围是－K32768～K32767(H8000～H7FFF)。

② 目的操作数 D 只能用寄存器,不能用常数,因为它用来存放运算结果。

类似地,有 32 位加法指令。请参阅本章 3.3 节中的指令表。

2. F26(D－)和 F28(D－)指令

梯形图符号:

$\dashv\vdash[\text{F26 D－, S, D}]$
$\dashv\vdash[\text{F28 D－, S1, S2, D}]$

这两条指令均为 32 位二进制相减指令。

F26 为双操作数指令,功能:$(D+1, D)-(S+1, S)\to(D+1, D)$

F28 为三操作数指令,功能:$(S1+1, S1)-(S2+1, S2)\to(D+1, D)$

值得注意:32 位二进制的算术运算,指令中操作数所指的寄存器是低 16 位的寄存器,高 16 位寄存器是相邻的寄存器($S+1$ 及 $D+1$)。例如,指令中的操作数为 DT0,实际参与运算的是 DT1 和 DT0。

32 位数据运算范围是－K2147483648～K2147483647(H80000000～H7FFFFFFF)。

类似地,有乘法、除法及加 1、减 1 指令:

$\dashv\vdash[\text{F30}*\text{ S1, S2, D}]$　两个 16 位数相乘,$S1\times S2\to(D+1, D)$。

$\dashv\vdash[\text{F31 D}*\text{, S1, S2, D}]$　两个 32 位数相乘,$(S1+1, S1)\times(S2+1, S2)\to(D+3, D+2, D+1, D)$。

$\dashv\vdash[\text{F32 \%, S1, S2, D}]$　两个 16 位数相除,$S1\div S2\to D$(商),余数存放 DT9015。

$\dashv\vdash[\text{F33 D\%, S1, S2, D}]$　两个 32 位数相除,$(S1+1, S1)\div(S2+1, S2)\to(D+1, D)$(商),余数存

放在 DT9016、DT9015。

┤├─[F35 +1，D]│　16 位数据加 1，D+1→D。

┤├─[F37 −1，D]│　16 位数据减 1，D−1→D。

同样，BCD 码(十进制数)也具有＋、−、×、÷及加 1、减 1 指令。与二进制运算指令的主要区别是，二进制数的运算是按位运算，BCD 码的运算是按 4 位一组二进制数所代表的十进制数运算。

例如，两个 16 位数分别用二进制数及 BCD 码相加，运算结果如图 3-63 所示。

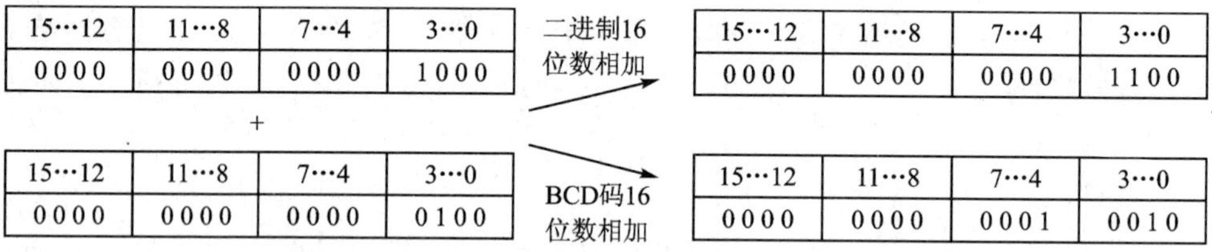

15…12	11…8	7…4	3…0	
0000	0000	0000	1000	二进制16位数相加

＋

15…12	11…8	7…4	3…0	
0000	0000	0000	0100	BCD码16位数相加

15…12	11…8	7…4	3…0
0000	0000	0000	1100

15…12	11…8	7…4	3…0
0000	0000	0001	0010

图 3-63　16 位数的二进制数及 BCD 码的加法运算

数据运算指令的运算结果往往要影响到标志寄存器，概括如下：

· R9008 为错误标志。例如，做除法运算，当除数为 0 时，R9008 接通一个扫描周期，并把发生错误的地址存入 DT9018 中。

· R9009 为进位或溢出标志。

· R900B 为 0 结果标志。当运算结果为 0 时，R900B 接通一个扫描周期。

如果要求控制条件满足一次，算术运算指令执行一次，可以把算术指令配合微分指令使用，如图 3-64 所示。

梯形图	助记符	
X0 ┤├─(DF)─[F0 MV，K100，DT0]─ X1 ┤├─(DF)─[F57 B−1，DT0]─ ┤ = DT0，K0 ─────[Y0]─	0　ST 1　DF 2　F0 　　K100 　　DT0 7　ST 8　DF 9　F57 　　DT0 12　ST 　　DT0 　　K0 17　OT	X0 (MV) X1 (B−1) ＝ Y0

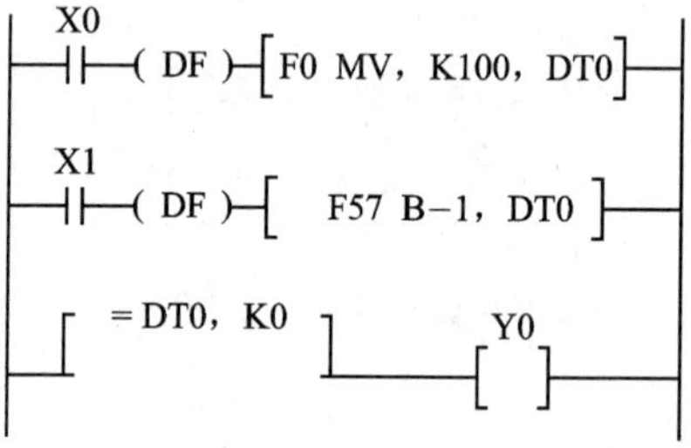

图 3-64　微分指令在高级指令中的应用

说明：当 X0 接通时，将十进制常数 100 送到数据寄存器 DT0 中。图 3-64 中 F57(B−1)为 4 位 BCD 码减 1 指令，X1 每接通一次，DT0 的内容减 1，直至 DT0＝0，使 Y0 接通。

程序举例见图 3-65。用算术运算指令完成下式运算：

$$\frac{(1234+4321)\times123-4565}{1234}$$

说明：当 X1 接通时完成上式算术运算，各步运算结果存入数据寄存器 DT0～DT6 中，并记录下来。当 X0 接通时，DT0～DT6 清零。

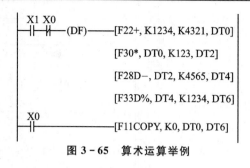

图 3-65　算术运算举例

3.2.4　数据比较指令

数据比较指令（F60～F64）包括 16 位数据和 32 位数据比较、窗口比较以及数据块比较。与基本指令中的条件比较指令不同之处，在于它的比较结果是通过内部特殊继电器 R9009、R900A、R900B、R900C 表示的。

1. F60(CMP)指令

F60(CMP)——16 位数据比较指令。

F60(CMP)指令梯形图符号：

┤├─[F60 CMP, S1, S2]

其中，S1、S2 是参与比较的数据或存放比较数据的寄存器。表 3-4 列出了比较结果引起的 4 个内部特殊继电器的状态变化。R9009～R900C 又称为标志继电器。

表 3-4　比较指令对标志位的影响

S1 与 S2 比较结果		标志位结果			
		R900A	R900B	R900C	R9009
		＞标志	＝标志	＜标志	进位标志
有符号数比较	S1＜S2	OFF	OFF	ON	×
	S1＝S2	OFF	ON	OFF	OFF
	S1＞S2	ON	OFF	OFF	×
BCD 码或无符号数比较	S1＜S2	×	OFF	×	ON
	S1＝S2	OFF	ON	OFF	OFF
	S1＞S2	×	OFF	×	OFF

程序举例见图 3-66。

说明：当控制触点 X0 接通时，数据寄存器 DT0 的内容与十进制常数 100 相比较。参照

梯形图	助记符		
	0	ST	X0
	1	F60	(CMP)
		DT0	
		K100	
	6	ST	X0
	7	AN	R900A
	8	OT	Y0
	9	ST	X0
	10	AN	R900B
	11	OT	Y1
	12	ST	X0
	13	AN	R900C
	14	OT	Y2

图 3-66　F60(CMP)指令例图

表 3-4中有符号数的比较，当 DT0＞K100 时，Y0 接通；当 DT0＝K100 时，Y1 接通；当 DT0＜K100 时，Y2 接通。

程序中影响标志继电器动作的不仅有 F60，还有其他指令。为避免出现标志继电器误动作，要求在 F60 指令之后要紧跟使用这些标志继电器，而且要使用同一控制触点，如图 3-66 所示。也可采用带有分支点的梯形图，需用堆栈指令，如图 3-67(a)所示。只有当使用 R9010 继电器作为控制触点时，标志继电器前的触点可省略，如图 3-67(b)所示。

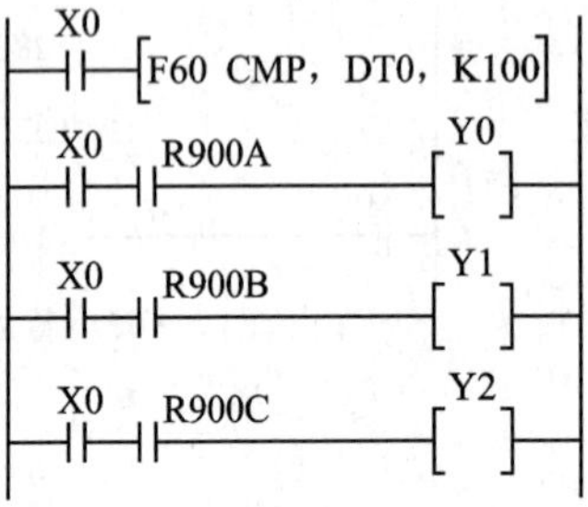

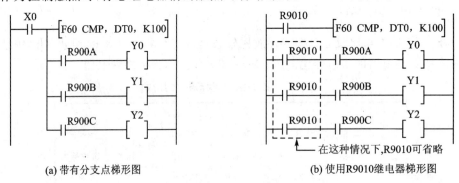

(a) 带有分支点梯形图　　(b) 使用R9010继电器梯形图

图 3-67　F60 指令控制触点连接方法

当比较特殊数据时，如 BCD 码或无符号二进制数，可采用图 3-68 所示梯形图编程。对标志继电器的影响见表 3-4。

图 3-68 梯形图说明：当 DT0＜DT1 时，R0 接通；当 DT0＝DT1 时，R1 接通；当 DT0＞DT1 时，R2 接通。

作为比较指令，F60 的应用如图 3-69 所示的梯形图。这是利用可逆计数器和 F60 比较指令实现计数控制的梯形图。其中 DT0 作为经过值寄存器，在 X1 计数脉冲的作用下，不断加 1 或减 1(由加减控制端 X0 决定)。当 DT0＝K50 时，Y0 接通并自锁，直至 X2 动作才能使 Y0 断电。

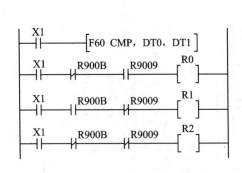

图 3 - 68 BCD 码比较

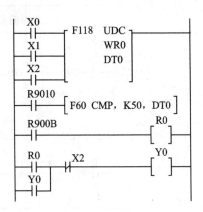

图 3 - 69 F60 指令应用举例

类似 F60(CMP)指令的有 F61(DCMP)指令。主要区别是 F61(DCMP)是两个 32 位数据比较的指令;此外操作数不能使用 IY 继电器,而 F60(CMP)操作数可以使用所有继电器。

2. F62(WIN)指令

F62(WIN)——16 位数据窗口比较指令。

F62(WIN)指令梯形图符号及功能:

$$\dashv\vdash\![\text{F62 WIN, S1, S2, S3}]$$

其中,S1 是被比较的数据或存放被比较数据的寄存器;S2、S3 分别是比较窗口的下限、上限数据,或存放下、上限数据的寄存器。S1 与 S2、S3 比较结果如图 3 - 70 所示。

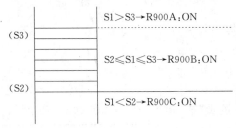

S1 与 S2、S3 的比较	标志位结果		
	R900A >标志	R900B =标志	R900C <标志
S1<S2	OFF	OFF	ON
S2≤S1≤S3	OFF	ON	OFF
S1>S3	ON	OFF	OFF

图 3 - 70 窗口比较指令对标志位影响

程序举例见图 3 - 71。

说明:本例可看成是一个炉温控制的梯形图。当控制触点 X0 接通后,实现对炉温的恒温控制。其中数据寄存器 DT0 中的数据是炉温的实际温度,DT2 为设定的炉温下限温度。DT4 为设定的炉温上限温度。Y2 为加热器起动控制,Y1 为恒温指示,Y0 为加热器断电控制。当炉温在下限和上限之间时,加热炉处于恒温状态,此时 Y1 接通,通过指示灯显示。当炉温低

梯形图	助记符
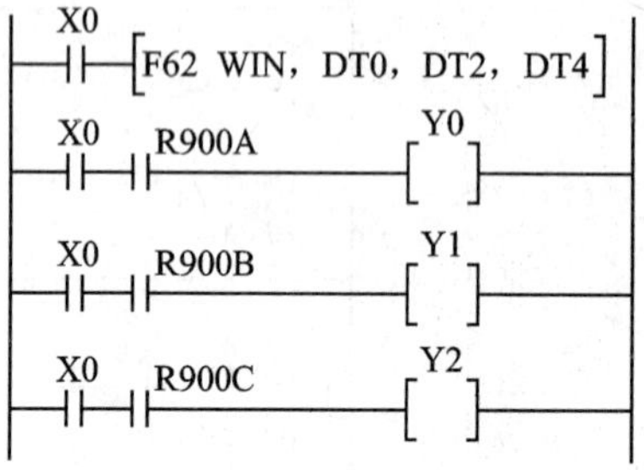	0　ST　　X0 1　F62　　(WIN) 　　DT0 　　DT2 　　DT4 8　ST　　X0 9　AN　　R900A 10　OT　　Y0 11　ST　　X0 12　AN　　R900B 13　OT　　Y1 14　ST　　X0 15　AN　　R900C 16　OT　　Y2

图 3 - 71　F62(WIN)指令例图

于下限值时，Y2 接通，加热器启动开始加热。当炉温高于上限值时，Y0 接通，切断加热器。使炉温保持在一定的温度范围之内。

F63(DWIN)指令与 F62(WIN)指令相类似，区别仅仅是 F63(DWIN)为 32 位数据窗口比较。F64(BCMP)为数据块比较指令，在此不再赘述。

3.2.5　逻辑运算指令

逻辑运算指令(F65～F68)，包括逻辑"与"、"或"、"异或"及"异或非"。逻辑运算均为 16 位数据运算。

逻辑指令梯形图符号：

$\vdash\!\mid\!\vdash\![\text{F65 WAN, S1, S2, D}]\vdash$　　功能为 S1·S2→D。

$\vdash\!\mid\!\vdash\![\text{F66 WOR, S1, S2, D}]\vdash$　　功能为 S1+S2→D。

$\vdash\!\mid\!\vdash\![\text{F67 XOR, S1, S2, D}]\vdash$　　功能为 S1⊕S2→D。

$\vdash\!\mid\!\vdash\![\text{F68 XNR, S1, S2, D}]\vdash$　　功能为 $\overline{S1\oplus S2}$→D。

两个 16 位数 S1、S2 分别进行逻辑"与"、逻辑"或"运算的结果，如图 3 - 72 所示。

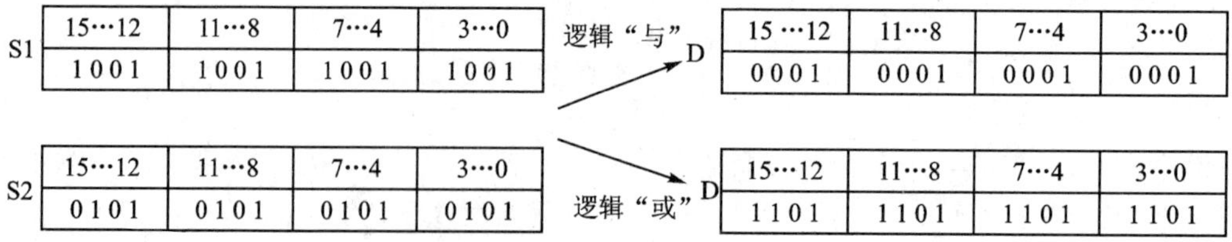

图 3 - 72　逻辑"与"、逻辑"或"运算

3.2.6 数据转换指令

数据转换指令(F70~F96)包括不同进制数、BCD 码与 ASCII 码的相互转换,二进制数与 BCD 码的相互转换,多位二进制数的求反、求补、取绝对值,以及解码、编码、七段显示解码、数据组合、分离等。

1. F70(BCC)指令

F70(BCC)——区块检查码计算指令。

F70(BCC)指令梯形图符号:

├─┤ ├─[F70 BCC,S1,S2,S3,D]│

这是 FP1 指令系统中唯一的一条四操作数指令。它的功能用于检测数据传输过程中的错误。其中 S1 指定了使用十进制数据计算区块检查码(BCC)的方法:S1=K0 时,加;S1=K1 时,减;S1=K2 时,执行"或"运算。S2 指定了参与计算的数据区首地址;S3 指定了参与计算的数据区字节数;D 指定了存放计算结果的寄存器。

程序举例见图 3-73。

说明:当控制触点 X0 接通后,将以 DT0 开始的 12 个字节的 ASCII 码进行或运算,结果(区块检查码)送到数据寄存器 DT6 中。

2. F71(HEXA)指令

F71(HEXA)——十六进制数据转换为 ASCII 码指令。

F71(HEXA)指令梯形图符号:

├─┤ ├─[F71 HEXA,S1,S2,D]│

这是一条三操作数指令。它的功能是将 S1 中的十六进制数据按 S2 指定的字节数,经转换后传送到 D 寄存器。其中 S1 指定了参加转换的十六进制数据的首地址;S2 指定了参加转换的二进制的字节数;D 存放转换后的结果。

程序举例见图 3-74。

X0
├─┤ ├─[F70 BCC,K2,DT0,K12,DT6]│

X0
├─┤ ├─[F71 HEXA,DT0,K2,DT10]│

图 3-73 F70(BCC)指令例图   图 3-74 F71(HEXA)指令例图

说明:当 X0 接通时,将存放在数据寄存器 DT0 中的两个字节的数据转换为十六进制的 ASCII 码,转换结果存放在 DT11 和 DT10 中,如图 3-75 所示。

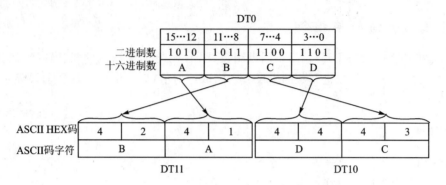

图 3-75 十六进制数转换为 ASCII 码示意图

十六进制数与 ASCII HEX 码对应关系如表 3-5 所列。

表 3-5 十六进制数与 ASCII HEX 码对应关系

十六进制数	0	1	2	3	4	5	6	7	8	9	A	B	C	D	E	F
ASCII HEX 码	H30	H31	H32	H33	H34	H35	H36	H37	H38	H39	H41	H42	H43	H44	H45	H46

F72(AHEX)指令与 F71(HEXA)指令相类似,也是三操作数指令,只是执行的过程相反。F72(AHEX)为 ASCII 码转换成十六进制数据指令。

应该指出,ASCII 码一个字符占 7 位,最高位补 0,共占 8 位。因此十六进制数据转换为 ASCII 码,数据位要扩大一倍,如图 3-74 所示。反之,如果使用 F72(AHEX)指令将 ASCII 码转换为十六进制数,数据位要缩小一倍。

类似地,F73~F78 将完成 BCD 码、16 位二进制数以及 32 位二进制数与 ASCII 码的相互转换。请参阅本章指令表。

3. F80(BCD)和 F81(BIN)指令

F80(BCD)——16 位二进制数转换为 4 位 BCD 码指令。

F81(BIN)——4 位 BCD 码转换为 16 位二进制数指令。

F80(BCD)指令梯形图符号:

┤├┤[F80 BCD, S, D]│

功能:将 S 中被转换的 16 位二进制数据,转换为 BCD 码,存放到 D 寄存器中,如图 3-76 所示。

F81(BIN)指令梯形图符号:

┤├┤[F81 BIN, S, D]│

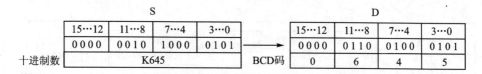

15…12	11…8	7…4	3…0		15…12	11…8	7…4	3…0
0000	0010	1000	0101	→	0000	0110	0100	0101

十进制数 K645　　　　BCD码 0　6　4　5

图 3-76　16 位二进制数转换为 4 位 BCD 码

功能：将 S 中被转换的 4 位 BCD 码，转换为 16 位二进制数，存放在 D 寄存器中，如图3-77 所示。

15…12	11…8	7…4	3…0		15…12	11…8	7…4	3…0
0000	0000	0001	0101	→	0000	0000	0000	1111

BCD码 0　0　1　5　　　　十进制数 K15

图 3-77　4 位 BCD 码转换为 16 位二进制数

类似地，有 32 位二进制数与 8 位 BCD 码的相互转换指令。

┤├─[F82 DBCD, S, D]

功能：32 位二进制数→8 位 BCD 码。

┤├─[F83 DBIN, S, D]

功能：8 位 BCD 码→32 位二进制数。

所谓 BCD 码是用 4 位二进制数表示 0～9 的十进制数，其值不能超过 1 001（十进制数 9）。当使用相同二进制位数时，显然 BCD 码表示数的范围要小得多。例如 16 位二进制数，用 BCD 码表示最大为 9999。十进制数与 BCD 码之间的对应关系如表 3-6 所列。

由于人们习惯使用十进制数，而 PLC 设备处理的为二进制数，引入 F80～F83 BCD 码与二进制数转换指令，可以方便地实现人机对话。BCD 码与二进制数的相互转换过程如图3-78所示。

表 3-6　十进制数和 BCD 码对照表

十进制数	BCD 码（用二进制数表示的十进制数）			
0	0000	0000	0000	0000
1	0000	0000	0000	0001
2	0000	0000	0000	0010
⋮	⋮			
9	0000	0000	0000	1001
⋮	⋮			
99	0000	0000	1001	1001
⋮	⋮			
9999	1001	1001	1001	1001

4. F84(INV)、F85(NEG)、F87(ABS)和 F89(EXT)指令

F84(INV)——16 位数据求反指令。

F85(NEG)——16 位数据求补指令。

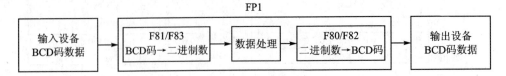

图 3 - 78　BCD 码与二进制数的转换过程

F87(ABS)——求 16 位数据的绝对值指令。

F89(EXT)——16 位数据符号位扩展指令。

F84(INV)指令梯形图符号：

├┤├[F84 INV，D]│

功能：将 D 的内容取反,再送回 D 中,如图 3 - 79 所示。

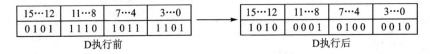

图 3 - 79　F84(INV)指令执行情况

F85(NEG)指令梯形图符号：

├┤├[F85 NEG，D]│

功能：将 D 的内容求补,再送回 D 中,如图 3 - 80 所示。

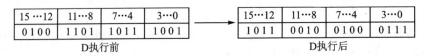

图 3 - 80　F85(NEG)指令执行情况

求补指令常用于表示二进制形式的正、负数的数字系统,可以把数据的符号从负变为正,或从正变为负。求补方法:每位数据按位取反末位加 1。

类似地,F86(DNEG)为 32 位数据求补指令。

F87(ABS)指令梯形图符号：

├┤├[F87 ABS，D]│

功能：将 D 的内容取绝对值,再送回 D 中,如图 3 - 81 所示。

类似地,F88(DABS)为 32 位数据取绝对值指令。

F89(EXT)指令梯形图符号：

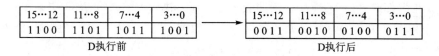

图 3 - 81　F87(ABS)指令执行情况

┤├─[F89 EXT, D]│

功能：扩展 16 位数据符号位，如图 3 - 82 所示。用符号位扩展指令，可以把 16 位数据转换为 32 位数据。

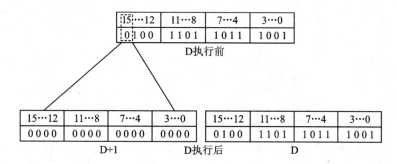

图 3 - 82　F89(EXT)指令执行情况

5. F90(DECO)指令

F90(DECO)——解码指令。

F90(DECO)指令梯形图符号：

┤├─[F90 DECO, S, n, D]│

功能：将若干位二进制数翻译成具有特定意义的二进制信息。其中 S 为待解码的 16 位常数或存放这些数据的寄存器。n 指定了待解码数据的起始位和位数。n 的设置如图 3 - 83 所示。

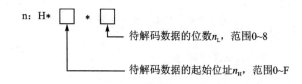

图 3 - 83　F90(DECO)指令中 n 的设置

D 用来存放解码结果的寄存器。它的位数由 2^{n_L} 确定。如果待解码的数据位数 $n_L = 4$，则存放解码结果的寄存器位数为 $2^4 = 16$。表 3 - 7 列出了待解码与解码结果的对应关系。

程序举例见图 3 - 84。

说明：当 X0 接通后，将存放在输入继电器 WX1 中从第 4 位开始的 4 位数据进行解码，解码结果存放在内部继电器 WR0 中。对照表 3-8 可见,执行的结果将 WX1 中第 4～7 位的 0111 四位数据,解码为除第 7 位为 1,其余各位均为 0 的数据,并存入 WR0 中,如图 3-85 所示。

表 3-7　待解码与解码结果对应关系

待解码的数据 [二进制(十进制)]	解码结果			
	15 … 12	11 … 8	7 … 4	3 … 0
0000(K0)	0 0 0 0	0 0 0 0	0 0 0 0	0 0 0 1
0001(K1)	0 0 0 0	0 0 0 0	0 0 0 0	0 0 1 0
0010(K2)	0 0 0 0	0 0 0 0	0 0 0 0	0 1 0 0
0011(K3)	0 0 0 0	0 0 0 0	0 0 0 0	1 0 0 0
0100(K4)	0 0 0 0	0 0 0 0	0 0 0 1	0 0 0 0
0101(K5)	0 0 0 0	0 0 0 0	0 0 1 0	0 0 0 0
0110(K6)	0 0 0 0	0 0 0 0	0 1 0 0	0 0 0 0
0111(K7)	0 0 0 0	0 0 0 0	1 0 0 0	0 0 0 0
1000(K8)	0 0 0 0	0 0 0 1	0 0 0 0	0 0 0 0
1001(K9)	0 0 0 0	0 0 1 0	0 0 0 0	0 0 0 0
1010(K10)	0 0 0 0	0 1 0 0	0 0 0 0	0 0 0 0
1011(K11)	0 0 0 0	1 0 0 0	0 0 0 0	0 0 0 0
1100(K12)	0 0 0 1	0 0 0 0	0 0 0 0	0 0 0 0
1101(K13)	0 0 1 0	0 0 0 0	0 0 0 0	0 0 0 0
1110(K14)	0 1 0 0	0 0 0 0	0 0 0 0	0 0 0 0
1111(K15)	1 0 0 0	0 0 0 0	0 0 0 0	0 0 0 0

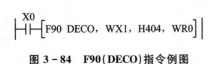

图 3-84　F90(DECO)指令例图

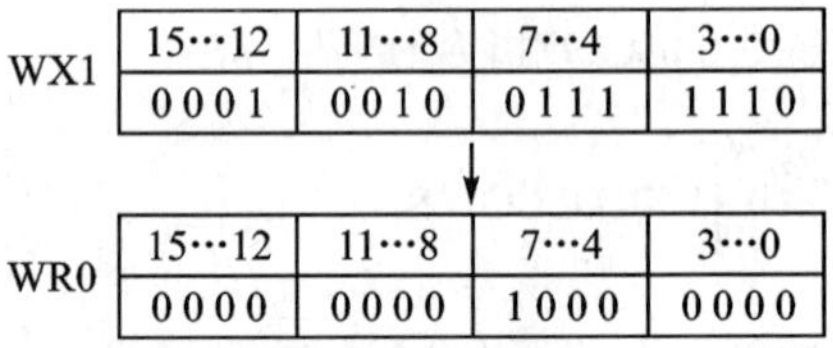

WX1	15…12	11…8	7…4	3…0
	0 0 0 1	0 0 1 0	0 1 1 1	1 1 1 0

WR0	15…12	11…8	7…4	3…0
	0 0 0 0	0 0 0 0	1 0 0 0	0 0 0 0

图 3-85　F90(DECO)指令执行情况

6. F91(SEGT)指令

F91(SEGT)——七段解码指令。

F91(SEGT)指令梯形图符号:

$$\dashv\vdash[\text{F91 SEGT, S, D}]\vdash$$

功能: 将 S 指定的 16 位数据转换为七段显示码,结果存放在 D 寄存器中。

七段转换关系如表 3-8 所列。

表 3 - 8　七段转换表

待变换的数据		七段显示的组成	用于七段显示的 8 位数据								七段显示
十六进制	二进制			g	f	e	d	c	b	a	
H0	0 0 0 0		0	0	1	1	1	1	1	1	0
H1	0 0 0 1		0	0	0	0	0	1	1	0	1
H2	0 0 1 0		0	1	0	1	1	0	1	1	2
H3	0 0 1 1		0	1	0	0	1	1	1	1	3
H4	0 1 0 0		0	1	1	0	0	1	1	0	4
H5	0 1 0 1		0	1	1	0	1	1	0	1	5
H6	0 1 1 0		0	1	1	1	1	1	0	1	6
H7	0 1 1 1		0	0	1	0	0	1	1	1	7
H8	1 0 0 0		0	1	1	1	1	1	1	1	8
H9	1 0 0 1		0	1	1	0	1	1	1	1	9
HA	1 0 1 0		0	1	1	1	0	1	1	1	A
HB	1 0 1 1		0	1	1	1	1	1	0	0	b
HC	1 1 0 0		0	0	1	1	1	0	0	1	C
HD	1 1 0 1		0	1	0	1	1	1	1	0	d
HE	1 1 1 0		0	1	1	1	1	0	0	1	E
HF	1 1 1 1		0	1	1	1	0	0	0	1	F

（七段显示组成图：a 为上段，f、b 为上左右段，g 为中段，e、c 为下左右段，d 为下段。）

　　由表 3 - 8 可见,因为每 4 位待转换的二进制数译成 8 位七段显示码(七段显示最高位为 0),因此存放译码结果的寄存器 D 应扩大一倍。F91(SEGT)指令执行情况如图 3 - 86 所示。

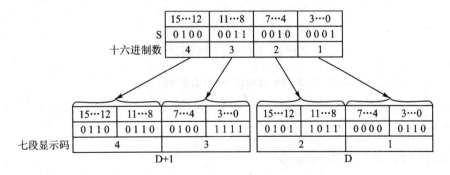

图 3 - 86　F91(SEGT)指令执行情况

7. F92(ENCO)指令

F92(ENCO)——编码指令。

F92(ENCO)指令梯形图符号:

├┤├[F92 ENCO, S, n, D]┤

功能:将具有特定意义的二进制信息,用若干位二进制数表示。其中 S 为一组具有特定意义的待编码二进制数据或存放这些数据的寄存器;n 指定了待编码数据的位数和存放编码结果的首地址;D 用来存放编码结果的寄存器。

n 的设置如图 3-87 所示。其中 n_L 确定待编码数据的长度,即 S 中数据的位数为 2^{n_L}。

程序举例见图 3-88 所示。

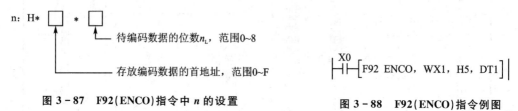

图 3-87 F92(ENCO)指令中 n 的设置

图 3-88 F92(ENCO)指令例图

说明:因为 n=0005,待编码的位数为 $2^5=32$ 位,分别用输入继电器 WX2、WX1。当 X0 接通后,对其数据进行编码,结果存入从第 0 位开始的数据寄存器 DT1 中。WX2、WX1 中待编码的二进制数,以及 DT1 中的编码结果如图 3-89 所示。

WX2

15…12	11…8	7…4	3…0
0000	0000	0000	0000

WX1

15…12	11…8	7…4	3…0
0000	0001	0000	0000

↓

DT1

15…12	11…8	7…4	3…0
0000	0000	0000	1000

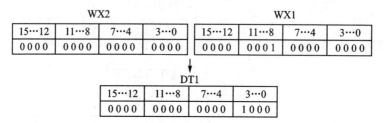

图 3-89 F92(ENCO)指令执行情况

如果设定 n=H4,则编码的位数为 $2^4=16$ 位,对 16 位数据进行编码时,编码结果如表 3-9所列。

8. F93(UNIT)和 F94(DIST)指令

F93(UNIT)——16 位数据组合指令。

F94(DIST)——16 位数据分离指令。

表 3-9　对 16 位数据编码结果

待编码的数据				编码结果
15 … 12	11 … 8	7 … 4	3 … 0	[二进制(十进制)]
0　0　0　0	0　0　0　0	0　0　0　0	0　0　0　1	0000(K0)
0　0　0　0	0　0　0　0	0　0　0　0	0　0　1　0	0001(K1)
0　0　0　0	0　0　0　0	0　0　0　0	0　1　0　0	0010(K2)
0　0　0　0	0　0　0　0	0　0　0　0	1　0　0　0	0011(K3)
0　0　0　0	0　0　0　0	0　0　0　1	0　0　0　0	0100(K4)
0　0　0　0	0　0　0　0	0　0　1　0	0　0　0　0	0101(K5)
0　0　0　0	0　0　0　0	0　1　0　0	0　0　0　0	0110(K6)
0　0　0　0	0　0　0　0	1　0　0　0	0　0　0　0	0111(K7)
0　0　0　0	0　0　0　1	0　0　0　0	0　0　0　0	1000(K8)
0　0　0　0	0　0　1　0	0　0　0　0	0　0　0　0	1001(K9)
0　0　0　0	0　1　0　0	0　0　0　0	0　0　0　0	1010(K10)
0　0　0　0	1　0　0　0	0　0　0　0	0　0　0　0	1011(K11)
0　0　0　1	0　0　0　0	0　0　0　0	0　0　0　0	1100(K12)
0　0　1　0	0　0　0　0	0　0　0　0	0　0　0　0	1101(K13)
0　1　0　0	0　0　0　0	0　0　0　0	0　0　0　0	1110(K14)
1　0　0　0	0　0　0　0	0　0　0　0	0　0　0　0	1111(K15)

F93(UNIT)指令梯形图符号：

⊢⊢─[F93 UNIT, S, n, D]│

功能：将 S 指定的 16 位被组合寄存器的低 4 位提出，并将它们组合成一个字。D 为存放组合结果的寄存器。n 指定了被组合寄存器的个数。$n=0\sim4$，若 $n=0$，则不进行组合；$n<4$ 时，D 中相应空的 4 位补 0。

程序举例见图 3-90。

X0
⊢⊢─[F93 UNIT, WX1, K3, DT1]│

图 3-90　F93(UNIT)指令例图

说明：由于 $n=3$，则 WX1、WX2、WX3 参与组合，将它们中的低 4 位数据提出。组合存放在 DT1 中，不足位补 0。指令执行情况如图 3-91 所示。

F94(DIST)指令梯形图符号：

⊢⊢─[F94 DIST, S, n, D]│

功能：与 F93(UNIT)指令恰好相反，是将 S 中的 16 位数，每 4 位一组分离，按 n 指定的分离个数，存放到以寄存器 D 为首地址的低 4 位寄存器中。如设 $n=2$，则如图 3-92 所示。

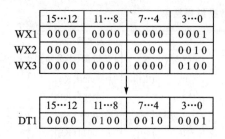

图 3 - 91　F93(UNIT)指令执行情况

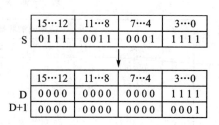

图 3 - 92　F94(DIST)指令执行情况

关于字符转换成 ASCII 码及表数据查找指令等,不再一一介绍,请参阅本章指令表。

3.2.7　数据移位指令

数据移位指令(F100~F123)包括 16 位数据 n 位的左、右移,十六进制位的左、右移,字的左、右移,以及 16 位数据 n 位的循环移位等,要比基本指令 SR 功能强大得多。

1. F100(SHR)和 F101(SHL)指令

F100(SHR)——16 位数据右移 n 位指令。

F101(SHL)——16 位数据左移 n 位指令。

梯形图符号:

├┤├[F100 SHR, D, n]│

功能:将寄存器 D 中的 16 位数据右移 n 位,最高位补 0,最低位(第 n 位的数据)移入特殊继电器 R9009(进位标志)中。n 取值的范围为 K0~K255。

├┤├[F101 SHL, D, n]│

功能:将寄存器 D 中的 16 位数据左移 n 位,最低位补 0,最高位移入特殊继电器 R9009 中。n 的取值范围和 F100(SHR)指令相同。

设 $n=4$,执行 F100(SHR)指令如图 3 - 93 所示。

类似地,可以画出 F101(SHL)执行过程的示意图。

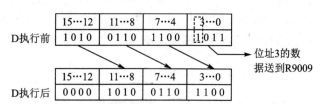

2. F105(BSR)和 F106(BSL)指令

F105(BSR)和 F106(BSL)分别

图 3 - 93　F100(SHR)指令执行情况

为 16 位数据右移、左移一个十六进制位指令。这两条指令的执行情况和操作数的意义与 F100、F101 指令相似,所不同的是 F105(BSR)和 F106(BSL)每执行一次,移动一个十六进制位(即 4 位二进制数)。

梯形图符号:

├┤├─[F105 BSR, D]│

功能:将寄存器 D 的内容右移一个十六进制位,高 4 位补 0,低 4 位移入特殊数据寄存器 DT9014。

├┤├─[F106 BSL, D]│

功能:将寄存器 D 的内容左移一个十六进制位,低 4 位补 0,高 4 位移入 DT9014。F105 (BSR)指令执行情况如图 3 - 94 所示。

F106(BSL)指令执行过程和 F105(BSR)指令类似,区别仅仅是左移。

3. F110(WSHR)和 F111(WSHL)指令

F110(WSHR)和 F111(WSHL)为数据区右移、左移一个字长(16 位数)指令。
梯形图符号:

├┤├─[F110 WSHR, D1, D2]│
├┤├─[F111 WSHL, D1, D2]│

其中,D1 为被移动的数据区首地址,D2 为被移动的数据区末地址。在指令执行过程中,将 16 位数据区 D1 至 D2 的内容右移或左移一个字。右移时,首地址 D1 的内容被移出,末地址 D2 的内容补 0;左移则反之。要求 D1 和 D2 应是同一类型寄存器,并且 D2>D1。设 D1= DT0,D2=DT2,执行 F110(WSHR)指令情况如图 3 - 95 所示。

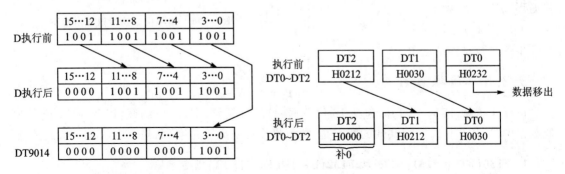

图 3 - 94　F105(BSR)指令执行情况　　　　　图 3 - 95　F110(WSHR)指令执行情况

F111(WSHL)指令执行过程与此相反。

4. F112(WBSR)和 F113(WBSL)指令

F112(WBSR)和 F113(WBSL)为 16 位数据区内容右移、左移一个十六进制位(4 位二进制数)指令。这两条指令的执行情况和操作数意义与 F110(WSHR)、F111(WSHL)指令相似。所不同的是 F112(WBSR)和 F113(WBSL)每执行一次,不是移动一个字长,而是移动一个十六进制位(4 位二进制数)。右移时,最低的 4 位移出丢失,最高位补 0;左移时,与其相反。

5. F120(ROR)、F121(ROL)和 F122(RCR)和 F123(RCL)指令

这是 4 条循环移位指令,分为循环右移、左移,以及带进位位(R9009)循环右移、左移指令。

梯形图符号:

$\vdash\vdash$[F120 ROR, D, n]

功能:D 寄存器的 16 位数据右移循环 n 位。

$\vdash\vdash$[F121 ROL, D, n]

功能:D 寄存器的 16 位数据左移循环 n 位。

$\vdash\vdash$[F122 RCR, D, n]

功能:D 寄存器的 16 位数据带进位标志右移循环 n 位。

$\vdash\vdash$[F123 RCL, D, n]

功能:D 寄存器的 16 位数据带进位标志左移循环 n 位。

n 的范围均为 K0～K255。图 3-96 所示为循环指令执行过程示意图。

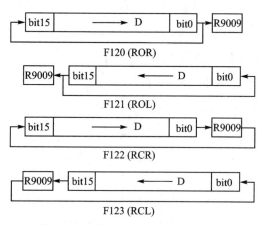

图 3-96　循环指令执行过程示意图

3.2.8　位操作指令

位操作指令(F130～F136)包括 16 位数据的置位、复位、求反、位测试,以及对 16 位和 32 位数据中"1"的统计。它们共同的特点是,执行操作的对象不是字,而是字中的某一位或几位。

1. F130(BTS)、F131(BTR)和 F132(BTI)和 F133(BTT)指令

这些指令分别为置位(置 1)、复位(清 0),以及求反和测试指令。

梯形图符号：

$$\dashv\vdash\!\!\dashv\,[\text{F130 BTS, D, }n]\vdash$$

功能：对 16 位 D 寄存器的第 n 位置位。n：K0～K15。

$$\dashv\vdash\!\!\dashv\,[\text{F131 BTR, D, }n]\vdash$$

功能：对 16 位 D 寄存器的第 n 位复位。n：K0～K15。

$$\dashv\vdash\!\!\dashv\,[\text{F132 BTI, D, }n]\vdash$$

功能：对 16 位 D 寄存器的第 n 位取反。n：K0～K15。

$$\dashv\vdash\!\!\dashv\,[\text{F133 BTT, D, }n]\vdash$$

功能：测试 16 位 D 寄存器的第 n 位状态（0、1）。n：K0～K15。

特别指出，在执行 F133（BTT）指令时，测试结果将影响特殊内部继电器 R900B。当被测试位（n）的数据为"1"时，R900B 断开；当被测试位（n）的数据为"0"时，R900B 接通。

图 3-97 所示为 F131（BTR）指令应用举例。当 X0 接通后，经过传输指令将十六进制数 HFFFF 送到数据寄存器 DT0 中；当 X1 接通后将把 DT0 数据中的第 8 位（位址 7）清 0，使 DT0 的数据变为 HFF7F。

图 3-98 所示为 F133（BTT）指令应用举例。当 X0 接通时，检查数据寄存器 DT0 第 8 位（位址 7）的状态，若为"0"，则 R900B 接通且 R0 接通；反之，R900B 断开。

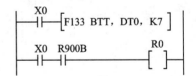

图 3-97　F131（BTR）指令应用　　　　　图 3-98　F133（BTT）指令应用

2. F135（BCU）和 F136（DBCU）指令

这两条指令分别为统计 16 位和 32 位数据中"1"的位数的指令。

梯形图符号：

$$\dashv\vdash\!\!\dashv\,[\text{F135 BCU, S, D}]\vdash$$

功能：统计 16 位数据中"1"的位数。

⊢⊣⊢⊣─F136 DBCU，S，D⊢⊢

功能：统计 32 位数据中"1"的位数。

其中，S 为被统计的数据，或存放这些数据的寄存器；D 用来存放统计的结果。

FP1 型 PLC 除具有上述高级指令外，还有一些能完成其他特殊功能的高级指令。这些指令的意义及作用将结合硬件配置放在第 4 章中介绍。

3.3　指令表

3.3.1　基本指令类型

基本指令类型表如表 3 - 10～表 3 - 13 所列。（注：A 表示可用，N/A 表示不可用，以下不再说明。）

表 3 - 10　基本顺序指令表

名　　称	助记符	说　　明	步数	可用性		
				FP1		
				C14/C16	C24/C40	C56/C72
				FP - M		
				—	2.7K 型	5K 型
初始加载	ST	以 A 类（常开）接点开始一个逻辑操作	1	A	A	A
初始加载"非"	ST/	以 B 类（常闭）接点开始一个逻辑操作	1	A	A	A
输出	OT	将操作结果输出至规定的输出	1	A	A	A
"非"	/	将该指令处的操作结果取反	1	A	A	A
"与"	AN	串接一个 A 类（常开）接点	1	A	A	A
"与非"	AN/	串接一个 B 类（常闭）接点	1	A	A	A
"或"	OR	并接一个 A 类（常开）接点	1	A	A	A
"或非"	OR/	并接一个 B 类（常闭）接点	1	A	A	A
组"与"	ANS	实行指令块的"与"操作	1	A	A	A
组"或"	ORS	实行指令块的"或"操作	1	A	A	A
推入堆栈	PSHS	存储该指令处的操作结果	1	A	A	A
读取堆栈	RDS	读出由 PSHS 指令存储的操作结果	1	A	A	A
弹出堆栈	POPS	读出并清除由 PSHS 指令存储的操作结果	1	A	A	A
上升沿微分	DF	当检验到触发信号的上升沿时，接点仅"ON"一个扫描周期	1	A	A	A
下降沿微分	DF/	当检验到触发信号的下降沿时，接点仅"ON"一个扫描周期	1	A	A	A
置位	SET	保持接点（位）"ON"	3	A	A	A
复位	RST	保持接点（位）"OFF"	3	A	A	A
保持	KP	使输出 ON 并保持	1	A	A	A
空操作	NOP	空操作	1	A	A	A

表 3 - 11　基本功能指令表

名　称	助记符	说　明	步数	可用性		
				FP1		
				C14/C16	C24/C40	C56/C72
				FP - M		
				—	2.7K 型	5K 型
0.01 s 定时器	TMR	设置以 0.01 s 为单位的延时动作定时器 (0～327.67 s)	3	A	A	A
0.1 s 定时器	TMX	设置以 0.1 s 为单位的延时动作定时器 (0～3 276.7 s)	3	A	A	A
1 s 定时器	TMY	设置以 1 s 为单位的延时动作定时器 (0～32 767 s)	4	A	A	A
辅助定时器	F137 (STMR)	以 0.01 s 为单位的延时动作定时器(参见高级指令"F137")	5	N/A	N/A	A
计数器	CT	减计数器	3	A	A	A
移位寄存器	SR	16 位数据左移位	1	A	A	A
可逆计数器	F118 (UDC)	加减计数器(参见高级指令"F118")	5	A	A	A
左右移位寄存器	F119 (LRSR)	16 位数据区左移或右移 1 位(参见高级指令 "F119")	5	A	A	A

表 3 - 12　控制指令表

名　称	助记符	说　明	步数	可用性		
				FP1		
				C14/C16	C24/C40	C56/C72
				FP - M		
				—	2.7K 型	5K 型
主控继电器开始	MC	当预定触发条件(I/O)ON 时,执行 MC 到 MCE 间的指令	2	A	A	A
主控继电器结束	MCE		2	A	A	A
跳转	JP	当预定触发条件(I/O)ON 时,跳转到指定标号	2	A	A	A
跳转标记	LBL	执行 JP 和 LOOP 指令时所用标号	1	A	A	A
循环跳转	LOOP	跳转到同一标号并重复执行标号后程序,直到指定的操作数变为 0	4	A	A	A
结束	ED	表示程序结束	1	A	A	A

名　称	助记符	说　明	步数	可用性		
					FP1	
				C14/C16	C24/C40	C56/C72
				FP – M		
				—	2.7K 型	5K 型
条件结束	CNDE	只有当输入条件满足时才结束此段程序	1	A	A	A
步进开始	SSTP	表示步进过程开始	3	A	A	A
步进转移（脉冲式）	NSTP	当检测到触发（I/O）的上升沿时，激活当前过程，并将前一个过程复位	3	A	A	A
步进转移（扫描式）	NSTL	当触发信号为"ON"时，激活当前过程，并将前一个过程复位	3	A	A	A
步进清除	CSTP	清除指定的过程	3	A	A	A
步进结束	STPE	步进区域结束	1	A	A	A
调子程序	CALL	跳转执行指定的子程序	2	A	A	A
子程序入口	SUB	开始子程序	1	A	A	A
子程序返回	RET	结束子程序并返回到主程序	1	A	A	A
中断控制	ICTL	规定中断方式	5	N/A	A	A
中断入口	INT	开始-中断程序	1	N/A	A	A
中断返回	IRET	结束中断程序并返回到主程序	1	N/A	A	A

表 3 – 13　比较指令表

名　称	助记符	操作数	说　明	步数	可用性		
						FP1	
					C14/C16	C24/C40	C56/C72
					FP – M		
					—	2.7K 型	5K 型
单字比较：相等时加载	ST=	S1,S2	比较两个单字的数据，按下列条件执行 Start、AND 或 OR 操作： ON：当 S1=S2 OFF：当 S1≠S2	5	N/A	A	A
单字比较：相等时"与"	AN=	S1,S2		5	N/A	A	A
单字比较：相等时"或"	OR=	S1,S2		5	N/A	A	A

名　称	助记符	操作数	说　明	步数	可用性		
					FP1		
					C14/C16	C24/C40	C56/C72
					FP - M		
					—	2.7K 型	5K 型
单字比较：不等时加载	ST<>	S1,S2	比较两个单字的数据,按下列条件执行 Start、AND 或 OR 操作： ON:当 S1≠S2 OFF:当 S1＝S2	5	N/A	A	A
单字比较：不等时"与"	AN<>	S1,S2		5	N/A	A	A
单字比较：不等时"或"	OR<>	S1,S2		5	N/A	A	A
单字比较：大于时加载	ST>	S1,S2	比较两个单字的数据,按下列条件执行 Start、AND 或 OR 操作： ON:当 S1>S2 OFF:当 S1≤S2	5	N/A	A	A
单字比较：大于时"与"	AN>	S1,S2		5	N/A	A	A
单字比较：大于时"或"	OR>	S1,S2		5	N/A	A	A
单字比较：不小于时加载	ST>=	S1,S2	比较两个单字的数据,按下列条件执行 Start、AND 或 OR 操作： ON:当 S1≥S2 OFF:当 S1<S2	5	N/A	A	A
单字比较：不小于时"与"	AN>=	S1,S2		5	N/A	A	A
单字比较：不小于时"或"	OR>=	S1,S2		5	N/A	A	A
单字比较：小于时加载	ST<	S1,S2	比较两个单字的数据,按下列条件执行 Start、AND 或 OR 操作： ON:当 S1<S2 OFF:当 S1≥S2	5	N/A	A	A
单字比较：小于时"与"	AN<	S1,S2		5	N/A	A	A
单字比较：小于时"或"	OR<	S1,S2		5	N/A	A	A

名　称	助记符	操作数	说　明	步数	可用性		
					FP1		
					C14/C16	C24/C40	C56/C72
					FP - M		
					—	2.7K 型	5K 型
单字比较: 不大于时加载	ST<=	S1,S2	比较两个单字的数据,按下列条件执行 Start、AND 或 OR 操作: ON:当 S1≤S2 OFF:当 S1>S2	5	N/A	A	A
单字比较: 不大于时"与"	AN<=	S1,S2		5	N/A	A	A
单字比较: 不大于时"或"	OR<=	S1,S2		5	N/A	A	A
双字比较: 相等时加载	STD=	S1,S2	比较两个双字的数据,按下列条件执行 Start、AND 或 OR 操作: ON:当(S1+1,S1)=(S2+1,S2) OFF:当(S1+1,S1)≠(S2+1,S2)	9	N/A	A	A
双字比较: 相等时"与"	AND=	S1,S2		9	N/A	A	A
双字比较: 相等时"或"	ORD=	S1,S2		9	N/A	A	A
双字比较: 不等时加载	STD<>	S1,S2	比较两个双字的数据,按下列条件执行 Start、AND 或 OR 操作: ON:当(S1+1,S1)≠(S2+1,S2) OFF:当(S1+1,S1)=(S2+1,S2)	9	N/A	A	A
双字比较: 不等时"与"	AND<>	S1,S2		9	N/A	A	A
双字比较: 不等时"或"	ORD<>	S1,S2		9	N/A	A	A
双字比较: 大于时加载	STD>	S1,S2	比较两个双字的数据,按下列条件执行 Start、AND 或 OR 操作: ON:当(S1+1,S1)>(S2+1,S2) OFF:当(S1+1,S1)≤(S2+1,S2)	9	N/A	A	A
双字比较: 大于时"与"	AND>	S1,S2		9	N/A	A	A
双字比较: 大于时"或"	ORD>	S1,S2		9	N/A	A	A

续表 3 – 13

名 称	助记符	操作数	说 明	步数	可用性		
					FP1		
					C14/C16	C24/C40	C56/C72
					FP – M		
					—	2.7K 型	5K 型
双字比较：不小于时加载	STD>=	S1,S2	比较两个双字的数据,按下列条件执行 Start、AND 或 OR 操作： ON：当(S1+1,S1)≥(S2+1,S2) OFF：当(S1+1,S1)<(S2+1,S2)	9	N/A	A	A
双字比较：不小于时"与"	AND>=	S1,S2		9	N/A	A	A
双字比较：不小于时"或"	ORD>=	S1,S2		9	N/A	A	A
双字比较：小于时加载	STD<	S1,S2	比较两个双字的数据,按下列条件执行 Start、AND 或 OR 操作： ON：当(S1+1,S1)<(S2+1,S2) OFF：当(S1+1,S1)≥(S2+1,S2)	9	N/A	A	A
双字比较：小于时"与"	AND<	S1,S2		9	N/A	A	A
双字比较：小于时"或"	ORD<	S1,S2		9	N/A	A	A
双字比较：不大于时加载	STD<=	S1,S2	比较两个双字的数据,按下列条件执行 Start、AND 或 OR 操作： ON：当(S1+1,S1)≤(S2+1,S2) OFF：当(S1+1,S1)>(S2+1,S2)	9	N/A	A	A
双字比较：不大于时"与"	AND<=	S1,S2		9	N/A	A	A
双字比较：不大于时"或"	ORD<=	S1,S2		9	N/A	A	A

3.3.2 高级指令类型

高级指令的类型表如表 3 – 14～表 3 – 26 所列。

表 3 - 14　数据传输指令

功能号	助记符	操作数	说明	> R900A	= R900B	< R900C	CY R9009	ER R9007 R9008	步数	C14/C16	C24/C40	C56/C72
										FP1		
										FP-M		
										—	2.7K 型	5K 型
F0	MV	S,D	16 位数据传输					↕	5	A	A	A
F1	DMV	S,D	32 位数据传输					↕	7	A	A	A
F2	MV/	S,D	16 位数据求反后传输					↕	5	A	A	A
F3	DMV/	S,D	32 位数据求反后传输					↕	7	A	A	A
F5	BTM	S,n,D	二进制数据位传输					↕	7	A	A	A
F6	DGT	S,n,D	十六进制数据位传输					↕	7	A	A	A
F10	BKMV	S1,S2,D	数据块传输					↕	7	A	A	A
F11	COPY	S,D1,D2	区块复制					↕	7	A	A	A
F15	XCH	D1,D2	16 位数据交换					↕	5	A	A	A
F16	DXCH	D1,D2	32 位数据交换					↕	5	A	A	A
F17	SWAP	D	16 位数据的高/低字节(byte)交换					↕	3	A	A	A

注：↕标志(特殊继电器)表示可用于该指令(根据情况通/断)。空白(特殊继电器)表示不能用于该指令(保持原状态)。

表 3 - 15　BIN(二进制)算术运算指令

功能号	助记符	操作数	说明	> R900A	= R900B	< R900C	CY R9009	ER R9007 R9008	步数	C14/C16	C24/C40	C56/C72
										FP1		
										FP-M		
										—	2.7K 型	5K 型
F20	+	S,D	16 位数据加 [D+S→D]		↕		↕	↕	5	A	A	A
F21	D+	S,D	32 位数据加 [(D+1,D)+(S+1,S)→(D+1,D)]		↕		↕	↕	7	A	A	A

续表 3－15

功能号	助记符	操作数	说　明	> R900A	= R900B	< R900C	CY R9009	ER R9007 R9008	步数	C14/ C16 （—）	C24/ C40 （2.7K型）	C56/ C72 （5K型）
F22	+	S1,S2,D	16 位数据加 [S1+S2→D]		↕		↕	↕	7	A	A	A
F23	D+	S1,S2,D	32 位数据加 [(S1+S,S1)+(S2+1,S2) →(D+1,D)]		↕		↕	↕	11	A	A	A
F25	—	S,D	16 位数据减 [D−S→D]	↕			↕	↕	5	A	A	A
F26	D−	S,D	32 位数据减 [(D+1,D)−(S+1,S) →(D+1,D)]	↕			↕	↕	7	A	A	A
F27	—	S1,S2,D	16 位数据减 [S1−S2→D]	↕			↕	↕	7	A	A	A
F28	D−	S1,S2,D	32 位数据减 [(S1+1,S1)−(S2+1,S2) →(D+1,D)]	↕			↕	↕	11	A	A	A
F30	*	S1,S2,D	16 位数据乘 [S1×S2→(D+1,D)]		↕			↕	7	A	A	A
F31	D*	S1,S2,D	32 位数据乘 [(S1+1,S1)×(S2+1,S2) →(D+3,D+2,D+1,D)]		↕			↕	11	N/A	A	A
F32	％	S1,S2,D	16 位数据除 [S1/S2→(D…DT9015)]		↕		↕	↕	7	A	A	A
F33	D％	S1,S2,D	32 位数据除 [(S1+1,S1)/(S2+1,S2)→ (D+1,D)…(DT9016, DT9015)]		↕		↕	↕	11	N/A	A	A

续表 3 - 15

功能号	助记符	操作数	说明	标志的状态					步数	可用性		
				> R900A	= R900B	< R900C	CY R9009	ER R9007 R9008		FP1		
										C14/ C16	C24/ C40	C56/ C72
										FP - M		
										—	2.7K 型	5K 型
F35	+1	D	16 位数据加 1 [D+1→D]		↕		↕	↕	3	A	A	A
F36	D+1	D	32 位数据加 1 [(D+1,D)+1→(D+1,D)]		↕		↕	↕	3	A	A	A
F37	-1	0	16 位数据减 1 [(D-1→D)]		↕		↕	↕	3	A	A	A
F38	D-1	D	32 位数据减 1 [(D+1,D)-1→(D+1,D)]		↕		↕	↕	3	A	A	A

表 3 - 16   BCD 码算术运算指令

功能号	助记符	操作数	说明	标志的状态					步数	可用性		
				> R900A	= R900B	< R900C	CY R9009	ER R9007 R9008		FP1		
										C14/ C16	C24/ C40	C56/ C72
F40	B+	S,D	4digit BCD 码数据加 [D+S→D]		↕		↕	↕	5	A	A	A
F41	DB+	S,D	8digit BCD 码数据加 [(D+1,D)+(S+1,S) →(D+1,D)]		↕		↕	↕	7	A	A	A
F42	B+	S1,S2,D	4digit BCD 码数据加 [S1+S2→D]		↕		↕	↕	7	A	A	A
F43	DB+	S1,S2,D	8digit BCD 码数据加 [(S1+S,S1)+(S2+1,S2) →(D+1,D)]		↕		↕	↕	11	A	A	A
F45	B-	S,D	4digit BCD 码数据减 [D-S→D]		↕		↕	↕	5	A	A	A

续表 3 - 16

功能号	助记符	操作数	说　明	> R900A	= R900B	< R900C	CY R9009	ER R9007 R9008	步数	C14/C16	C24/C40	C56/C72
						标志的状态				可用性 FP1		
F46	DB−	S,D	8digit BCD 码数据减 [(D+1,D)−(S+1,S)→(D+1,D)]		↕		↕	↕	7	A	A	A
F47	B−	S1,S2,D	4digit BCD 码数据减 [S1−S2→D]		↕		↕	↕	7	A	A	A
F48	DB−	S1,S2,D	8digit BCD 码数据减 [(S1+1,S1)−(S2+1,S2)→(D+1,D)]		↕		↕	↕	11	A	A	A
F50	B*	S1,S2,D	4digit BCD 码数据乘 [S1×S2→(D+1,D)]		↕			↕	7	A	A	A
F51	DB*	S1,S2,D	8digit BCD 码数据乘 [(S1+1,S1)×(S2+1,S2)→(D+3,D+2,D+1,D)]		↕			↕	11	N/A	A	A
F52	B%	S1,S2,D	4digit BCD 码除 [S1/S2→(D...DT9015)]		↕			↕	7	A	A	A
F53	DB%	S1,S2,D	8digit BCD 码除 [(S1+1,S1)/(S2+1,S2)→(D+1,D)...(DT9016,DT9015)]		↕			↕	11	N/A	A	A
F55	B+1	D	4digit BCD 码加 1 [D+1→D]		↕		↕	↕	3	A	A	A
F56	DB+1	D	8digit BCD 码加 1 [(D+1,D)+1→(D+1,D)]		↕		↕	↕	3	A	A	A
F57	B−1	D	4digit BCD 码−1 [(D−1→D)]		↕		↕	↕	3	A	A	A
F58	DB−1	D	8digit BCD 码−1 [(D+1,D)−1→(D+1,D)]		↕		↕	↕	3	A	A	A

表 3 – 17 数据比较指令

功能号	助记符	操作数	说　明	标志的状态					步数	可用性		
				> R900A	= R900B	< R900C	CY R9009	ER R9007 R9008		C14/C16	C24/C40	C56/C72
F60	CMP	S1,S2	16 位数据比较	↕	↕	↕	↕	↕	5	A	A	A
F61	DCMP	S1,S2	32 位数据比较	↕	↕	↕	↕	↕	9	A	A	A
F62	WIN	S1,S2,S3	16 位数据比较	↕	↕	↕	↕	↕	7	A	A	A
F63	DWIN	S1,S2,S3	32 位数据比较	↕	↕	↕		↕	13	A	A	A
F64	BCMP	S1,S2,S3	数据块比较	↕	↕	↕	↕	↕	7	N/A	A	A

表 3 – 18 逻辑运算指令

功能号	助记符	操作数	说　明	标志的状态					步数	可用性		
				> R900A	= R900B	< R900C	CY R9009	ER R9007 R9008		C14/C16	C24/C40	C56/C72
F65	WAN	S1,S2,D	16 位数据"与"运算		↕			↕	7	A	A	A
F66	WOR	S1,S2,D	16 位数据"或"运算		↕			↕	7	A	A	A
F67	XOR	S1,S2,D	16 位数据"异或"		↕			↕	7	A	A	A
F68	XNR	S1,S2,D	16 位数据"异或非"		↕			↕	7	A	A	A

表 3 – 19 数据转换指令

功能号	助记符	操作数	说　明	标志的状态					步数	可用性		
										FP1		
				> R900A	= R900B	< R900C	CY R9009	ER R9007 R9008		C14/C16	C24/C40	C56/C72
										FP – M		
										—	2.7K 型	5K 型
F70	BCC	S1,S2,S3,D	区块检查码计算					↕	9	N/A	A	A
F71	HEXA	S1,S2,D	十六进制数 → 十六进制 ASCII 码					↕	7	N/A	A	A

功能号	助记符	操作数	说明	标志的状态					步数	可用性		
				> R900A	= R900B	< R900C	CY R9009	ER R9007 R9008		FP1		
										C14/ C16	C24/ C40	C56/ C72
										FP - M		
										—	2.7K 型	5K 型
F72	AHEX	S1,S2,D	十六进制 ASCII 码→十六进制数					↕	7	N/A	A	A
F73	BCDA	S1,S2,D	BCD 码→十进制 ASCII 码变换					↕	7	N/A	A	A
F74	ABCD	S1,S2,D	十进制 ASCII 码→BCD 码					↕	9	N/A	A	A
F75	BINA	S1,S2,D	16 位二进制数→十进制 ASCII 码					↕	7	N/A	A	A
F76	ABIN	S1,S2,D	十进制 ASCII 码→16 位二进制数					↕	7	N/A	A	A
F77	DBIA	S1,S2,D	32 位二进制数→十六进制 ASCII 码					↕	11	N/A	A	A
F78	DABI	S1,S2,D	十六进制 ASCII 码→32 位二进制数					↕	11	N/A	A	A
F80	BCD	S,D	16 位二进制数→4digit BCD 码					↕	5	A	A	A
F81	BIN	S,D	4digit BCD 码→16 位二进制数					↕	5	A	A	A
F82	DBCD	S,D	32 位二进制数→8digit BCD 码					↕	7	A	A	A
F83	DBIN	S,D	8digit BCD 码→32 位二进制数					↕	7	A	A	A
F84	INV	D	16 位二进制数求反					↕	3	A	A	A
F85	NEG	D	16 位二进制数求补					↕	3	A	A	A
F86	DNEG	D	32 位二进制数求补					↕	3	A	A	A
F87	ABS	D	16 位二进制数取绝对值				↕	↕	3	A	A	A
F88	DABS	D	32 位数据取绝对值				↕	↕	3	A	A	A
F89	EXT	D	16 位数据位数扩展					↕	3	A	A	A
F90	OECO	S,n,D	解码					↕	7	A	A	A
F91	SEGT	S,D	16 位数据七段显示解码					↕	5	A	A	A
F92	ENCO	S,n,D	编码					↕	7	A	A	A
F93	UNIT	S,n,D	16 位数据组合					↕	7	A	A	A
F94	DIST	S,n,D	16 位数据分离					↕	7	A	A	A
F95	ASC	S,D	字符→ASCII 码					↕	15	N/A	A	A
F96	SRC	S1,S2,S3	表数据查找					↕	7	A	A	A

表 3-20　数据移位指令

功能号	助记符	操作数	说明	标志的状态					步数	可用性		
										FP1		
				> R900A	= R900B	< R900C	CY R9009	ER R9007 R9008		C14/C16	C24/C40	C56/C72
										FP-M		
										—	2.7K 型	5K 型
F100	SHR	D,n	16 位数据右移 n				↕	↕	5	A	A	A
F101	SHL	D,n	16 位数据左移 n				↕	↕	5	A	A	A
F105	BSR	D	16 位数据右移 4 位					↕	3	A	A	A
F106	BSL	D	16 位数据左移 4 位					↕	3	A	A	A
F110	WSHR	D1,D2	16 位数据区右移 1 个字					↕	5	A	A	A
F111	WSHL	D1,D2	16 位数据区左移 1 个字					↕	5	A	A	A
F112	WBSR	D1,D2	16 位数据区右移 4 位					↕	5	A	A	A
F113	WBSL	D1,D2	16 位数据区左移 4 位					↕	5	A	A	A

表 3-21　可逆计数器和左/右移位寄存器指令

功能号	助记符	操作数	说明	标志的状态					步数	可用性		
				> R900A	= R900B	< R900C	CY R9009	ER R9007 R9008		C14/C16	C24/C40	C56/C72
F118	UDC	S,D	加/减(可逆)计数器		↕		↕		5	A	A	A
F119	LRSR	D1,D2	左/右移位寄存器				↕	↕	5	A	A	A

表 3-22　数据循环移位指令

功能号	助记符	操作数	说明	标志的状态					步数	可用性		
				> R900A	= R900B	< R900C	CY R9009	ER R9007 R9008		C14/C16	C24/C40	C56/C72
F120	ROR	D,n	16 位数据右循环				↕	↕	5	A	A	A
F121	ROL	D,n	16 位数据左循环				↕	↕	5	A	A	A
F122	RCR	D,n	16 位数据带进位标志位右循环				↕	↕	5	A	A	A
F123	RCL	D,n	16 位数据带进位标志位左循环				↕	↕	5	A	A	A

表 3 - 23 位操作指令

| 功能号 | 助记符 | 操作数 | 说 明 | 标志的状态 | | | | | 步数 | 可用性 | | |
				> R900A	= R900B	< R900C	CY R9009	ER R9007 R9008		C14/ C16	C24/ C40	C56/ C72
F130	BTS	D,n	16 位数据置位(位)					↕	5	A	A	A
F131	BTR	D,n	16 位数据复位(位)					↕	5	A	A	A
F132	BTI	D,n	16 位数据求反(位)					↕	5	A	A	A
F133	BTT	D,n	16 位数据测试(位)		↕			↕	5	A	A	A
F135	BCU	S,D	16 位数据中"1"位统计					↕	5	A	A	A
F136	DBCU	S,D	32 位数据中"1"位统计					↕	7	A	A	A

表 3 - 24 辅助定时器指令

| 功能号 | 助记符 | 操作数 | 说 明 | 标志的状态 | | | | | 步数 | 可用性 | | |
				> R900A	= R900B	< R900C	CY R9009	ER R9007 R9008		C14/ C16	C24/ C40	C56/ C72
F137	STMR	S,D	辅助定时器,单位定时时间 0.01 s						5	N/A	N/A	A

表 3 - 25 特殊指令

| 功能号 | 助记符 | 操作数 | 说 明 | 标志的状态 | | | | | 步数 | 可用性 | | |
				> R900A	= R900B	< R900C	CY R9009	ER R9007 R9008		C14/ C16	C24/ C40	C56/ C72
F138	HMSS	S,D	时/分/秒数据→秒数据					↕	5	N/A	A	A
F139	SHMS	S,D	秒数据→时/分/秒数据						5	N/A	A	A
F140	STC	—	进位标志位/(R9009)置位				↕		1	N/A	A	A
F141	CLC	—	进位标志位/(R9009)复位				↕		1	N/A	A	A
F143	IORF	D1,D2	刷新部分 I/O					↕	5	N/A	A	A
F144	TRNS	S,n	串行口数据通信					↕	5	N/A	A	A
F147	PR	S,D	打印输出					↕	5	N/A	A	A
F148	ERR	n	自诊断错误代码设定					↕	3	N/A	A	A
F149	MSG	S	信息显示					↕	13	N/A	A	A
F157	CADD	S1,S2,D	时间累加						9	N/A	A	A
F158	CSUB	S1,S2,D	时间递减						9	N/A	A	A

表 3 - 26　高速计数器特殊指令

功能号	助记符	操作数	说　明	标志的状态					步数	可用性		
				> R900A	= R900B	< R900C	CY R9009	ER R9007 R9008		C14/ C16	C24/ C40	C56/ C72
F0	MV	S,DT9052	高速计数器控制					↕	5	A	A	A
F1	DMV	S,DT9044	存储高速计数器经过值					↕	7	A	A	A
F1	DMV	DT9044,D	调出高速计数器经过值					↕	7	A	A	A
F162	HCOS	S,Yn	符合目标值时 ON					↕	7	A	A	A
F163	HCOR	S,Yn	符合目标值时 OFF					↕	7	A	A	A
F164	SPDO	S	速度控制					↕	3	A	A	A
F165	CAMO	S	凸轮控制					↕	3	A	A	A

小　结

　　本章系统介绍了 FP1 的指令系统。FP1 指令分为基本指令和高级指令两大类。基本指令为 80 余条,高级指令为 120 余条,总共有近 200 条指令。

　　其中,基本指令是程序中使用最多的一类指令,包括顺序、功能、控制及条件比较 4 种指令。基本顺序指令构成了程序中各量之间的逻辑关系,如初始加载、"与"、"或"、"非"等。在具有分支点的梯形图中,应使用堆栈指令。微分指令属于边沿控制指令,在高电平及低电平期间无效,常常与高级指令配合使用。OT、SET - RST 和 KP 虽然都是输出指令,但它们有各自的特点。OT 指令随输入条件的改变而改变,体现了条件与输出的共存。而 SET - RST、KP 一经触发将使输出保持。另一方面,SET - RST 指令中间可插入其他指令,并且无优先权之分,而 KP 指令复位优先。区分它们的特点,才能正确选择。

　　基本功能指令主要包括定时、计数和移位等操作,在自动控制中应用很多。尤其很多顺序控制往往是按一定时间,或一定计数规律顺序执行的。应当注意的是,定时器是非保持型,而计数器是保持型,即当断电后,定时器复位,而计数器的触点保持断电前的状态。也可以通过改变系统寄存器 No.6,使定时器变为保持性,计数器变为非保持型。

　　控制指令有多种,主要作用是根据控制要求,改变程序执行的顺序,包括跳转、循环、步进等。理解它们的作用、特点,可使程序设计更加灵活、简单。

　　比较指令只适用于 C24 以上机型,它既有基本指令的逻辑功能,又有高级指令的运算能力。它是通过数据的比较结果,接通和断开输出线圈,使程序的逻辑关系更加丰富。

　　高级指令由功能号、助记符和操作数构成,有统一的书写格式。高级指令充分展示了 PLC 的强大功能。FP1 的高级指令从数据的传输、运算、比较到转换、移位应有尽有,其中包括对 16 位二进制、32 位二进制、BCD 码以及 ASCII 码等各种进制数据处理。由于高级指令执行操作过程比较复杂,因此所占步数较多,少则 5 步,多则 13 步,而且大多数高级指令将影响标志寄存器。读者在学习高级指令时应注重指令的作用及操作数的意义。关于指令所占步数及对标志寄存器的影响,请参阅 3.3 节中的指令表。

习题与思考题

　　3.1　试比较说明 OT、SET – RST 和 KP 指令的主要区别。

　　3.2　微分指令有几个? 它们主要工作特点是什么?

　　3.3　有几种定时器指令? 它们的单位定时时间分别是多少? 定时器的编号范围是多少,设定值范围是多少?

　　3.4　CT 指令的编号范围是多少? 属于减计数型还是加计数型? 哪一条指令可实现加/减计数?

　　3.5　定时器、计数器是保持型还是非保持型? 并解释保持的意义。

　　3.6　梯形图如题 3.6 图所示,试写出助记符指令清单。

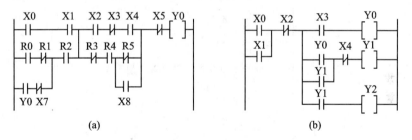

(a)　　　　　　　　　　　　　　　(b)

题 3.6 图

　　3.7　已知梯形图中 X0、X1、X2 时序图如题 3.7 图所示,试画出 Y0 的时序图。

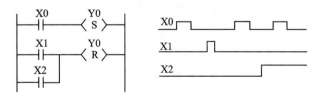

题 3.7 图

　　3.8　试用定时器设计一个电路,实现 Y0 延时 10 s 接通,再延时 5 s 断开。画出梯形图。

3.9　有两台电动机要求交替工作,第一台工作 1 分钟后,第二台电动机启动,同时第一台停止。第二台工作 1 分钟后,第一台启动,同时切断第二台。如此重复工作 10 次,两台电动机停止。试画出梯形图。

3.10　在使用 F0(MV)传输指令时,如果要求在控制触点接通瞬间,完成一次数据传输,应采取什么办法? 试画出梯形图。

3.11　在使用 F5(BTM)二进制数据位传输指令时,若 S 取用 DT1,D 取用 DT0,n 取用 WR0,已知 WR0 = H0E04,DT0 = HE486,DT1 = HACAE,在指令执行后 DT0 中的数据为多少?

3.12　在使用 F90(DECO)指令中,若已知 S 取用 WR0,且 WR0=H357A;D 取用 WR1;当 n = H4B4 时,在指令执行后 WR1(解码结果)中的数据是多少?

3.13　题 3.13 图是利用 F132(BTI)指令实现对输出继电器 Y0 控制的梯形图,试说明控制触点 X0 对 Y0 的控制关系。

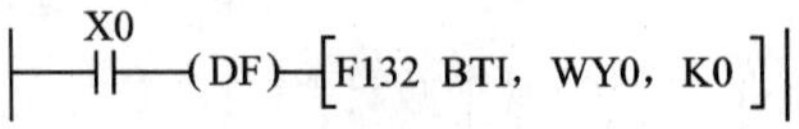

```
      X0
    ──┤├──(DF)──┤F132 BTI, WY0, K0 ├
```

题 3.13 图

3.14　试简述题 3.14 梯形图的工作过程。

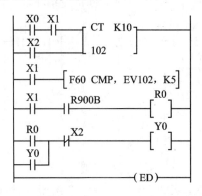

题 3.14 图

第4章
FP1的特殊功能及高级模块

FP1系列可编程序控制器不仅有丰富的基本指令、高级指令,而且还有应用于某些特定场合的特殊功能和高级模块。FP1系列可编程序控制器的特殊功能主要包括:脉冲捕捉功能、输入延时滤波功能、高速计数功能、通信功能等。高级模块有 A/D 模块、D/A 模块等。这些特殊功能和高级模块在实际编程和现场应用中,扩大了可编程序控制器的应用范围,增加了可编程序控制器的控制能力。

4.1 FP1 的特殊功能

4.1.1 脉冲捕捉功能

由于 PLC 采用循环扫描工作方式,所以其输出对输入的响应速度会受到扫描周期的影响。如果输入信号的持续时间大于或等于一个扫描周期,则不会带来不利后果;但是,如果瞬间输入的窄脉冲持续时间小于一个扫描周期,则可能造成输入信号丢失。为防止这类情况发生,FP1 系列可编程序控制器增设了脉冲捕捉功能。它可以捕捉脉冲宽度小至 0.5 ms 的脉冲,确保 PLC 接受此类信号。

所谓脉冲捕捉是利用 PLC 输入端子的内部电路将窄脉冲记忆下来,并延长一定时间等待 PLC 响应。脉冲捕捉工作原理如图 4-1 所示。

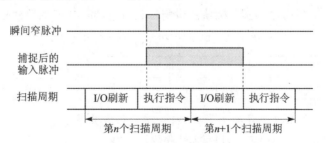

图 4-1 脉冲捕捉工作原理

要运用脉冲捕捉功能,则必须在系统寄存器 No. 402 中设定正确控制字。设定方法:系统寄存器 No. 402 的高 8 位不用,低 8 位由低到高对应外部输入端子的 X0~X7。该位设为"1"表示该位对应输入端子具有脉冲捕捉功能,设为"0"表示该位对应输入端子为普通输入端,不具备脉冲捕捉功能。例如,设定 X1、X6 输入端子具有脉冲捕捉功能,则应将 No. 402 的值设置为 H42,如表 4-1 所列。

表 4-1　系统寄存器 No. 402 设定

No. 402 位址	15～8	7	6	5	4	3	2	1	0
输入端子	—	X7	X6	X5	X4	X3	X2	X1	X0
输入数据	—	0	1	0	0	0	0	1	0

4.1.2　输入延时滤波功能

由于按钮触点由具有弹性的金属片构成,在按下按钮的瞬间,常常会发生断开触点的闭合(或闭合触点的断开)的持续跳动现象,一般称为触点抖动,也称为机械抖动。这种抖动要经过一短暂时间才能进入稳定状态,尽管抖动短暂,但线路连接的时断时续,会造成系统误动作。

为消除触点抖动给系统带来的影响,FP1 系列可编程序控制器设置了输入信号延时滤波功能,工作原理如图 4-2 所示。

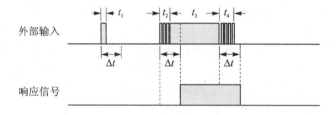

图 4-2　输入信号延时滤波工作原理

由图 4-2 可见,当 PLC 输入端检测到外部输入信号到来时,PLC 不立即响应,而是延迟时间 Δt,避开抖动后再响应。延时时间由系统寄存器 No. 404～No. 407 中设定的时间常数(BCD 码)确定,时间常数为 0～7 中的某一数值。时间常数对应延时时间关系如表 4-2 所列。

表 4-2　时间常数与对应延时时间关系

时间常数(BCD 码)	0	1	2	3	4	5	6	7
延时时间/ms	1	2	4	8	16	32	64	128

No. 404～No. 407 系统寄存器与 PLC 输入端子对应关系如下:
- No. 404,设定 X0～X1F 的延时时间常数;
- No. 405,设定 X20～X3F 的延时时间常数;
- No. 406,设定 X40～X5F 的延时时间常数;
- No. 407,设定 X60～X7F 的延时时间常数。

例如,对 X0～X1F 共计 32 个输入端设置延时滤波功能,则应在 No. 404 系统寄存器中根据不同延时时间设置不同的时间常数,延时时间分别设置:X0~X7 延时时间为 1 ms;X8~XF 延时时间为 4 ms;X10~X17 延时时间为 16 ms;X18~X1F 延时时间为 64 ms。

系统寄存器 No.404 中应写入如下 BCD 码:

输入端子	X18~X1F	X10~X17	X8~XF	X0~X7
时间常数(BCD 码)	0110	0100	0010	0000

PLC 输入端每 8 个为一组设定相同的延时时间,一个系统寄存器可以对 32 个输入端分 4 组进行延时时间设定。

4.1.3　脉冲输出功能

　　所谓脉冲输出功能是指在 PLC 输出端 Y7 输出一个频率可调的脉冲信号,最大频率范围为 45 Hz~5 kHz,脉冲频率、占空比可通过对速度控制指令 F164(SPD0) 进行参数设置实现。具有这种功能的 PLC 只有晶体管输出型。

　　如果脉冲输出功能与高速计数功能配合使用,则可以对步进电机速度和运动物体位置进行控制,如图 4-3 所示。

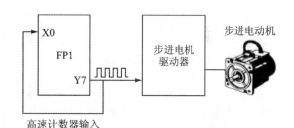

图 4-3　脉冲输出控制步进电机

4.1.4　高速计数功能

　　计数器指令 CT 受到 PLC 扫描周期影响,在高速输入的计数脉冲信号作用下会出现信号丢失。因此,普通计数器指令无法满足对高速计数的要求。为此,FP1 系列可编程序控制器设置了高速计数功能(HSC)。HSC 输入计数脉冲不受扫描周期影响,处理过程响应时间不延时。

　　HSC 可以单路或双路接收输入脉冲,计数范围为 K—8 388 608~K8 388 607。单路接收输入脉冲最高频率为 10 kHz,双路接收双相正交脉冲,最高频率为 5 kHz。HSC 可以工作在加计数、减计数、可逆计数以及双相输入 4 种模式,每种模式又分为有复位输入或无复为输入,共组成 8 种工作形式,通过对系统寄存器 No.400 进行控制字设置来确定。工作形式与系统寄存器 No.400 控制字的设置如表 4-3 所列。

　　表 4-3 中默认值为 H0,表示不使用高速计数。

表 4 - 3　系统寄存器 No. 400 设定

设定值	功　能			输入模式
	X0	X1	X2	
H1	双相输入		—	双相输入方式
H2	双相输入		复位	
H3	加计数	—	—	加计数方式
H4	加计数	—	复位	
H5	—	减计数	—	减计数方式
H6	—	减计数	复位	
H7	加计数	减计数	—	加/减计数方式
H8	加计数	减计数	复位	
H0	HSC 功能未用			不工作（默认模式）

1. HSC 占用 PLC 的输入端子

由表 4 - 3 可见，HSC 工作需占用 FP1 输入端子 X0、X1 和 X2。其中 X0 和 X1 是脉冲输入端，X2 为复位控制端，通过 X2 使用外部复位开关对 HSC 进行硬复位，表中显示有 4 种模式可以采用硬复位。

2. 关于 4 种输入模式

HSC 有 4 种输入模式，3 种单相输入模式和 1 种双相输入模式。

（1）加计数输入模式

加计数输入为单向输入模式，由端子 X0 输入脉冲。脉冲占空比为 50%，最高计数频率为 10 kHz，计数脉冲信号与计数关系如图 4 - 4 所示。

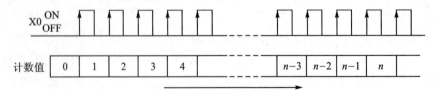

图 4 - 4　加计数输入模式

（2）减计数输入模式

减计数输入为单向输入模式，由端子 X1 输入脉冲，脉冲占空比为 50%，最高计数频率为 10 kHz，计数脉冲信号与计数关系如图 4 - 5 所示。

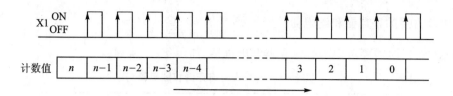

图 4 - 5　减计数输入模式

（3）加/减计数输入模式

加/减计数输入由 X0 和 X1 端输入脉冲，X0 为加计数，X1 为减计数。HSC 对 X0 和 X1 进行分时计数，最高计数频率为两路输入频率之和，仍为 10 kHz。由于采用分时计数，仍然属于单向输入模式，计数脉冲信号与计数关系如图 4 - 6 所示。

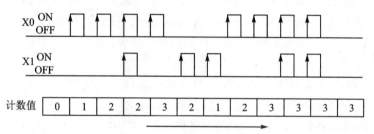

图 4 - 6　加/减计数输入模式

（4）两相输入模式

两相输入模式要求输入脉冲为相位差 90°的正交脉冲序列。脉冲仍然由 X0 和 X1 输入，当 X0 输入脉冲超前 X1 输入脉冲 90°时，为两相加计数输入模式；当 X0 输入脉冲滞后 X1 输入脉冲 90°时，为两相减计数输入模式。因为 HSC 对 X0 和 X1 进行交替计数，故最高计数频率为 5 kHz。两相输入模式如图 4 - 7 所示。

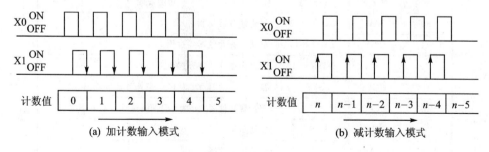

图 4 - 7　两相输入模式

3. HSC 占用的寄存器和继电器

HSC 在工作时需要占用一些寄存器和继电器,如表 4-4 所列。

表 4-4　HSC 占用寄存器和继电器

经过值寄存器	目标设定值寄存器	标志继电器	控制寄存器
DT9044、DT9045	DT9046、DT9047	R903A、R903B	DT9052

特殊数据寄存器 DT9054、DT9044 用来存储 HSC 的计数经过值。其中,DT9045 存放高 16 位,DT9044 存放低 16 位,用 F1(DMV)指令可以对其内容读出或修改。

特殊数据寄存器 DT9047、DT9046 用来存储 HSC 的目标设定值。其中,DT9047 存放高 16 位,DT9046 存放低 16 位。HSC 使用的指令有 F162、F163、F164、F165 以及高速计数器 16 位和 32 位数据传送指令 F0 和 F1。HSC 所需设定的目标值由 F162~F165 指令完成。

开始计数后,当 HSC 设定的目标值与计数的经过值相等时,指令中被指定的输出继电器 Yn 会接通或断开,同时 DT9047 和 DT9046 的数据被消除。

特殊继电器 R903A 是高速计数器工作状态的标志位。当 HSC 由 F162~F165 指令控制处于计数状态时,R903A 为"ON",停止计数时,R903A 为"OFF"。特殊继电器 R903B 是凸轮控制标志位,当凸轮控制指令 F165(CAM0)被执行时 R903B 为"ON",否则为"OFF"。

特殊数据寄存器 DT9052 是 HSC 的控制寄存器,当对 DT9052 低 4 位写入不同值时,会控制高速计数器接受或拒绝软复位、硬复位及计数输入等。

4. HSC 相关指令

使用高速计数功能会涉及几条高级指令,如表 4-5 所列。

表 4-5　高速计数功能使用的相关指令

功能号	助记符	操作数	功能说明
F0	MV	S,DT9052	高速计数器控制
F1	DMV	S,DT9044	存储高速计数器经过值
F1	DMV	DT9044,D	调出高速计数器经过值
F162	HC0S	S,Yn	符合目标值时 Yn 为 ON(高速计数器输出置位)
F163	HC0R	S,Yn	符合目标值时 Yn 为 OFF(高速计数器输出复位)
F164	SPD0	S	速度和位置控制
F165	CAM0	S	凸轮输出控制

(1) 高速计数器控制指令 F0(MV)

梯形图符号:[F0 MV,S,DT9052]

功能：将 S 中的控制字数据写入 DT9052 中，DT9052 的低 4 位作为高速计数器控制用。高速计数器控制字意义见图 4-8。

图 4-8　高速计数器控制字设定

可见，高速计数不但可以通过输入端子 X2 硬复位，还可以通过将控制字 H1 送入 DT9052(bit0 为"1")进行软复位，即当 HSC 的目标值与经过值相等时高速计数被复位。又如，当 DT9052 低 4 位的第 4 位(bit3)为"1"时，高速计数器将清除 F162～F165 指令，停止计数。

（2）存储高速计数器经过值指令 F1(DMV)

梯形图符号：[F1 DMV,S,DT9044]

功能：将(S+1,S)中设定的高速计数器经过值写入 DT9045 和 DT9044。S 中设定的经过值范围为 -8 388 608～8 388 607(HFF800000～H007FFFFF)。

（3）调出高速计数器经过值指令 F1(DMV)

梯形图符号：[F0 MV,DT9044,D]

功能：将 DT9045、DT9044 中的经过值读出并复制到(D+1, D)。

（4）符合目标值时 Yn 为 ON 指令 F162(HCOS)

梯形图符号：[F162 HCOS,S,Yn]

功能：当高速计数器开始计数，(S+1,S)中设定的目标值与 HSC 经过值相等时，被指定的输出继电器 Yn 为 ON 并保持。该指令又称为高速计数器输出置位指令，Yn 为输出继电器，Yn= Y0～Y7。

(S+1,S)中设定的目标值存储在特殊数据寄存器 DT9047 和 DT9046 中。

（5）符合目标值时 Yn 为 OFF 指令 F163（HCOR）

梯形图符号：〔F163 HCOR,S,Yn〕

功能：当高速计数器开始计数,(S+1,S)中设定的目标值与 HSC 经过值相等时,被指定的输出继电器 Yn 为 OFF 并保持,该指令又称为高速计数器输出复位指令。Yn 为输出继电器,Yn= Y0～Y7。

（6）速度和位置控制指令 F164（SPDO）

梯形图符号：〔F164 SPDO,S〕

功能：配合高速计数器的经过值控制输出端 Yn 输出脉冲或输出 ON/OFF 控制,实现对步进电机速度控制和对变频器调速控制。其中 S 用来设置控制数据,为控制数据表的首地址。

根据输出端 Yn 输出信号的不同,F164 指令有两种工作方式:脉冲工作方式和波形工作方式。

1）脉冲工作方式

当选择脉冲工作方式时,由输出端 Y7 输出频率可调的脉冲,输出脉冲频率的变化与目标值（脉冲个数）的对应关系,预先设置在控制数据表中。脉冲频率与目标值设置举例如图 4－9 所示。

当高速计数器的经过值与数据表设定的目标值 1 相同时,脉冲频率由初始速度 K152 变为速度数据 1（K193）。当经过值与设定的目标值 2 相同时,脉冲频率返回

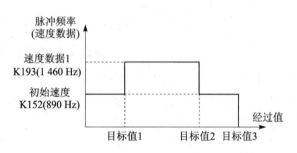

图 4－9　脉冲频率与目标值设置举例

到初始速度 K152。当经过值与设定的目标值 3 相同时,脉冲频率为 K0,脉冲输出控制结束。

2）波形工作方式

当选择波形工作方式时,由输出端 Y0～Y7 输出一组 ON/OFF 信号（一组 Yn 方波）,用于控制变频器实现对交流电动机的变频调速,其中 Yn 的 ON/OFF 信号预先设置在参数表中。波形工作方式控制系统硬件连接示意图如图 4－10 所示。

旋转编码器是用来测量电动机转速的装置,一般编码器轴通过耦合器与电动机轴相接,经过光电转换,将电机转速转换成电脉冲传送给 PLC 高速计数器。高速计数功能对经过值和设定目标值进行比对,决定 Y0 ～ Y7 的 ON/OFF 输出。

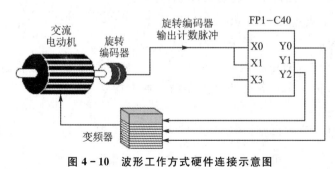

图 4－10　波形工作方式硬件连接示意图

旋转编码器输出的电脉冲分为单路输出和双路输出,单路输出是指旋转编码器输出一组脉冲,双路输出是指输出两组相位相差为 90°的脉冲,两组脉冲不仅可以测量转速,而且可以判断旋转方向。

波形工作方式时序图如图 4 - 11 所示。X3 按钮 ON 后,Y0、Y1 为 ON,Y2 为 OFF,控制变频器在高速方式下运行。当高速计数器的经过值与数据表设定的目标值 1(K10000)相同时,Y1 为 ON,Y0、Y2 为 OFF,控制变频器转为中速方式运行。当经过值与目标值 2(K20000)相同时,Y0 为 ON,Y1、Y2 为 OFF,控制变频器转为低速方式运行。当经过值与目标值 3(K30000)相同时,Y0、Y1 为 OFF,Y2 为 ON,变频器再次降速运行……

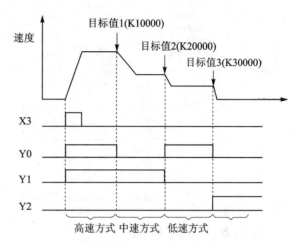

图 4 - 11　波形工作方式时序图

根据预先设置在参数表的 3 个脉冲频率目标值,使 Y0～Y2 输出一组方波,控制变频器调频,改变电动机转速。

(7) 凸轮输出控制指令 F165(CAM0)

梯形图符号:[F165 CAM0,S]

功能: 当高速计数器的经过值和参数表中设定的目标值相等时,控制输出继电器 ON 或 OFF。实现对电子凸轮的控制。其中 S 用来设置控制数据。

所谓电子凸轮控制是对实际的机电结合凸轮控制器的模拟仿真,该指令专门用于顺序控制。

如果选取 X3 为触发信号,输出继电器分别选取 Y0、Y1,当 X3 接通后,凸轮输出控制指令 F165(CAM0)工作过程如图 4 - 12 所示。

X3 接通后,输出继电器 Y0 为 ON,高速计数器经过值与目标值 K1000 相等时,Y0 为 OFF;当高速计数器经过值与目标值 K4000 相等时,Y0 再次为 ON,直至与目标值 K1000 相等时,Y0 再次为 OFF。

X3 接通后,输出继电器 Y1 为 OFF;当高速计数器经过值与目标值 K2000 相等时,Y1 为 ON,直至与目标值 K3000 相等时,Y0 再次为 OFF。

当高速计数器经过值与最大值 K5000 相等时,计数器立即复位,重新开始计数。输出继电器 Y0、Y1 的通、断依次重复上述过程。

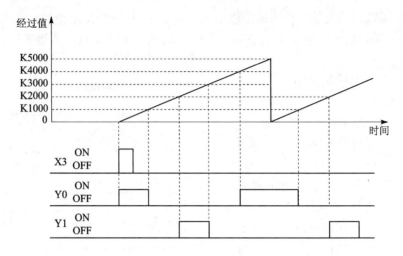

图 4-12　凸轮输出控制指令 F165(CAM0)工作过程

4.1.5　中断功能

为提高 PLC 实时控制能力,对外联络工作效率及应付突发事件能力,FP1 系列可编程序控制器设置了中断功能。当执行中断时,立即停止执行主程序,并产生一个断点,然后转去执行中断程序。待程序执行完,再返回主程序断点继续执行主程序。中断响应示意图如图 4-13 所示。

FP1 的 C24 以上机型具有中断功能。其中断有两种类型,一种是内部定时中断,又称为软中断;另一种是外部硬中断。内部定时中断的序号为 INT24,由软件编程设定定时时间,定时时间到,由内部产生中断信号。

外部硬中断的中断源有 8 个,中断序号为 INT0～INT7。INT0 的中断优先权最高,INT7 的中断优先权最低,当响应中断时,按中断优先级别由高到低依次响应。外部硬中断由输入继电器 X0～X7 输入,分别对应中断序号 INT0～INT7。中断分配如表 4-6 所列。

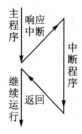

图 4-13　中断响应示意图

表 4-6　中断分配表

输　入	中断序号	输　入	中断序号
X0	INT0	X4	INT4
X1	INT1	X5	INT5
X2	INT2	X6	INT6
X3	INT3	X7	INT7

值得注意的是,PLC 的中断方式与计算机中断方式有些地方不同,如果正在执行一个中断程序,此时又有多个高级中断源申请中断,此时 PLC 不会立即响应,只有在当前中断程序执行完毕后,再按优先级别响应未响应的高级中断。

执行中断功能要对系统寄存器 No.403 进行控制字设置,控制字低 8 位分别对应输入端子 X0～X7,设为"1"表示开中断,设为"0"表示关中断。No.403 高 8 位不使用。如果设定 X0、X2 为开中断,X1 及 X3～X7 为关中断,系统寄存器 No.403 控制字设定格式如图 4 - 14 所示。

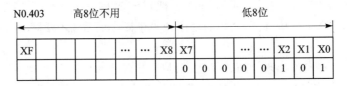

图 4 - 14　系统寄存器 No.403 控制字设定格式

在中断功能中有 3 条指令用来控制中断执行,即中断控制指令 ICTL、启动中断程序指令 INT 和中断程序结束并返回指令 IRET。

1. 中断控制指令 ICTL

ICTL 为设置中断控制指令,需要有一触发信号触发,并且在触发信号后必须有微分指令。梯形图符号:

```
   X0
├─┤ ├──(DF)────[ICTL, S1, S2]──┤
```

中断控制指令 ICTL 的操作数 S1、S2 可以是常数,也可以是存放数据的寄存器。

① 当 S1 为 H0 时,表示系统接受外部硬中断,工作在屏蔽/非屏蔽控制方式。S2 的值决定 X0～X7 是否被屏蔽。S2 高 8 位不使用,低 8 位由低到高分别对应输入端子 X0～X7。该位为"1",表示对应中断源非屏蔽,如果该中断源有中断请求,则响应该中断,并执行相应中断程序。该位为"0",表示对应中断源为屏蔽状态,即使中断源发出中断请求,也不予以响应,不会执行中断程序。

② 当 S1 为 H02 时,表示系统接受内部定时中断(软中断)。S2 的值控制中断时间间隔,其定时时间为 S2 的值乘以 10,单位为毫秒(ms),即每经过一个时间间隔执行一次(INT24～IRET之间)中断程序。引发中断序号规定为 INT24。当 S2 的值为 0 时,将不执行内部定时中断。

③ 当 S1 为 H100 时,表示系统接受外部硬中断,工作在中断源清除控制方式。S2 的值决定 X0～X7 是否被清除,S2 高 8 位不使用,低 8 位由低到高分别对应输入端子 X0～X7。该位为"1",表示对应输入端可以继续引发中断。如果该端有信号输入(发出中断请求),则响应该中断。该位为"0",表示对应输入端中断源被清除,即使有中断请求,也不予以响应。

"屏蔽"与"清除"是系统两种完全不同的控制方式,工作在屏蔽方式下被屏蔽的中断源虽然没有被系统响应,但它的中断请求仍然有效。如果中断源又被设置为非屏蔽状态,则系统会因为被屏蔽期间的中断请求而响应。如果工作在清除控制方式,则表明该中断源已被清除,中断请求始终无效,系统不会响应。

2. 启动中断程序指令 INT 和中断程序结束并返回指令 IRET

INT 指令表明启动中断程序,IRET 指令表明中断程序运行结束并返回主程序。INT 指令和 IRET 指令总是成对出现的。编程时必须把它们放在主程序(ED 指令)之后,最多可放 9 个(INT0～INT7,INT24)。它们之间的程序便是中断子程序。中断程序书写格式示意图如图 4－15 所示。

在中断程序中,不允许出现 TM、CT 等带延时功能指令。同一个程序不允许出现两个或两个以上的同样标号的 INT 指令,并且 INT 指令应该在对应的 IRET 指令之前。

如果只有一个中断请求,则系统在中断程序执行完毕后,会返回到 ICTL 指令处,按顺序执行 ICTL 指令下面的程序。如果有多个中断请求,则按中断源优先级别响应完所有中断请求后,再返回到 ICTL 指令处,按顺序执行 ICTL 指令下面的程序。

多个中断源外部硬中断程序举例见图 4－16,已知系统寄存器 No. 403 控制字置入常数 H000E。

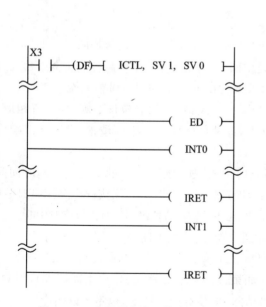

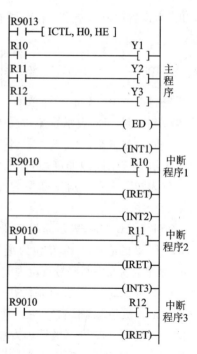

图 4－15　中断程序书写格式示意图　　　　图 4－16　外部硬中断程序举例

程序解释:

① 已知系统寄存器 No. 403 控制字置入常数 H000E,表明输入端子 X1、X2、X3 为开中断,并且 X1 中断源优先级别最高,X2 次之,X3 最低。

② ICTL 指令中 S1 设置 H0,表示系统接受外部硬中断,并且工作在屏蔽/非屏蔽控制方式。S2 设置 HE,表明输入端子 X1、X2、X3 对应的中断源没有屏蔽,发出的中断请求可以被响应。

③ 上电后,特殊内部继电器 R9013 只接通一个扫描周期,其作用相当于微分指令,使 X1、X2、X3 三个中断源使能。当 X1、X2、X3 均无中断请求时,Y1、Y2、Y3 全为 OFF。当 X1 发出中断请求(X1 为 ON)时,立即终止执行主程序,转去执行 INT1～IRET 之间的中断程序,通过常闭特殊内部继电器 R9010 使 Y1 为 ON。当 X2 发出中断请求(X2 为 ON)时,转去执行 INT2～IRET 之间的中断程序,通过 R9010 使 Y2 为 ON。同理,当 X3 发出中断请求时,使 Y3 为 ON。若 X1、X2、X3 在不同时间发出中断请求,则按中断请求先后顺序响应;若 X1、X2、X3 同时发出中断请求,则按中断优先次序顺序响应。

④ INT1 中断优先权最高,INT3 中断优先权最低。Y1 先得电,接下来 Y2 得电,最后 Y3 得电。

软中断程序举例见图 4 - 17,由于软中断采用内部定时中断,不需要外部输入端子,因此无需对系统寄存器进行设置。软中断的序号为 INT24。要求当 X1 接通上升沿,Y1 为 ON,Y1 接通 5 s,关断 5 s,如此反复,直至 X1 为 OFF。

程序解释: ICTL 指令中 S1 设置 H2 时,表示系统接受内部定时中断。S2 设置 K500 表明中断间隔时间为 K500×10 ms=5 s,即每隔 5 s 发出一次中断请求。S2 设置 K0,表明不执行内部定时中断。X1 接通的上升沿 Y1 为 ON,其对应的常闭触点 Y1 断开,R1 为 OFF。与此同时,内部定时中断 5 s 后发出中断请求,转去执行中断程序。由于 R1 常闭触点接通,使 R0 为 ON,Y1 为 OFF,经 KP 指令使 R1 为 ON,使 R0 为 OFF。Y1 再次为 ON……如此循环往复,直至 X1 为 OFF 系统停止运行。

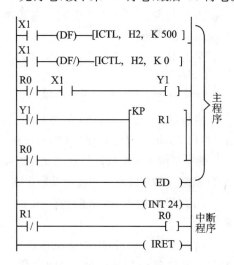

图 4 - 17 软中断程序举例

FP1 还有其他特殊功能,如强制置位/复位控制功能、时钟日历控制功能、打印输出功能等,这里不再赘述,可参考相关技术手册。

4.2 FP1 的高级模块

FP1 的高级模块主要有 A/D、D/A 和通信模块,这些模块一般自带有 CPU 和存储器,因此又称为智能模块。在需要对温度、压力、流量等模拟量进行监测控制时应选择 A/D、D/A 模块,这是过程控制中不可缺少的转换装置。

4.2.1　A/D 模块

1. 通道分配及编程

可编程序控制器的 A/D 模块是将接受的模拟信号,转化为数字信号供可编程序控制器处理。模拟量输入范围有 0～5 V、0～10 V、0～20 mA 三种方式,A/D 模块有 4 个模拟量输入通道(CH0～CH3),各个通道占用的输入端子如下:

- CH0:WX9(X90～X9F);
- CH1:WX10(X100～X10F);
- CH2:WX11(X110～X11F);
- CH3:WX12(X120～X12F)。

PLC 每经过一个扫描周期对各通道采样一次,并进行模/数转换,转换结果分别存放在各自的输入通道中。

A/D 转换编程可用指令 F0(MV)实现,如:

```
   X0
├──┤ ├──[ F0 MV, WX9, DT0 ]──┤
```

执行这一指令后,将输入到 CH0 通道的模拟信号经 A/D 转换,变成数字信号送入 WX9中,并由 F0 指令读出并保存到 DT0 中。

每一可编程序控制器控制单元允许使用 1 个 A/D 模块。A/D 模块常用技术参数见表 4-7。

A/D 模块输入-输出转换特性如图 4-18 所示。

由图 4-18 可见,不论是电压还是电流,模拟量与数字输出的线性度都很好,数字量的最大值均为 K1000,表明 A/D 转换输出位数是 10 bit,即 $2^{10} = 1\,024 \approx K1000$,分辨率为 1/1 024。

表 4-7　A/D 模块常用技术参数

项　目	说　明	
模拟输入通道数	4 通道/单元(CH0～CH3)	
模拟输入范围	电压	0～5 V 和 0～10 V
	电流	0～20 mA
分辨率	1/1 000	
精度	满量程的±1%	
响应时间	2.5 ms/通道	
数字输出范围	K0～K1000(H0～H03E8)	

2. A/D 模块面板图及接线方法

图 4-19 是 A/D 模块面板图。A/D 模块每个通道有 4 个接线端子,分别是 V、I、C 和 FG 端。

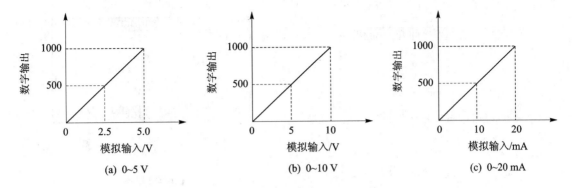

图 4-18　A/D 模块输入-输出转换特性

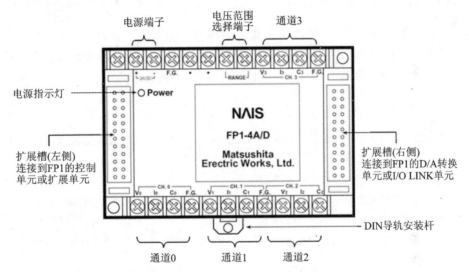

通道0到通道3的端子说明：
V—模拟电压输入端子；　C—公共端子；
I—模拟电流输入端子；　F.G.—框架接地端子

图 4-19　A/D 模块面板图

①　电压输入时,信号由 V 和 C 两端输入,FG 端接屏蔽外壳;电压范围选择的两个端子 RANGE 开路时,输入模拟电压范围为 0~5 V;两个端子 RANGE 短路时,输入模拟电压范围为 0~10 V。输入电压 0~5 V 接线如图 4-20 所示。

②　电流输入时,信号由 I 和 C 两端输入,并将 V 和 I 两端短接,FG 端接屏蔽外壳。此时应将电压范围选择端子 RANGE 开路。输入电流 0~20 mA 接线如图 4-21 所示。

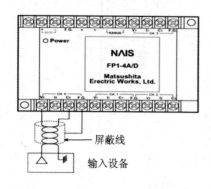 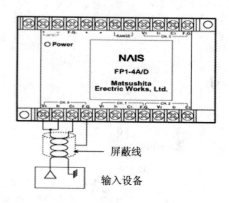

图 4 - 20　输入电压 0～5 V 接线图　　　　　图 4 - 21　输入电流 0～20 mA 接线图

A/D 模块的电源需外接，有交流型和直流型两种。交流型接交流 220 V 电源，直流型接直流 24 V 电源，电源类型应根据 A/D 模块型号决定。A/D 模块与 FP1 连接时只需将盖板取下，用专用扁平电缆分别插在 FP1 和 A/D 模块插座上，即连接完毕。

3. A/D 模块应用举例

为监控一台保温炉，利用温度传感器将模拟电压送入 CH0 通道，温度下限、上限分别为 6.4 V 和 6.6 V，要求对温度进行超限报警。程序设计如图 4 - 22 所示。

由程序可见，由于输入到 CH0 通道的模拟信号在 6.4 V 和 6.6 V 之间，应选用模拟电压输入范围为 0～10 V，经 A/D 转换对应的十进制数分别为 K640 和 K660，并作为温度的下限和上限值。

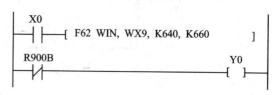

图 4 - 22　程序设计举例

经 A/D 转换的数字信号送入 WX9 中，当输入信号在 6.4 V 和 6.6 V 之间时，R900B 常闭触点断开，Y0 为 OFF。当输入信号超过此范围，R900B 常闭触点接通，Y0 为 ON，发出报警信号，实现对保温炉炉温的超限报警。

4.2.2　D/A 模块

1. 通道分配及编程

FP1 系列可编程序控制器的 D/A 模块是将 PLC 内部数字量，变换为相应的模拟电压或模拟电流，作为输出使用。

D/A 模块有两个模拟量输出通道，但每个 FP1 主机可接入两个 D/A 模块。因此，两个模块提供 4 个输出通道，恰好与 A/D 模块的 4 个输入通道相匹配。FP1 主机为区分接入不同的

D/A 模块,在 D/A 模块上专门设置了单元号选择开关。将开关置于左侧,该模块单元号被设定为 No.0;将开关置于右侧,该模块单元号被设定为 No.1。

单元号 No.0 的两个模拟量输出通道,分别为 CH0 和 CH1,各通道占用的输出端子分别为:

- CH0:WY9(Y90~Y9F);
- CH1:WY10(Y100~Y10F)。

单元号 No.1 的两个模拟量输出通道,分别为 CH2 和 CH3,各通道占用的输出端子分别为:

- CH2:WY11(Y110~Y11F);
- CH3:WY12(Y120~Y12F)。

PLC 每经过一个扫描周期向 D/A 模块写入一次数据,并进行 D/A 转换。

D/A 转换编程可用指令 F0(MV)实现,如:

```
     X0
├──┤ ├──[ F0 MV, DT0, WY9 ]
```

执行这一指令后,将 DT0 中的数字量送到 WY9 中,经 D/A 模块转换后由 CH0 通道输出模拟信号。

D/A 模块常用技术参数如表 4-8 所列。

表 4-8 D/A 模块常用的技术参数

项 目		说 明
模拟输出通道数		2 通道/单元(CH0、CH1)
模拟输出范围	电压	0~5 V 和 0~10 V
	电流	0~20 mA
分辨率		1/1000
精度		满量程的±1%
响应时间		2.5 ms/通道
数字输入范围		K0~K1000(H0~H03E8)

D/A 模块输入-输出转换特性如图 4-23 所示。

2. D/A 模块面板图及接线方法

D/A 模块面板如图 4-24 所示。每个通道有 5 个端子。其中:V+ 与 V- 为模拟电压输出端,I+ 与 I- 为模拟电流输出端。RANGE 端用来选择输出电压范围。当 V- 与 RANGE 端短路,输出电压为 0~10 V。RANGE 端开路,输出电压为 0~5 V。

I+ 与 I- 为模拟电流输出端,输出电流范围为 0~20 mA。

D/A 模块的电源需外接,也有交流型和直流型两种。交流电源接 220 V,直流电源接 24 V。电压输出和电流输出接线方式见图 4-25、图 4-26。

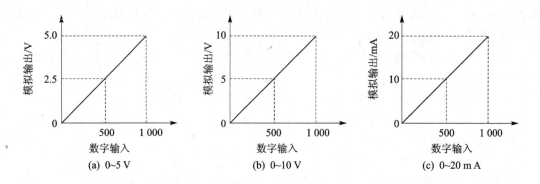

图 4-23 D/A 模块输入-输出转换特性

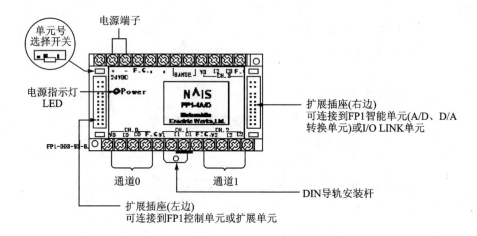

图 4-24 D/A 模块面板图

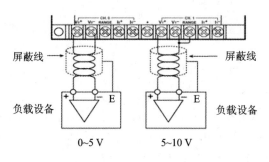

图 4-25 电压输出接线方式

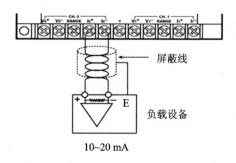

图 4-26 电流输出接线方式

3. 应用举例

要求对一个模拟电压信号进行检测和控制，并进行超限报警。已知输入 A/D 模块的模拟电压为 6.4～9.6 V，要求 D/A 模块输出电压等于 A/D 模块输入电压。当输入 A/D 模块的模拟电压大于 9.6 V 时，要求 D/A 模块输出电压保持 9.6 V，并发出电压过高报警。当输入 A/D 模块的模拟电压小于 6.4 V 时，要求 D/A 模块输出电压保持 6.4 V，并发出电压过低报警。梯形图设计如图 4-27 所示。

由梯形图可知，电压 6.4 V 对应数值 640，为下限值；电压 9.6 V 对应数值 960，为上限值；通过 16 位数据窗口比较指令 F62（WIN），当 A/D 输入模拟电压为 6.4～9.6 V 时，R900B 为 ON，输入继电器 WX9 将数据传送给输出继电器 WY9，经 D/A 模块输出与 A/D 模块输入的相同的电压。

当 A/D 输入模拟电压大于 9.6 V 时，R900A 为 ON，D/A 模块输出电压等于 9.6 V，同时 Y1 为 ON，表明电压过高报警。当 A/D 输入模拟电压小于 6.4 V 时，R900C 为 ON，D/A 模块输出电压等于 6.4 V，同时 Y2 为 ON，表明电压过低报警。

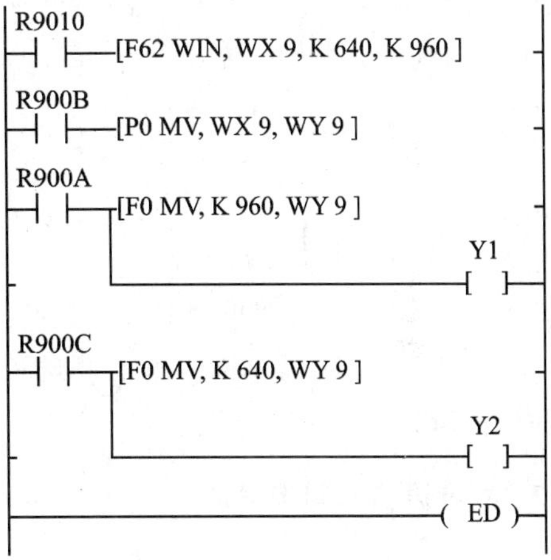

图 4-27　应用举例梯形图

由以上程序可见，在对 A/D 模块和 D/A 模块编程时，可直接使用传送指令读取外部输入的模拟量或将模拟量信号送出。此外，A/D 模块选取 CH0（WX9）作为输入通道，D/A 模块选取 No.0 号 CH0（WY9）作为输出通道。

4.3　FP1 的通信功能

4.3.1　通信的基本概念

1. 并行通信与串行通信

计算机 CPU 与外部的信息交换称为通信。基本的数据通信方式有两种：并行通信和串行通信。

并行通信方式是指一个数据各个位同时进行传送的通信方式。优点是传递速度快，效率高。缺点是并行传输的数据有多少位，传输线就要有多少根。当远距离通信，且数据位数多时,传输成本很高。

串行通信是指数据一位接一位地顺序传送的通信方式。优点是串行通信的数据的各不同位可分时使用同一传输通道,节省传输线,成本低。特别是在远距离传送数据时,其优点更为突出。缺点是相对并行通信速度要慢。因此,串行通信常应用于速度要求不高且远距离传输的场合。

2. 串行通信数据传送方式

串行通信中,数据在两个站之间是双向传送的。A站可作为发送端,B站作为接收端;也可以 A 站作为接收端,B 站作为发送端,如图 4 - 28 所示。串行通信根据通信要求分为单工、半双工和全双工 3 种传送方式。

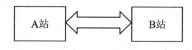

图 4 - 28   通信示意图

① 单工通信:数据只按一个固定方向传送,只能一站发送,另一站接收,即只能从 A 站传到 B 站,不能从 B 站传到 A 站。

② 半双工通信:某一时刻只能由一站发送另一站接收,即只能是从 A 站发送到 B 站,或是从 B 站发送到 A 站,不能 A 站和 B 站同时发送。

③ 全双工通信:两站同时都能发送和接收。在串行通信中经常采用非同步通信方式,即异步通信方式。

3. 异步通信与同步通信

串行通信又分为同步通信和异步通信两大类。

所谓同步通信是指在约定的通信速率下,发送端和接收端的时钟信号频率保持一致(同步),保证通信双方在发送和接收数据时具有完全一致的定时关系。同步通信传送信息的位数几乎不受限制,通常一次传送数据可以有几十到几千字节,通信效率较高。但是由于要求通信中保持精确的同步时钟,所以发送器和接收器硬件结构复杂,成本较高。同步通信一般用于传送速率要求较高的场合。

异步通信传送数据是以字符为基本单位,发送的字符之间的时间间隔可以任意。发送端可以在任意时刻发送字符,但接收端必须时刻做好接收准备。为此,要在每一字符的开始和结束设置标志位,通过标志位的信息,使接收端正确接收每一个字符。

异步通信每个字符包括起始位、数据位、奇偶校验位和停止位。字符数据格式如图 4 - 29 所示。

起始位表示一个字符的开始,接收端可用起始位使自己的接收时钟与数据同步。停止位表示一个字符的结束。

传送一个字符时,由一位低电平的起始

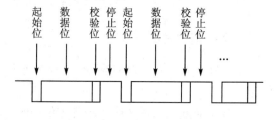

图 4 - 29   异步通信的数据格式

位开始,接着传送数据位,数据位的位数为 5～8。传送时按低位在前、高位在后顺序传送。奇偶校验位用于检验数据传送的正确性,也可以没有,可用程序指定。最后传送的是高电平的停止位,停止位可以是一位、一位半或两位。这种用起始位开始、停止位结束所构成的一串信息称为帧。

异步通信中典型的帧格式:1 位起始位,7 位(或 8 位)数据位,1 位奇偶校验位,2 位停止位。

从以上叙述可以看出,在异步通信中,每传送一个字符,只需接收方与发送方保持同步一次即可。这意味着对时钟信号漂移的要求要比同步信号低得多,因此,硬件成本要求低,容易实现。但是异步通信每一个字符,要占用大约 20%的附加信息位,使得传送效率较低。目前,异步通信方式广泛用于各种微型机系统中。

异步通信和同步通信相比较:

① 异步通信方式简单,双方时钟可允许一定误差。

② 同步通信方式要求双方时钟允许误差较小,硬件结构复杂。

③ 异步通信传送效率低,同步通信传送效率高。

4.3.2 FP1 的通信接口

在分布式控制系统中,普遍采用串行数据通信,即用来自微机串行的命令对控制对象的数据进行采集和发送,从而进行控制操作。下面介绍计算机(以下简称 PC 机)与松下 FP1 系列 PLC 之间进行数据传送所采用的几种串行通信接口。

1. RS－232C 通信接口

RS－232C 是电子工业协会 EIA(Electronics Industries Association)1962 年公布的一种标准化接口。它采用按位串行的方式,传递的波特率规定为 19 200 bit/s、9 600 bit/s、4 800 bit/s、2 400 bit/s、1 200 bit/s、600 bit/s、300 bit/s 等。一般台式 PC 机主板上都设有,但大多笔记本电脑没有,可通过购买 USB 转 RS－232C 接口线。RS－232C 通信适宜通信距离较近、波特率要求不高场合,既简单又方便。但是,由于 RS－232C 接口采用单端发送、单端接收,所以在使用中存在数据通信速率低、通信距离近(15 m)、抗共模干扰能力差等缺点。松下 FP1 系列的通信口采用的是 RS－232C。

2. RS－422 通信接口

RS－422 接口采用差动发送、差动接收的工作方式,发送器、接收器仅使用＋5 V 电源,因此,在通信速率、通信距离、抗共模干扰能力等方面,较 RS－232C 接口都有了很大提高。使用 RS－422 接口,最大数据通信速率可达 10 Mbit/s(对应通信距离 12 m),最大通信距离 1 200 m(对应通信速率为 9.6 kbit/s,松下 FP1 系列的编程口采用的是 RS－422,与 PC 机通信要有适配器)。

3. RS - 485 通信接口

RS - 485 通信接口的信号传送是用两根导线之间的电位差来表示逻辑 1 和逻辑 0 的。这样,RS - 485 接口仅需两根传输线就可完成信号的接收和发送任务。由于传输线也采用差动接收、差动发送的工作方式,而且输出阻抗低、无接地回路问题,所以它的干扰抑制性很好,传输距离可达 1 200 m,传输速率达 10 Mbit/s。松下 FP1 系列的构成连接网络采用的是 RS - 485。

4.3.3 FP1 的通信方式

FP1 的通信功能是由上位计算机读写 FP1 中的接点信息及其数据寄存器中的内容,以实现如数据采集、监视运行状态的功能。

1. 计算机与 FP1 控制单元之间的通信

(1) 实现一对一通信(1:1方式)

计算机与 PLC 的 RS - 232C 口的连接,如图 4 - 30 所示。

计算机与 PLC 的 RS - 422 口的连接,如图 4 - 31 所示。

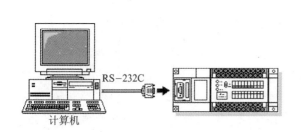

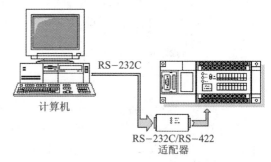

图 4 - 30 计算机与 PLC 的 RS - 232C 口连接图　　图 4 - 31 计算机与 PLC 的 RS - 422 口连接图

(2) 实现一对多的通信

一台计算机与多台(最多 32 台)FP1 控制单元之间的通信(1:N 方式)。实现 1:N 方式,需配备 CNET 适配器。它是 FP1 主控单元的 RS - 422 与 RS - 485 之间的信号转换器。在 CNET 适配器之间可用两线或双绞电缆进行连接,如图 4 - 32 计算机与多台 FP1 控制单元的连接所示。由于在此方式下,每台 PLC 被分配不同的站号,在进行通信过程中,PLC 通过识别站号而做出响应。

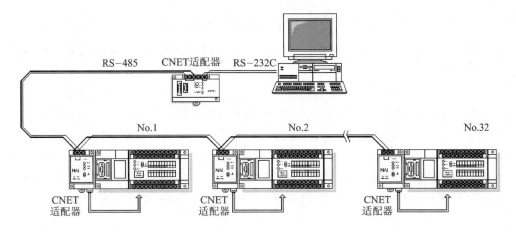

图 4 - 32　计算机与多台 FP1 控制单元的连接

2. FP1 与外围设备之间通信

当 FP1 和具有 RS-232C 口的设备相连时，可实现与这些设备之间的数据输入和输出，如 IOP（智能终端）、条码判读器、打印机等，如图 4 - 33 所示。

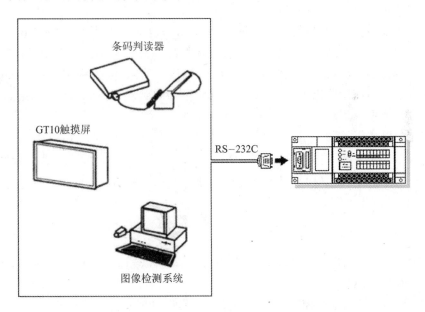

图 4 - 33　PLC 与外围设备之间的连接

4.3.4 专用通信协议 MEWTOCOL

通信协议是通信双方就如何交换信息所建立的一些规定和过程。它是 FP 系列 PLC 网络设计的基础。

FP1 采用松下电工公司专用通信协议——MEWTOCOL。该协议共分为两个部分：一个是关于计算机与 PLC 之间的命令通信协议（MEWTOCOL‑COM）；另一个 PLC 与 PLC 之间及 PLC 与计算机之间的数据传输协议（MEWTOCOL‑DATA）。MEWTOCOL‑DATA 协议用于分散型工业局域网 H‑LINK、P‑LINK、W‑LINK 及 ETLAN 中 PLC 与 PLC 之间及 PLC 与计算机间的数据传输。这些局域网之间的通信单元内已配置好符合 MEWTOCOL‑DATA 协议的通信软件，用户只需在用户程序中使用专用指令实现数据传输，而不需考虑 MEWTOCOL‑DATA 协议的使用。

小 结

松下电工可编程序控制器可以在恶劣的工业环境下工作，甚至可以与强电设备一起工作，而且保证运行稳定可靠。不仅如此，松下电工可编程序控制器还具有特殊功能和高级模块，这正是松下电工可编程序控制器的优势所在。

特殊功能主要包括：脉冲捕捉、输入延时滤波、脉冲输出、高速计数及中断功能等。脉冲捕捉功能实现捕捉瞬间的窄脉冲，避免在程序执行阶段对持续时间小于一个扫描周期的有用短信号的丢失。输入延时滤波功能可以把短暂的干扰信号滤除，大大提高系统的抗干扰能力。脉冲输出功能通过晶体管输出型的 PLC 输出频率可调的脉冲，与高速计数功能相结合，可以实现对步进电机速度及运动位置的控制。

可编程序控制器设置的 I/O 口，可接收开关量，输出开关量，实现数字逻辑控制功能；也可以通过 A/D、D/A 模块实现模拟量控制功能，满足了一般的工业控制系统的需要。随着计算机控制技术的发展，可编程序控制器的产品正在日新月异。

习题与思考题

4.1 若将 FP1 可编程序控制器输入端子 X3、X4 和 X5 设置为具有脉冲捕捉功能，试设定对应系统寄存器中的值。

4.2 若将 FP1 可编程序控制器输入端设置为具有延时功能，即 X0～X7 延时为 16 ms，X8～XF 延时为 16 ms，试设定对应系统寄存器中的值。

4.3 FP1 型可编程序控制器有几种高速计数模式？它们的输入端子是怎样定义的？

4.4 说明 FP1 型可编程序控制器中断控制指令的特点和注意事项。

4.5　如果设定 X1 和 X4 为开中断，X0、X2、X3 及 X5～X7 为关中断，试设定对应系统寄存器中的值。

4.6　利用定时中断功能编制程序，要求当按钮 X0 启动后，指示灯 Y0 亮 10 s，灭 10 s，如此循环往复，直至按下停止按钮 X1 系统关断。

4.7　编制一段程序，对 2 个通道输入的模拟量进行比较。当通道 1 的模拟量大于通道 2 的模拟量值时，输出继电器 Y0 变为 ON，输出继电器 Y1 变为 OFF；当通道 2 的模拟量大于通道 1 的模拟量值时，输出继电器 Y0 变为 OFF，输出继电器 Y1 变为 ON。

4.8　简述串行通信、并行通信的概念，并说明并行通信、串行通信的优缺点。

4.9　试比较单工、半双工和全双工三种通信方式的异同。

4.10　串行通信传送方式有哪几种？

4.11　简述异步通信和同步通信的概念，并说明异步通信和同步通信的优缺点。

4.12　简述 RS-232C、RS-422 和 RS-485 三者的区别。

第 5 章
松下编程软件 FPWIN GR 使用简介

日本松下电器公司开发的 PLC 编程软件有三种,分别是在 DOS 环境下使用的 NPST GR、在 Windows 环境下使用的 FPWIN GR 以及 FPSOFT。这三种软件都能够支持松下公司的 PLC 指令系统,其功能和操作大同小异。FPSOFT 是 Windows 环境下早期开发的软件,已经不能很好地满足当前对 PLC 编程的需要,目前应用最多的是 FPWIN GR。

此外,还有一种手持式编程工具,由于显示屏幕小,不便于输入和显示梯形图,主要用于助记符语言编程,本章不做介绍。

本章将介绍 FPWIN GR 编程软件的基本使用,学习利用计算机对可编程序控制器程序进行输入、修改、监控等,是初学者应该学习和掌握的章节。

5.1　FPWIN GR 基本使用概述

5.1.1　FPWIN GR 的启动和退出

由于 PLC 不断有新的机型问世,FPWIN GR 软件也伴随着出版了多个升级版本,目前比较新的版本为 FPWIN GR（Windows 版）Ver.2.91 升级版,该文件要在先安装 FPWIN GR Ver.2.0 或更高的版本后再升级使用。它的最大特点是带有在线仿真功能,并且适用于松下所有型号的 PLC,对学习 PLC 带来极大方便。

安装该软件的计算机应满足以下最低配置要求:操作系统如 Windows 98/ Me/ 2000/ XP/ Vista/ 7;硬盘可用空间需大于 40 MB;推荐 CPU 为 Pentium 100 MHz 或更高;推荐系统内存应大于 32 MB 以上（根据操作系统）;推荐显示器分辨率一般为 800×600 或更高。

1. FPWIN GR 启动

将 FPWIN GR 软件安装到计算机后,创建的快捷键图标为 FPWIN GR,双击该图标,画面中会出现启动菜单,如图 5-1 所示。单击 4 个按钮之中的某一个,选择启动菜单。

【创建新文件】　当创建新的文件时,选择本项。

【打开已有文件】　当从磁盘中调出被保存的程序文件进行编辑时,选择本项。

【由 PLC 上载】　当从 PLC 中读出程序进行编辑时,选择本项。此时会自动切换到在线方式。

【取消】　不读取已有的程序,启动 FPWIN GR。

选择【创建新文件】按钮会显示【选择 PLC 机型】对话框,可从中选择所使用的 PLC 机型,并单击 OK 按钮,如图 5-2 所示。

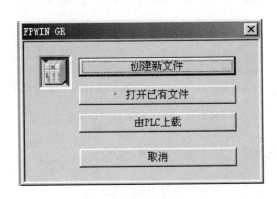

图 5-1　选择启动菜单

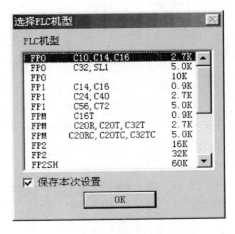

图 5-2　选择 PLC 的机型

选择【打开已有文件】按钮会显示文件【打开】对话框,选择需要进行编辑的文件,并双击该文件名,或者直接单击【打开】按钮,如图 5-3 所示。

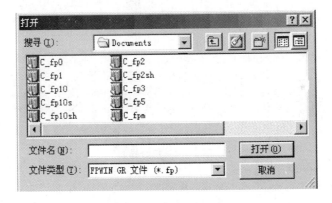

图 5-3　打开文件

选择【由 PLC 上载】按钮会显示关于上载数据确认对话框,如图 5-4 所示。单击【是(Y)】按钮,开始进行程序上载。结束后画面中会显示关于确认 PLC 模式变更的对话框,如图 5-5 所示,如果将 PLC 模式变更为 RUN,则单击【是(Y)】按钮。

FPWIN GR 正常启动后,将出现图 5-6 所示的初始界面。

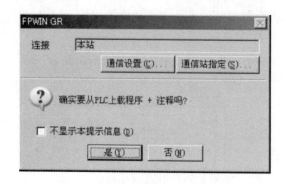
图 5-4　上载数据确认对话框

图 5-5　确认 PLC 模式变更的对话框

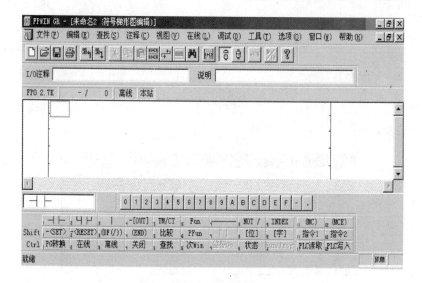

图 5-6　初始界面

2. FPWIN GR 退出

退出 FPWIN GR 时,单击菜单栏中的【文件(F)】,从弹出的显示菜单中选择【退出(X)】,或单击窗口右上角的【关闭】按钮。

5.1.2　基本操作

1. FPWIN GR 的界面和菜单

FPWIN GR 界面如图 5-7 所示。下面介绍各部分名称及作用。

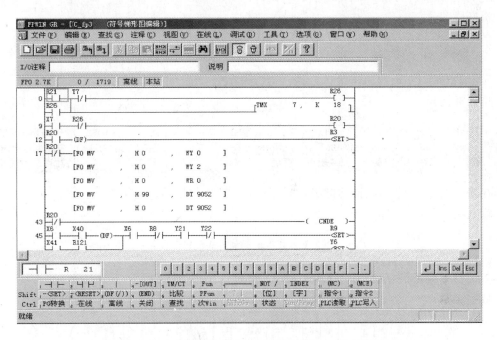

图 5 - 7　FPWIN GR 的界面

菜单栏：

将 FPWIN GR 的全部操作及功能按各种不同用途组合起来，以菜单形式显示。

工具栏：

![工具栏图示]

将 FPWIN GR 中经常使用的功能以工具按钮的形式集中显示。

注释显示栏：

I/O注释	启动输入	说明	工序1开始

显示光标所在位置的设备或指令所附带的注释。

程序状态栏：

FP0 2.7K	- /	0	在线	PLC =	遥控 RUN	正在监控	本站

显示所选择使用的 PLC 机型、程序步数、FPWIN GR 与 PLC 之间的通信状态等信息。

状态栏：

显示 FPWIN GR 的动作状态。

功能键栏：

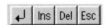

在输入程序时，单击或按功能键，选择所需指令或功能。

输入栏：

单击各工具按钮，或按 Enter、Ins、Del、Esc 键。

数字键栏：

单击各数字/字母按钮，也可以输入 0～9、A～F 等数字。

输入区段栏：

在程序编辑状态下，显示光标所在位置的指令或操作数。

2. FPWIN GR 的基本操作

（1）光　　标

通过移动键"→、←、↑、↑"或单击操作，可以在程序显示区域内移动光标，如图 5-8 所示。

由功能键栏输入的指令，会被输入到光标所在位置。

利用 Home 键将光标移至行头，利用 End 键将光标移至行尾；利用组合键 Ctrl＋Home 将光标移至程序的起始位置，利用组合键 Ctrl＋End 将光标移至程序的最末一行。

（2）指令的输入

编写程序可以通过单击功能键栏输入指令，也可以通过功能键 F1～F12 与 Shift 键或 Ctrl 键的组合实现。功能键栏中各个按钮左下角的数字表示所对应的功能键号，例如，按钮 ┤├ 左下角的数字 1 表示对应功能键 F1。指令输入显示见图 5-9。

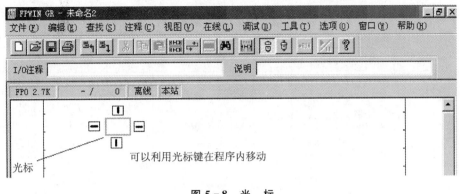

图 5-8　光　标

●指令输入键(初始显示)

图 5-9　指令输入的各种显示

3. 程序转换(PG 转换)

由符号梯形图编写的程序衬底会呈现灰色,如图 5-10 所示。为了确定由图形所编写的程序,必须要进行程序转换,程序转换又称为 PG 转换,转换后衬底将会变为白色。

进行程序转换可以单击功能键栏中的 PG转换 ,或者按组合键 Ctrl+F1。

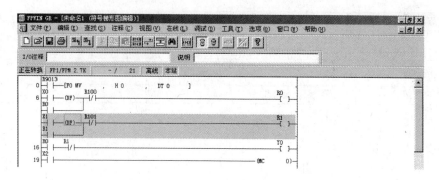

图 5 - 10　程序转换

注意：如果梯形图绘制有错误将无法转换,此外,符号梯形图最多只能转换 33 行程序。

4. 在线编辑与离线编辑

在使用 FPWIN GR 编辑程序时有离线编辑和在线编辑两种工作方式。离线编辑不与 PLC 进行通信,由 FPWIN GR 单独进行程序生成或编辑,如图 5 - 11(a)所示。在线编辑将与 PLC 进行通信,可以编辑 PLC 中的程序,或者对 PLC 中的数据进行监控,如图 5 - 11(b)所示。

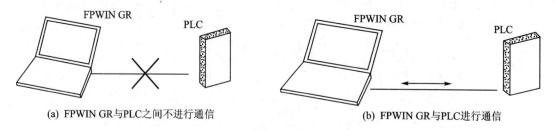

(a) FPWIN GR 与PLC之间不进行通信　　　　　(b) FPWIN GR 与PLC进行通信

图 5 - 11　离线编辑和在线编辑

使用在线编辑方式时,由 FPWIN GR 所编辑的程序或系统寄存器的设置等内容,将被直接反映到 PLC 中,如图 5 - 12 所示。

在线编辑应注意以下几点:

① PROG 模式下的编辑。当 PLC 为 PROG 模式时改写 PLC 程序,程序状态栏中将显示:

在线	PLC = 遥控 PROG

② RUN 模式下的编辑。当 PLC 为 RUN 模式时改写 PLC 程序,程序状态栏中将显示:

在线	PLC = 遥控 RUN

PLC 将启用修改后的程序继续运行,因此要

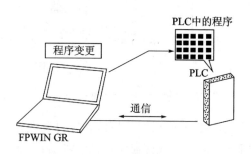

图 5 - 12　在线编辑

慎重使用这种编辑。

在线编辑与离线编辑的切换,可以通过菜单栏中的 在线(L) 选择"在线编辑"或"离线编辑"进行转换,也可用组合键 Alt＋L 操作。此外,还有两种方法:

① 键盘操作:组合键 Ctrl＋F2 在线 与组合键 Ctrl＋F3 离线 。

② 工具栏操作:单击 🖥 和 🖥 工具按钮。

5.2　基本指令输入方法

输入指令可以单击界面下部功能键栏中所表示的各个指令的图标进行程序输入,也可按对应的功能键。

1. 输入触点和线圈

以图 5－13 所示程序为例,说明程序编辑方法。

（1）输入触点 X0

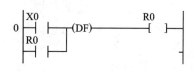

图 5－13　梯形图程序

键盘输入:将光标移动到程序显示区域的左上角,利用键盘先后按功能键 F1、X、0 和 Enter。

功能键栏输入:先后单击 ⊣⊢ 、 X 、 0 和 ↵ 按钮。

画面显示:

（2）输入并联触点 R0

将光标上移至触点 X0 的下面。

键盘输入:先后按功能键 F2、F3、0 和 Enter。

功能键栏输入:先后单击 ⊣⊦ 、 R 、 0 和 ↵ 按钮。

画面显示:

（3）输入微分指令 DF

将光标上移至触点 X0 的后面。

键盘输入:先后按功能键 Shift＋F3 和 Enter。

功能键栏输入：先后单击 `,OF(/)` 和 `↵` 按钮。

画面显示：

（4）输入线圈 R0

键盘输入：先后按功能键 F4、F3、0 和 Enter。

功能键栏输入：先后单击 `q-[OUT]`、`₃ R`、`0` 和 `↵` 按钮。

画面显示：

R0 线圈指令输入结束，光标会自动移动到下一行的行首。对程序进行 PG 转换后，程序衬底颜色将由灰色转变为白色，如图 5-13 所示。

需注意的问题：

① 绘制横线按 F7 （`━━━`）键，按 F3 （`₃ |`）键则在当前光标位置的左侧输入竖线。

② 对回路进行组合时，在用"→ ← ↑ ↓"键移动光标同时，输入触点，再通过 F7 键或 F3 键将各部分相连。

③ 每次单击 `,OF(/)` 按钮，可以在 DF 与 DF/之间切换。

2. SET 和 RESET 指令

采用 SET 指令对输出线圈 Y0 进行置位，编写程序时利用键盘上的功能键输入，即先后按功能键 Shift+F1、F2、0 和 Enter。

功能键栏输入：先后单击 `-<SET>`、`q-[OUT]`、`₃ Y`、`0` 和 `↵` 按钮。

采用 RESET 指令对输出线圈 Y0 进行复位，编写程序时利用键盘上的功能键输入，即先后按功能键 Shift+F2、F2、0 和 Enter。

功能键栏输入：先后单击 `<RESET>`、`q-[OUT]`、`₃ Y`、`0` 和 `↵` 按钮。

3. TM 定时器指令

采用定时器指令编写梯形图程序，如图 5-14 所示，输入操作步骤如图 5-15 所示。

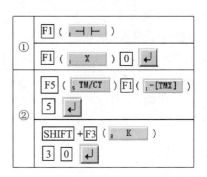

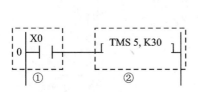

图 5 - 14　定时器梯形图

图 5 - 15　定时器操作示意图

FP1 机型有 3 种定时器：TMR 为 0.01 s，TMX 为 0.1 s，TMY 为 1.0 s。在部分机型中，还可以使用 TML(0.001 s)。定时器线圈的表达符号，将在进行程序转换(即 PG 转换)后移动到该行的右端。

4. CT 计数器指令

采用 CT 指令编写梯形图程序，如图 5 - 16 所示，输入操作步骤如图 5 - 17 所示。

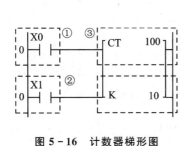

图 5 - 16　计数器梯形图

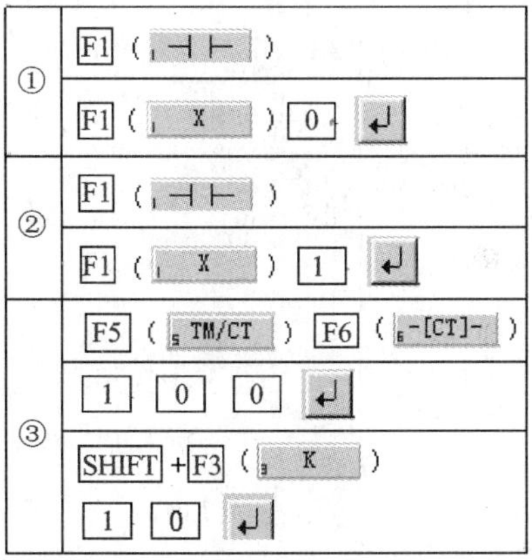

图 5 - 17　计数器操作示意图

计数器指令的表达符号，将在进行程序转换(即 PG 转换)后移动到该行的右端。

5. 输入功能键栏中没有的指令

功能键栏的位置有限，不能显示出所有指令，当要输入的指令在功能键栏中没有显示时，按组合键 Shift ＋F11(　指令1　)或 Shift ＋F12(　指令2　)，调出【功能键栏指令输入】对话框，从中选择相应的指令进行输入。

　　【功能键栏指令输入】对话框如图 5 - 18 所示，从中选择需要输入的指令后，单击 OK 按钮，则该指令将会分配给功能键。被分配的功能键，如果是由 指令1 按钮选择的指令，则分配给功能键 F11；如果是由 指令2 按钮选择的指令，则分配给功能键 F12。

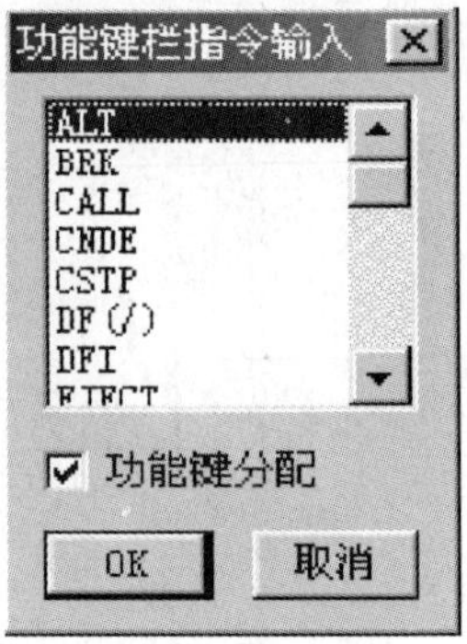

6. 输入高级指令

高级指令有两种类型：

Fun：每次扫描执行型指令，按功能键 F6 或单击 Fun 按钮。

图 5 - 18　【功能键栏指令输入】对话框

PFun：微分执行型指令，按组合键 Shift ＋F6 或单击 PFun 按钮。

　　无论采用哪种类型，都会显示【高级指令列表】对话框，如图 5 - 19 所示。

图 5 - 19　【高级指令列表】对话框

　　根据需要选择所需的高级指令。采用数据传输指令编写的梯形图程序如图 5 - 20 所示，输入操作步骤如图 5 - 21 所示。

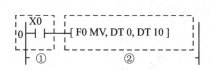

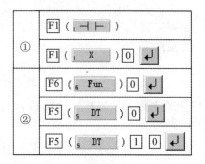

图 5 - 20　高级指令梯形图　　　　　图 5 - 21　高级指令操作示意图

7. 折回输入

在符号梯形图编辑方式下,当在一行内无法编写完梯形图程序时(如图 5 - 22 所示),需要在换行处输入"折回"。位于右端母线前的符号被称为折回输出,下一行起始的符号被称为折回输入。

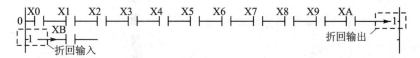

图 5 - 22　梯形图

在折回输入中,有折回匹配输入和折回单点输入两种类型。

- 折回匹配输入:折回输出与折回输入成对匹配指定。
- 折回单点输入:折回输出或折回输入分别单独指定。

折回匹配输入操作步骤:在折回输出与折回输入中输入相同的编号,指明由何处折返到何处。进行折回匹配输入时,有以下 4 种方法:

① 菜单操作选择:选择【编辑(E)】|【折回匹配输入(U)】命令。

② 键盘操作:按组合键 Ctrl+W。

③ 工具栏操作:单击 工具按钮。

④ 右击,从弹出的快捷菜单中选择。

经过以上操作将显示【折回点编号】对话框,如图 5 - 23 所示。

在【折回点编号】文本框中输入编号,单击 OK 按钮确定。再将光标移动到折回输出位置(右端)及折回输入位置(左端),分别在两个位置上按 Enter 键或单击【确定】按钮,将会显示结果,如图 5 - 24 所示。

图 5 - 23　【折回点编号】对话框

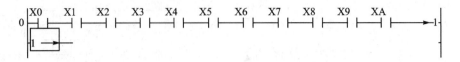

图 5 - 24　折回输入

关于折回单点输入的操作可参阅软件操作手册。

5.3　程序的修改

1. 删除指令和横、竖线

（1）删除指令或横线

在程序修改中如果要删除指令或横线时,将光标移到想要删除的指令或横线位置,再按 Del 键;需要绘制横线则按 F7 键。

（2）删除竖线

删除竖线时,将光标移到要删除的竖线右侧,按 F3 键,如图 5 - 25 所示。

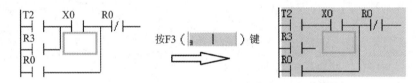

图 5 - 25　删除竖线示意图

如果再次按 F3 键,可插入竖线。

2. 插入空行

由于增加程序指令等原因,需要在当前程序中间添加空行,可将光标移到想要插入空行的位置,在菜单栏选择【编辑(E)】|【插入空行】命令操作即可。也可通过以下几种方法实现:

① 工具栏操作:单击工具栏的▦工具按钮。

② 键盘操作:按组合键 Ctrl+Ins。

③ 快捷菜单操作：右击,从弹出的快捷菜单中选择。

3. 插入指令

在已经输入的指令之间插入指令,如果在光标之前进行插入,则直接按 Insert 键;如果在光标之后插入,则按 Shift+Insert 键。

4. 设备变更

设备变更是指对程序内触点的类型或编号、指令的操作数记号或编号等进行修改。此外，也可以修改相应的 I/O 注释（说明部分不会被修改）。

进行设备变更操作时，在菜单中选择【编辑（E）】|【设备变更（H）】命令，会出现【设备变更】对话框，如图 5-26 所示，从中选择变更源设备范围以及变更目标设备起始 No.。结束后单击【执行（E）】按钮。

可以进行指定的设备有：X、Y、R、T、C、WX、WY、WR、WL、DT、SV、EV、LD、JP、MC、MCE、LOOP、LBL、SSTP、NSTP、NSTL、CSTP、CALL、SUB 和 SR。

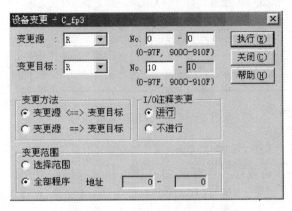

图 5-26　设备变更项目

5.4　程序传输与监控

1. 程序传输

（1）程序下载

由 FPWIN GR 生成、编辑的程序传送到 PLC 时，计算机要与 PLC 的编程口通过编程电缆连接。当程序下载时由于 FPWIN GR 与 PLC 之间要进行通信，即使下载前处于离线状态，FPWIN GR 也会自动切换到在线监控模式。下载方式有以下几种。

①菜单栏操作：在菜单栏中选择【文件（F）】|【下载到 PLC（D）】命令。

②键盘操作：按组合键 Ctrl+F12。

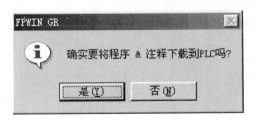

图 5-27　下载对话框

③工具栏操作：单击工具栏的工具按钮。

当选择【下载到 PLC】后，会显示如图 5-27 所示的对话框。若继续进行程序下载，单击【是（Y）】按钮。

如果 PLC 当前处于 RUN 模式，将会显示如图 5-28 所示的对话框。单击【是（Y）】按钮，PLC 将会切换到 PROG 模式；如果单击【否（N）】按钮，下载将会被取消。

程序下载正常结束后,将出现是否切换到 RUN 模式的提示信息,如图 5-29 所示。如果需要将 PLC 切换到 RUN 模式,则单击【是(Y)】按钮;如果需要进入 PROG 模式则单击【否(N)】按钮。

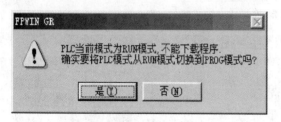

图 5-28　PLC 模式切换

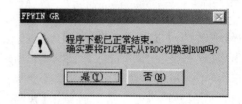

图 5-29　PLC 模式切换

（2）程序上载

将程序及注释从 PLC 读取到计算机称为上载。上载方式有以下几种:

① 菜单栏操作:在菜单栏中选择【文件(F)】|【由 PLC 上载(U)】命令。

② 键盘操作:按组合键 Ctrl+F11。

③ 工具栏操作:单击工具栏的 工具按钮。

执行上载后,即使上载前处于离线状态,也将自动切换到在线监控状态。

2. 程序监控开始与停止

所谓程序监控是指可以实时观察梯形图程序中相关触点或数据的信息。

（1）在线状态下启动监控方法

监控开始前要在窗口中进行监控启动,有以下几种方法:

① 菜单栏操作:利用菜单栏中的【在线(L)】,选择【执行监控(M)】选项,选中标记"√"。

② 键盘操作:按组合键 Ctrl+F7。

③ 工具栏操作:单击工具栏的 工具按钮。

（2）在线状态下停止监控方法

由在线状态切换到离线状态,将会停止监控,有以下几种方法:

① 菜单栏操作:利用菜单栏中的【在线(L)】,选择【执行监控(M)】选项,清除选中标记"√"。

② 键盘操作:按组合键 Ctrl+F7。

③ 工具栏操作:单击工具栏的 工具按钮。

3. 数据监控方法

（1）数据监控

可以对数据寄存器等以字(16 bit)为单位以一览表的形式进行监控,同时也可以写入、修改这些数据。启动数据监控有以下几种方法：

① 菜单栏操作：选择菜单栏中的【在线(L)】|【数据监控(G)】命令。

② 键盘操作：按组合键 Ctrl＋D。

显示的【数据监控】窗口分为 5 个区段，各个区段意义如图 5-30 所示。

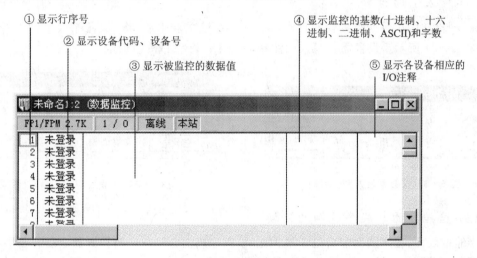

图 5-30　【数据监控】窗口

在区段①或区段②处按 Enter 键或双击，将显示【监控设备】对话框，如图 5-31 所示。按照以下说明对监控对象的【设备种类】、【No.】及【登录数】进行设置后，单击 OK 按钮确定。

【设备种类】　选择设备，例如 WX、DT 等。

【No.】　输入数据登录的起始号。

【登录数】　在连续登录寄存器时，输入登录数。例如，选择数据寄存器 DT0～DT9，登录数应设置 10。

【显示基数】　单击该按钮后，将显示【监控显示基数】对话框，如图 5-32 所示，可根据需要选择数据显示时的基数。

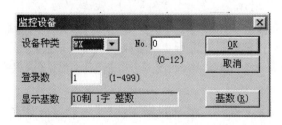

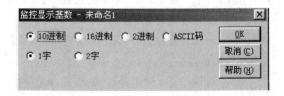

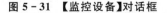

图 5-31　【监控设备】对话框　　　　　　　　**图 5-32　【监控显示基数】对话框**

以上各项设置结束后，单击 OK 按钮进入监控。

（2）数据写入

在线监控时，在数据监控窗口区段③按 Enter 键或双击后，将显示【数据写入】对话框，如图 5-33 所示。输入需要写入的数值，单击 OK 按钮确定。

（3）输入 I/O 注释

在线监控时，在数据监控窗口区段⑤按 Enter 键或双击后，将显示【输入 I/O 注释】对话框，如图 5-34 所示。设置需要写入的注释，单击【登录(E)】按钮确定。

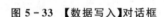

图 5-33　【数据写入】对话框　　　　图 5-34　【输入 I/O 注释】对话框

（4）监控画面与程序画面的切换

当监控画面、程序画面窗口处于最大化时，程序画面会隐藏在监控画面之后。需要显示程序画面时，利用组合键 Ctrl＋Tab 可以进行两者的移动切换，也可以选择菜单中【窗口(W)】的【横向平铺】或【纵向平铺】命令。

4. 触点、线圈监控方法

（1）触点、线圈监控

可以将需要监控的触点、线圈登录，然后以一览表的形式监控其开/关状态。同时，也可以对触点进行 ON/OFF 操作。触点、线圈监控操作方法如下：

· 菜单栏操作：利用菜单栏中的【在线(L)】|【触点监控(L)】命令。
· 键盘操作：按组合键 Ctrl＋M。

选择触点监控后，【触点监控】窗口如图 5-35 所示。

如图 5-35 所示，如果在【触点监控】窗口的①或②处按 Enter 键或双击，将显示【监控设备】对话框。设置监控对象的【设备种类】和【No.】。对连续的触点进行集中登录时，在【登录数】中设置其点数，例如，要对 X0～XF 进行登录时，在【登录数】中设置 16，如图 5-36 所示。单击 OK 按钮确定，开始监控。

上述对话框中，利用菜单操作选择【在线(L)】|【数据·触点设置(E)】|【监控设备登录(M)】命令也可显示。

在线监控后，各触点或线圈的 ON/OFF 状态将被显示在【触点监控】窗口③中，如图 5-37 所示。当需要添加被监控设备并在中途插入空行时，按行插入(Ctrl＋Ins)；需要删除行时，按行

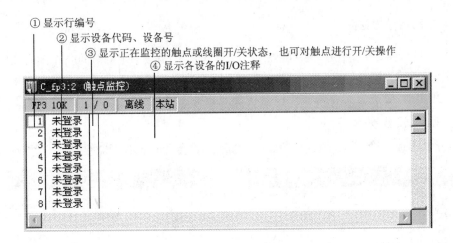

① 显示行编号
② 显示设备代码、设备号
③ 显示正在监控的触点或线圈开/关状态，也可对触点进行开/关操作
④ 显示各设备的I/O注释

图 5 – 35　【触点监控】窗口

删除（Ctrl＋Del）。

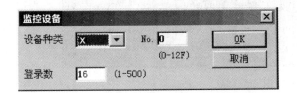

图 5 – 36　【监控设备】对话框

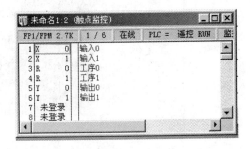

图 5 – 37　开始监控

（2）数据写入

在线监控状态下，在【触点监控】窗口中的③（监控显示列）处按 Enter 键或双击，将会显示【数据写入】对话框，如图 5 – 38 所示。

设置要写入的数值，单击 OK 按钮确定。上述对话框，利用菜单操作，选择【在线（L）】|【数据·触点监控设置（E）】|【数据写入（V）】命令也可以显示。

图 5 – 38　【数据写入】对话框

（3）写入注释

在【触点监控】窗口中的④（注释显示列）处按 Enter 键或双击，将显示【注释输入】对话框。输入注释后单击【登录】按钮。

5.时序图监控方法

时序图监控是对 PLC 中的设备(触点或存储单元数据)值按一定的时间间隔读取,以图形的方式表示的监控。可以通过触点 ON/OFF 状态或数据变化值的图形显示,方便地进行时序调试。

监控开始前,要进行必要的监控设备登录及相关设置,以确保能够进行实际监控。

(1) 监控设备登录方法

在菜单栏中选择【在线(L)】|【时序图监控(I)】命令,将会显示【时序图监控】窗口,如图 5-39 所示。

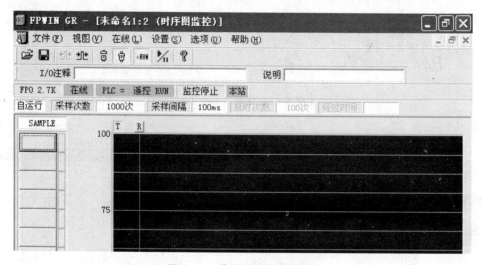

图 5-39　【时序图监控】窗口

在菜单栏中选择【设置(S)】|【设备登录】|【触点登录(R)】命令和【数据登录(D)】命令,会出现【监控设备】对话框,如图 5-40 所示。按照要求设置【设备类型】和【No.】号,确定需要进行采样的触点和数据。其中,触点登录可以对 X、Y、R 等触点或线圈进行监控,数据登录可以对数据寄存器等以字(16 bit)为单位形式进行监控。

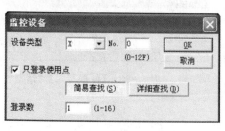

(a) 触点登录　　　　　　　　　　　　(b) 数据登录

图 5-40　【监控设备】对话框

（2）设置采样条件

选择【设置(S)】|【采样条件(C)】命令,会出现【采样条件设置】对话框,如图 5-41 所示。

图 5-41　【采样条件设置】对话框

按照要求设置采样模式、采样次数和采样间隔。其中,采样模式有自运行与跟踪两种模式;采样间隔是设置从 PLC 中获取数据至少所需要的时间间隔,不是图形周期的间隔;采样次数是设置从 PLC 中获取数据的次数,设置次数的多与少决定了时序图运行时间的长短。

在运行监控开始后,当采样次数达到所设定的次数后,会自动停止监控。如采样间隔为 100 ms,采样次数为 100 次的情况下,监控开始 10 s 后,自动停止监控。即使没有经过 10 s(或没有达到 100 次采样),如果在任意的时刻停止,也将在该时刻结束采样,显示图形结果。停止监控后,所设定的采样间隔和实际采样的平均间隔将以对话框的形式被显示。

（3）设置标尺

所谓设置标尺,是指对采样数据的显示区中的纵轴及横轴进行设置。选择【设置(S)】|【标尺(S)】命令,将会出现【标尺设置】对话框,如图 5-42 所示。其中包括设置【数据标尺(D)】和【时间标尺(T)】。

"数据标尺"是为在显示数据时设置的上、下限,相当于为显示区设定纵轴,界定数据图形纵轴方向显示的范围。设置范围为 -32 768～+32 767。当采样数据超过范围时,图形不再显示。

"时间标尺"是图形显示的间隔,决定了时序图波形周期的长短,相当于为显示区设定横轴。设置"时间标尺"时间要配合"采样间隔"时间,要求:是在"采样间隔"时间的 1～10 倍整数范围内。例如,采样间隔为 1 000 ms,则"时间标尺"设置范围应为 1000～10 000 ms。

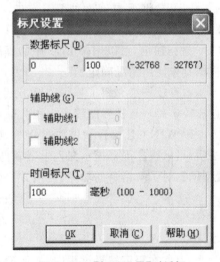

图 5-42　【标尺设置】对话框

（4）选择显示设备

在菜单栏中选择【视图(V)】|【对象(J)】命令,选择【触点(R)】、【数据(D)】或【触点+数据(L)】中某一项,确定要进行图形显示的设备。

（5）选择显示形式

在菜单栏中选择【视图(V)】|【触点显示(R)】命令,选择【采样(S)】或【锁定(L)】,确定时序图显示形式。

时序图有两种显示形式,即 SAMPLE(采样)与 LATCH(锁定)。SAMPLE 形式是对按照"采样间隔"所采集的数据,以"时间标尺"所设置的间隔不断进行检查,将该时刻的数据原样显示。LATCH 形式是对按照"采样间隔"所采集的数据,以"时间标尺"所设置的间隔不断进行检查,用图形显示出在这一段时间内的数据是否发生了变化,如果发生变化,会显示相反的结果,如果是 ON,则显示 OFF,反之亦然。因此显示的内容不是实际的 ON/OFF 状态。

(6) 监控的运行与停止

监控运行可以在菜单栏中选择【在线(L)】|【执行采样监控(M)】命令,或用鼠标单击工具栏 ⛏ 图标,或按功能键 F7。停止监控同样重复以上操作。

小　结

本章介绍了 FPWIN GR 编程软件的基本使用,主要包括软件的基本操作、常用指令的输入方法、程序修改以及程序传输与监控。

FPWIN GR 具有两种编辑方式,在线编辑方式和离线编辑方式。离线编辑是指计算机与 PLC 脱机状态下进行程序编辑,由 FPWIN GR 单独进行程序生成或编辑。在线编辑将与 PLC 进行通信,可以编辑 PLC 中的程序或对 PLC 中的数据进行监控。采取何种编辑方式,可根据具体使用情况确定。

本章较详细介绍了程序监控,分别介绍了数据监控,触点、线圈监控,以及时序图监控。通过监控实时观察梯形图程序中相关触点或数据的变化,对现场调试人员调试很有帮助。

FPWIN GR 编程软件功能合理,使用方便,读者在学习软件时,在掌握程序的基本生成方法后,可以根据屏幕提示深入学习软件使用。在没有软件使用手册情况下要学会利用软件的【帮助】,对了解指令的功能、使用方法会有很大帮助。

习题与思考题

5.1　在程序编辑过程中,如何输入 DF 与 DF/指令?

5.2　在程序编辑过程中,如何删除一段程序?

5.3　在程序编辑过程中,如何插入一条新指令?

5.4　程序编辑时要输入的指令在功能键栏中没有显示时,应该如何处理?

5.5　如何在 FPWIN GR 中删除竖线?

5.6　试编写一段程序进行触点、线圈监控,观察触点、线圈的 ON/OFF 状态。

5.7　试编写一段程序对数据寄存器 DT100 内容进行累加,并进行数据监控。

5.8　试编写一段程序进行时序图监控。

第 6 章
PLC 的应用设计

随着 PLC 的普及与推广,其应用领域越来越广泛,特别是在新建、扩建项目和设备技术改造中,大都使用 PLC 作为控制装置。本章将在前几章的基础上,从应用角度介绍 PLC 的选择、程序设计方法、步骤,以及基本应用程序,并介绍几例实际电路设计。

6.1 PLC 机型选择

6.1.1 采用 PLC 控制的一般条件

伴随着微电子技术和计算机技术的快速发展,PLC 的成本不断下降,因此促进了 PLC 的应用。但并不是所有的控制都必须使用 PLC,可以使用计算机控制或继电接触器控制。

在确定控制系统方案时,首先应明确是否有必要采用 PLC 控制。如果控制系统非常简单,所需 I/O 点很少,或者虽然 I/O 点需要较多,但控制关系非常简单,各部分之间联系很少,可以考虑不用 PLC,而采用传统的继电接触器控制。除此之外,只要满足下列情况之一,应该首选 PLC。

① 系统所需 I/O 点数较多(比如在十几个点以上),控制要求比较复杂。

② 现场处于工业环境,而又要求控制系统具有较高可靠性。

③ 系统的工艺流程可能经常发生变化,输入、输出控制量需经常调整。

④ 要求完成多种定时、计数,甚至复杂的逻辑、算术运算,以及对模拟量的控制。

⑤ 需要完成与其他设备实现通信或联网。

⑥ 系统体积很小,要求控制设备嵌入系统设备之中等。

任何一种控制设备都是为了满足控制要求,提高生产效率和产品质量。PLC 以它独有的特点,优越的性能价格比,获得人们的青睐,任何其他控制设备都无法与之抗衡。

6.1.2 PLC 机型选择的基本原则

PLC 系统是以 PLC 为核心的控制系统,系统结构包括 PLC 和输入、输出设备。完成系统的设计主要是指 PLC 的选型和程序设计。由于 PLC 应用在不同场合,有不同的工艺流程,对控制功能有不同的要求,而且程序难易程度不定,因此很难有一种固定的机型选择标准。这里只能提出几点 PLC 机型选择的基本原则,以供参考。

① PLC 机型选择主要考虑 I/O 点数。根据控制系统所需要的输入设备（如按钮、限位开关、转换开关等）、输出设备（如接触器、电磁阀、信号指示灯等）以及 A/D、D/A 转换的个数，确定 I/O 点数。一般要留有一定裕量（约占 10％），以满足今后生产的发展或工艺的改进。

② 随着 PLC 功能日益完善，很多小型机也具有了中、大型机的功能。对于 PLC 的功能选择，一般只要满足 I/O 点数，大多数机型功能也能满足。目前，大多数 PLC 机型都具 I/O 扩展模块、A/D 和 D/A 转换模块，以及高级指令、中断能力与外设通信能力。

③ PLC 一般根据 I/O 点数的不同，内存容量会有相应的差别。在选择内存容量时同样应留有一定的裕量，一般是实际运行程序的 25％。不应单纯追求大容量，以够用为原则。大多数情况下，满足 I/O 点数的 PLC，内存容量也能满足。此外，提高编程技巧，合理使用基本功能、控制、比较指令以及某些高级指令，可以大大缩短程序，节省内存空间。

④ 在 PLC 机型选取上要考虑控制系统与 PLC 结构、功能的合理性。如果是单机系统控制，I/O 点数不多，不涉及 PLC 之间的通信，但又要求功能较强，要求有处理模拟信号能力，可选择整体式机，如松下 FPX、FP0、FP1 系列，OMRON C200H 系列以及西门子 S7 - 200、三菱 FX$_{2N}$ 系列等。如果仅有开关量控制，则可选择 OMRON C 系列 P 型机、西门子 S7 - 200，三菱 F1、FX 系列等。

中、大型 PLC 一般属于模块式，配置灵活，易于扩展，但相应成本较高。

⑤ 一个企业应尽量选取同一类 PLC 机型，主要有下面 3 个方面的考虑：

· 同一机型 PLC 模块可互为备用，便于备品备件的采购管理。

· 同一机型 PLC 的功能、编程方法相同，有利于技术人员的培训和技术水平的提高。

· 同一机型的 PLC，其外围设备通用，资源共享，易于联网通信，与上位计算机配合可形成多级分布式的控制系统。

6.2　PLC 程序设计的步骤、规则及编程技巧

6.2.1　程序设计的基本步骤

PLC 程序设计的基本步骤：

① 根据控制要求，确定控制的操作方式（手动、自动、连续、单步等）、应完成的动作（动作顺序、动作条件），以及必需的保护和连锁；还要确定所有的控制参数（转步时间、计数长度、模拟量精度等）。

② 根据生产设备现场需要，把所有的按钮、限位开关、接触器、指示灯等配置，按照输入、输出分类；每一类型设备按顺序分配输入/输出地址，列出 PLC 的 I/O 地址分配表。每一个输入信号占用一个输入地址，每一个输出地址驱动一个外部负载。

③ 对于较复杂的控制系统，应先绘制出控制流程图，参照流程图进行程序设计。可以用

梯形图语言,也可以用助记符语言。

④ 对程序进行模拟调试、修改直至满足控制要求。调试时可采用分段式调试,并利用计算机或编程器进行监控。

⑤ 程序设计完成后,应进行在线统调。开始时先带上输出设备(如接触器线圈、信号指示灯等),不带负载进行调试。调试正常后,再带上负载运行。全部调试完毕,交付试运行。如果运行正常,可将程序固化到 EPROM 中,以防程序丢失。

6.2.2　程序设计的基本规则

PLC 梯形图作为一种语言,有它自己的书写规则。对此应予以注意,以保证程序的正确性。

① 梯形图按自上而下,从左到右的顺序排列。每个继电器线圈为一逻辑行,又称为一个梯级。每个梯形图由多层逻辑行组成。每一逻辑行起于左母线,经触点、线圈终止于右母线。

② 触点不能放在线圈的右边,即线圈与右母线之间不能有任何触点,如图 6-1 所示。

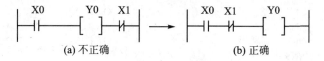

图 6-1　触点与线圈的连接规则

③ 线圈不能直接与左母线相接,如果需要,可通过一个没有使用的常闭触点或特殊继电器 R9010 相连接,如图 6-2 所示。

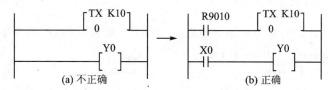

图 6-2　线圈与左母线连接规则

④ 触点可以任意串联、并联,而且同一触点可以无限次使用,如图 6-3 所示。

⑤ 输出线圈可以并联不能串联,同一输出线圈在同一程序中避免重复使用,如图 6-4 所示。

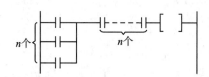

图 6-3　触点的串联、并联

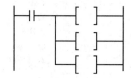

图 6-4　线圈的并联输出

6.2.3　编程技巧

在编程时采用一些处理,可使程序变得简单、直观,而且能减少内存,避免错误。下面介绍几种简化梯形图的方法。

1. 梯形图应体现"左重右轻"、"上重下轻"

将串联触点较多的支路放在梯形图上方,将并联触点较多的支路放在梯形图左边,如图 6-5 所示,可减少指令条数。

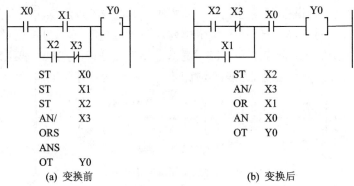

ST	X0	ST	X2
ST	X1	AN/	X3
ST	X2	OR	X1
AN/	X3	AN	X0
ORS		OT	Y0
ANS			
OT	Y0		

　　　　(a) 变换前　　　　　　　　　　　　　(b) 变换后

图 6-5　梯形图的等效变换

2. 尽量避免出现分支点梯形图

如图 6-6 所示,将定时器与输出继电器并联的上下位置互换,可减少指令条数。

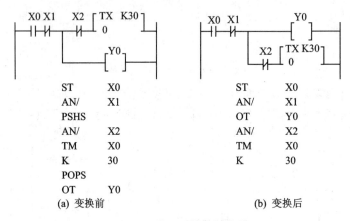

ST	X0	ST	X0
AN/	X1	AN/	X1
PSHS		OT	Y0
AN/	X2	AN/	X2
TM	X0	TM	X0
K	30	K	30
POPS			
OT	Y0		

　　　　(a) 变换前　　　　　　　　　　　　　(b) 变换后

图 6-6　梯形图的等效变换

3. 将多层控制转化为多支路控制

将图 6−7(a) 转化为图 6−7(b)，虽然指令条数增加了，但相互控制关系清晰了，使用 ANS、ORS 也容易了。

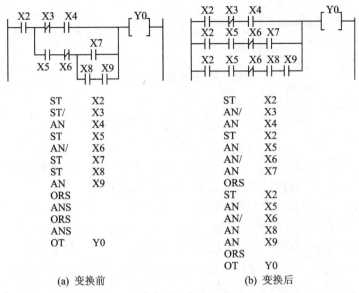

(a) 变换前　　　　　　　　　　　(b) 变换后

图 6−7　梯形图的等效变换

4. 桥式电路无法直接编程

触点垂直跨接在分支路上的梯形图，称为桥式电路，如图 6−8(a) 所示。PLC 对此无法编程，需改画成图 6−8(b)。

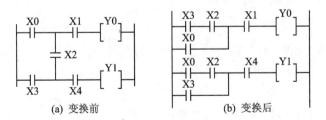

(a) 变换前　　　　　　　　(b) 变换后

图 6−8　梯形图等效变换

5. 避免输出对输入响应的滞后

由于 PLC 采用循环扫描方式，图 6−9(a) 将出现输出对输入响应的滞后现象。当第一次扫描时，尽管 X0 已经闭合，由于第一个扫描的是触点 Y0，因此输出继电器 Y1 不会接通，只有等待第二次扫描，Y1 才能接通。改画成图 6-9(b)后，如果 X0 闭合，在第一个扫描周期后，输出继电器 Y0、Y1 都可以接通。

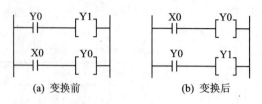

(a) 变换前　　　　　　　　　　(b) 变换后

图 6-9　梯形图等效变换

6.3　基本应用程序

可编程序控制器的编程方法主要有经验设计法和逻辑设计法。逻辑设计是以逻辑代数为理论基础，通过列写输入与输出的逻辑表达式，再转换成梯形图。由于一般逻辑设计过程比较复杂，而且周期较长，大多采用经验设计的方法。如果控制系统比较复杂，可以借助流程图。所谓经验设计是在一些典型应用程序基础上，根据被控对象对控制系统的具体要求，选用一些应用程序，适当组合、修改、完善，使其成为符合控制要求的程序。一般经验设计法没有普通的规律可以遵循，只有在大量的程序设计中不断地积累、丰富自己，并且逐渐形成自己的设计风格。一个程序设计的质量，以及所用的时间往往与编程者的经验有很大关系。

所谓基本应用程序很多是借鉴继电接触器控制线路转换而来的。它与继电接触器线路图画法十分相似，信号输入、输出方式及控制功能也大致相同。对于熟悉继电接触器控制系统设计原理的工程技术人员来讲，掌握梯形图语言设计无疑是十分方便和快捷的。

6.3.1　启动、保持、停止控制

在自动控制中，启动、保持和停止控制是常用的控制，梯形图如图 6-10 所示。其中 X0 为启动控制触点，X1 为关断控制触点，触点 Y0 构成自锁环节。应该说明，这里的 X0 是指不带自锁的点动按钮开关。由于梯形图的设计，使 X0 起到了带锁的功能。工程上使用点击按钮的场合很多。

也可通过 SET—RST 指令和 KP 指令实现，如图 6-11 所示。

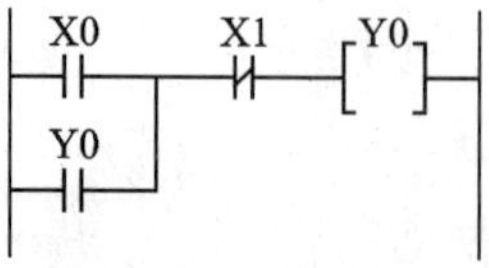

图 6-10　启动、保持、停止控制梯形图 1 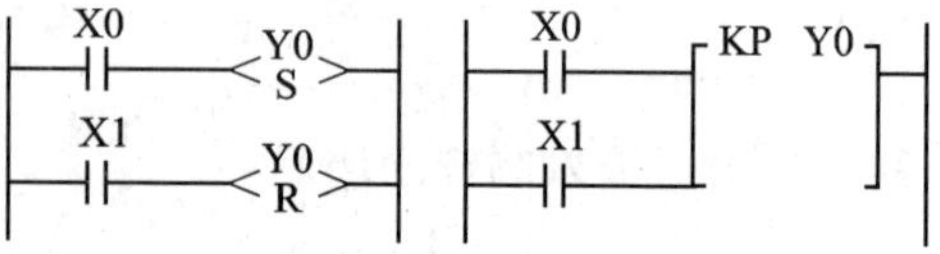　　　　**图 6-11　启动、保持、停止控制梯形图 2**

　　工程上常常使用一个按钮控制一个输出设备的启动和停止。当第一次按下按钮时启动，第二次按下按钮时关断。这样，不仅使控制台上减少按钮数量，也可节省 PLC 的输入触点。单按钮控制启动、保持、停止控制梯形图如图 6 - 12 所示。

　　图 6 - 12(a)中，当按钮第一次按下时(X0 接通)，Y0 接通；当按钮抬起时(X0 断开)，R0 接通，Y0 仍然导通。当按钮第二次按下时，Y0 关断，R0 仍然导通；当按钮再次抬起时，R0 关断。这样用一个按钮(X0 的两次接通)实现了对输出的控制。

　　图 6 - 12(b)中利用了求反指令，X0 每接通一次，Y0 的状态就发生一次改变，实现了对 Y0 的通、断控制。图 6 - 12(c)是利用微分指令实现用单按钮对 Y0 的控制。

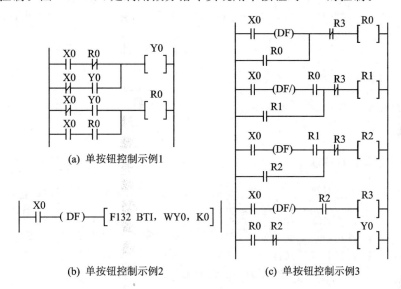

(a) 单按钮控制示例1

(b) 单按钮控制示例2

(c) 单按钮控制示例3

图 6 - 12　单按钮控制启动、保持、停止控制梯形图

6.3.2　互锁控制和互控控制

1. 互锁控制

　　在第 1 章中曾介绍过互锁电路，这里用梯形图形式给出。在图 6 - 13 中，输出继电器 Y0、Y1 不能同时接通，只要一个接通另一个就不能再启动。只有当按下停止按钮 X2(断开)后，才能再启动。互锁控制适用于电动机的正反转。

2. 互控控制

　　图 6 - 14(a)中可以启动任意一个输出继电器。如果需要启动另一个，无需按下停止按钮 X2(断开)即可直接启动，同时原已启动的输出将自行关断。若按钮 X0、X1 同时闭合，则两个

输出均不能启动。这种控制可用于当前状态下任意改变的控制对象。

图 6-14(b)中启动时,只有当线圈 Y0 接通,Y1 才能接通;切断时,只有当线圈 Y1 断电,线圈 Y0 才能断电。

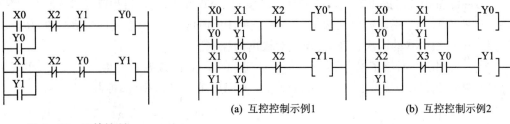

图 6-13　互锁控制

(a) 互控控制示例1　　　　(b) 互控控制示例2

图 6-14　互控控制

6.3.3　时间控制

在 PLC 的实际应用中,定时器、计数器使用很多,而且非常灵活方便。下面介绍它们的一些实用梯形图。

1. 定时器的串联与并联

FP1 系列 PLC 的定时器是通电延时型定时器。定时器输入信号一经接通,定时器的设定值不断减 1。当设定值减为零时,定时器才有输出,定时器对应的常开触点闭合,常闭触点断开。当定时器的输入信号断开时,定时器复位。当前值恢复到设定值,触点也同时复位。

定时器的串联、并联梯形图如图 6-15 所示。定时器的串联是用前一个定时器 TX0 启动下一个定时器 TX1,形成接力定时,实现"长延时"控制。其中 Y0 在 3 s 时动作,Y1 在 5 s 时动作。定时器的并联使多个输出在不同时间接通,实现多个输出的顺序启动。Y0 在 3 s 时启动,Y1 在 5 s 时启动。

定时器串联使用梯形图	助记符
	ST　X0
	TM　X0
	K　　30
	TM　X1
	K　　20
	ST　T0
	OT　Y0
	ST　T1
	OT　Y1

定时器并联使用梯形图	助记符
	ST　　X0
	PSHS
	TM　　X0
	K　　　20
	POPS
	TM　　X1
	K　　　50
	ST　　T0
	OT　　Y0
	ST　　T1
	OT　　Y1

图 6-15　定时器的串联与并联

2. 单脉冲发生梯形图

单脉冲发生梯形图如图 6 - 16 所示。控制触点 X0 每接通一次,产生一个定时的单脉冲。无论 X0 接通时间长短如何,输出 Y0 的脉宽都等于定时器设定的时间。

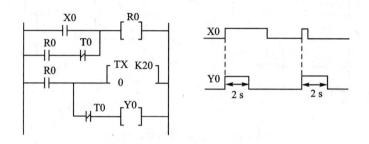

图 6 - 16　单脉冲发生梯形图

3. 占空比可调脉冲发生梯形图

当控制触点 X0 接通时,定时器 TX0 开始定时,2 s 后其常开触点 T0 接通。在启动定时器 TX1 的同时,使输出继电器 Y0 接通。3 s 后 T1 常闭触点断开,使定时器 TX0 复位。随着其常开触点 T0 的断开,使 Y0 断电同时定时器 TX1 复位。T1 常闭触点的再次闭合使定时器 TX0 又重新开始定时。如此循环下去,直至 X1 常闭触点断开。显然只要改变定时时间就可以改变脉冲周期和占空比。

占空比可调脉冲发生梯形图如图 6 - 17 所示。

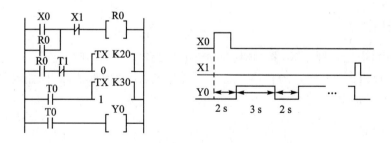

图 6 - 17　占空比可调脉冲发生梯形图

4. 定时/计数器范围的扩展

PLC 中定时时间或计数的长度都是有限的。若想获得长时间定时,或大范围计数,可以用两个或两个以上定时器或计数器级联起来。具体方法很多,仅举两例,如图 6 - 18(a)、(b)所示。

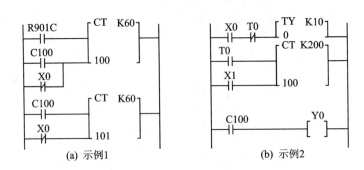

图 6 - 18　计数器、定时器组合使用

图 6 - 18(a)用两个计数器完成 1 小时定时。其中以 R901C 1 s 时钟脉冲继电器作为计数的脉冲源,X0 为控制触点。当常闭触点 X0 断开时,解除对计数器的复位控制,计数器开始计数。当计数器 CT100 计数 60 个脉冲(60 s)时,经常开触点 C100 向计数器 CT101 发去一个计数脉冲,同时使 CT100 计数器复位。CT101 对 CT100 每 60 s 产生的脉冲进行计数,计数 60 个为 1 小时(60×60＝3 600 s)。应该注意到,计数器 CT100 是利用自己的常开触点使自己复位。如果将 R901C 触点改为 X1,则可实现对 X1 的 60×60＝3 600 个的计数。

图 6 - 18(b)为定时器和计数器组成的长延时梯形图。当控制触点 X0 接通后,定时器 TY0 依靠自复位产生周期为 10 s 的脉冲序列,作为计数器的计数脉冲。当计数器 CT100 计满 200 个脉冲后,其常开触点 C100 闭合,使 Y0 接通。从 X0 接通到触点 C100 闭合,定时时间为 10×200＝2 000 s。

5. 通电延时接通

图 6 - 19 中,当控制触点 X0 接通时,R0 接通并自锁,定时器开始定时。到达 5 s(依次减 1,直至减为 0)时,T0 常开触点闭合,Y0 通电。只有当 X1 常闭触点断开,定时器复位,T0 常开触点断开,Y0 才断电。

6. 通电延时断开

图 6 - 20 中,当控制触点 X0 接通,R0、Y0 同时通电并自锁,定时器开始定时。到达 5 s 时,T0 常闭触点断开,Y0 断电。当常闭触点 X1 断开时,R0 断电,定时器复位。

7. 失电延时断开

在继电接触器控制系统中,经常会遇到失电延时断开的控制。在 PLC 中可通过梯形图设

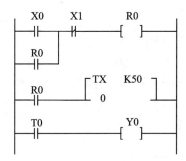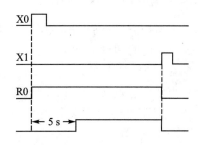

图 6 - 19　通电延时接通梯形图

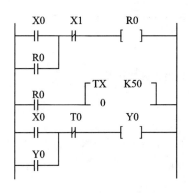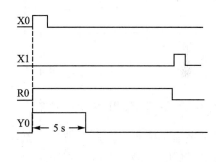

图 6 - 20　通电延时断开梯形图

计,利用定时器实现。图 6 - 21 中,当控制触点 X0 接通时,R0、Y0 同时通电并自锁。当常闭触点 X1 断开,预使 Y0 断电时,由于此时 Y0 仍在通电,使定时器开始定时。到达 5 s,T0 常闭触点断开,才使 Y0 断电。Y0 常开触点断开,使定时器复位。

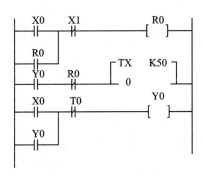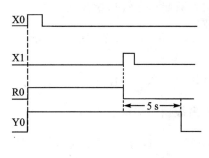

图 6 - 21　失电延时断开梯形图

8. 通电延时接通,失电延时断开

控制要求为当按下设备启动按钮时,需延长一段时间设备再启动。当按下设备停止按钮时,同样,需延长一段时间设备才关断。图 6-22 中,X0 既是启动按钮,又是停止按钮。常开触点 X0 接通,定时器 T1 开始定时,3 s 时 T1 的常开触点闭合,向 KP 指令发出置位信号,Y0 通电并保持。当常开触点 X0 断开(常闭触点 X0 闭合)时,定时器 T2 开始定时,6 s 时 T2 的常开触点闭合,向 KP 指令发出复位信号,使 Y0 失电。

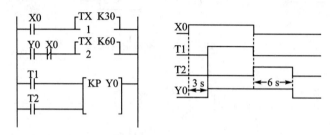

图 6-22　通电延时接通,失电延时断开梯形图

6.3.4　顺序延时接通控制

所谓顺序延时接通是指多个被控对象,相隔一定的时间,按顺序依次启动。实现这种控制的电路很多,例如,利用多个设定不同时间定时器的并联即可实现。图 6-15 已作了介绍。下面再介绍三例。

1. 用计数器实现

图 6-23 中,X0 为总控开关,当常闭触点 X0 断开时,计数器 CT100、CT101、CT102 开始计数,经过 5 s、10 s、15 s,输出继电器 Y0、Y1、Y2 顺序接通,实现顺序启动。

2. 用计数器和比较指令实现

图 6-24 中用比较指令监视计数器当前值。在 R901C 作用下,每经过 1 s 计数器减 1。当经过值寄存器 $EV100 \leqslant K40$ 时,Y0 接通;当 $EV100 \leqslant K20$ 时,Y1 接通。当计数器计满($EV100 = K0$)时,Y2 接通。

3. 用高级指令实现

图 6-25 中在执行加 1 指令时,DT0 的内容在秒信号 R901C 作用下不断加 1,F60(CMP)用来监视 DT0 的当前值。当 $DT0 = K10$ 时,Y0 接通;$DT0 = D20$ 时,Y1 接通;$DT0 = K30$ 时,Y2 接通。

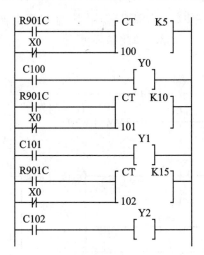

图 6 - 23　用计数器实现顺序延时接通梯形图

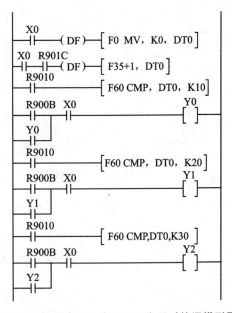

图 6 - 25　用高级指令实现顺序延时接通梯形图

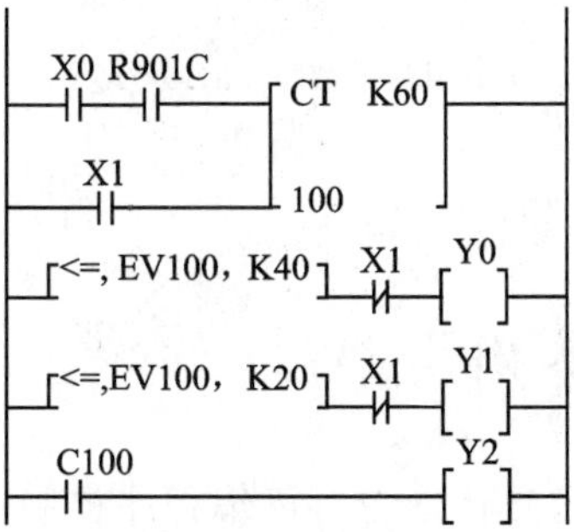

图 6 - 24　用计数器和比较指令实现
顺序延时接通梯形图

6.3.5　顺序循环控制

所谓顺序循环控制是指在控制过程中,被控对象按动作顺序完成启动、停止。当某一动作开始执行时,前一个动作应停止,如此循环往复。下面举两例说明。

1. 用左移指令 SR 实现

图 6 - 26(a)中,当控制触点 X0 接通后,由传送指令使内部继电器 R0＝1,Y0 接通。在移位脉冲 R901C 作用下,左移指令 SR 使"1"状态依次在 R1、R2、R3、R0、R1…中循环,使输出 Y1、Y2、Y3、Y0、Y1…循环接通。

2. 用左/右移指令 F119 实现

图 6 - 26(b)中,当控制触点 X0 接通后,X0 接通的上升沿使 R0 接通,传送指令 F0(MV)

将十进制常数 K1 送输出继电器 WY0，使 Y0 接通。在 F119（LRSR）作用下，输出继电器 Y0、Y1、Y2、…、Y8 顺序分别接通 1 s。当 Y8 接通时又使 Y0 接通，如此循环下去。

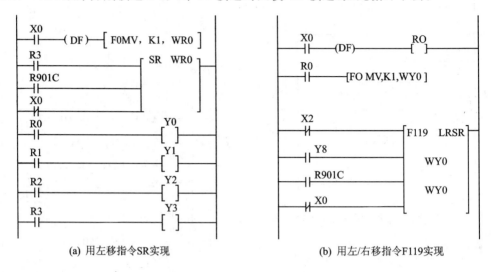

(a) 用左移指令 SR 实现　　　　　　　　(b) 用左/右移指令 F119 实现

图 6-26　顺序循环控制梯形图

6.4　应用程序举例

本节从应用的角度介绍几个 PLC 的程序实例。目的是让读者对可编程序控制器如何应用于实际，以及指令在编程中的具体运用有进一步的了解。

6.4.1　电动机正反转控制

1. 控制要求

电动机可以正向旋转，也可以反向旋转。为避免在改变旋转方向时，由于换相造成电源短路，要求电动机在正、反转状态转换前先停转，然后再换向启动。

2. I/O 分配

为满足要求，需要有 3 个按钮：正转启动按钮和反转启动按钮和停止按钮。此外，还需要有控制电动机正、反转的两个交流接触器。共需 5 个 I/O 点，其中 3 个输入，2 个输出。

输入信号：正转启动按钮 SB$_1$　　X0；

反转启动按钮 SB$_2$　　X1；

停止按钮 SB$_3$　　　　X2。

输出信号:正转交流接触器 KM₁　Y0;

反转交流接触器 KM₂　Y1。

3. 梯形图程序设计

假设按钮均采用不带自锁的按钮,梯形图增加自锁环节,梯形图如图 6－27 所示。

4. 实际接线图

在图 6－28 所示的实际接线图中,COM 端为公共端。根据 PLC 的型号不同,I/O 点数不同,输入输出接线端子有不同数量的 COM 端。各 COM 端彼此独立,可以单独使用。如果电源相同,可以共用一个 COM 端,但要考虑累积通过的电流值,应小于其允许通过的数值。

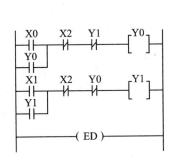

图 6－27　电动机正反转控制梯形图

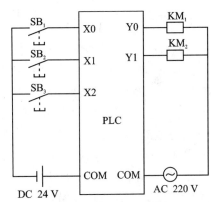

图 6－28　实际接线图

值得注意的是,梯形图中常闭触点 X2 对应的按钮 SB₃,在实际接线图中采用的是常开按钮。如第 2 章所述,只有这样才能起到利用 SB₃ 使电动机停转,或者说梯形图上的常闭触点与实际接线图中的常开按钮在逻辑上效果是一致的。

6.4.2　运料小车控制

1. 控制要求

运料小车在 A 地装料,如图 6－29 所示,20 s 后装料结束,开始右行,到达 B 地停车,开始卸料,30 s 后空车左行回到 A 地停车装料。如此往返于 A、B 两地之间。要求小车在左行、右行时,分别有指示灯显示行进方向,并且能够手动、自动控制。

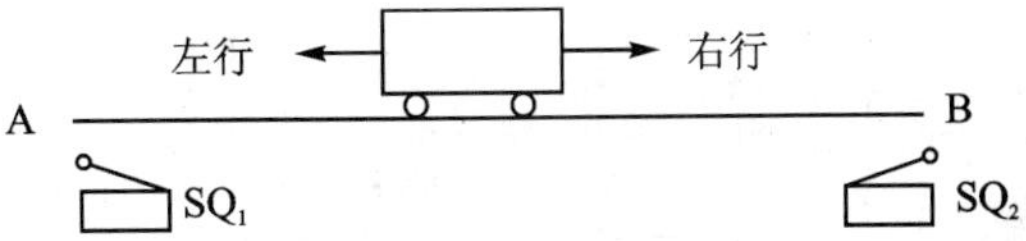

图 6－29　小车行进示意图

2. I/O 分配

为满足手动、自动控制，需要有 2 个启动按钮，2 个行程开关，1 个总停按钮，以及控制小车往返的电动机正、反转的 2 个交流接触器，指示行进方向的 2 个指示灯。共需 9 个 I/O 点，其中 5 个输入，4 个输出

输入信号：A 点启动按钮 SB_1　X0；　　　A 点行程开关 SQ_1　X2；

　　　　　B 点启动按钮 SB_2　X1；　　　B 点行程开关 SQ_2　X3；

　　　　　总停按钮 SB_3　X4。

输出信号：正转输出交流接触器 KM_1　Y0（向右行）；　　正转指示灯 HL_1　Y2；

　　　　　反转输出交流接触器 KM_2　Y1（向左行）；　　反转指示灯 HL_2　Y3。

3. 梯形图程序设计

这是典型的正、反转控制。为使小车自动停止，将行程开关 X2、X3 常闭触点分别串在两路输出线圈中，用 X2、X3 常开触点启动定时器。为使小车自启动，将定时器 T0、T1 的常开触点并联在两个启动按钮 X0、X1 两端，梯形图见图 6 - 30。

空载小车左行驶向 A 地，到达 A 地后压合行程开关 X2，使常闭触点 X2 断开，Y1、Y3 失电，小车停止左行，指示灯灭。X2 的常开触点接通定时器 TX1，开始进行装料定时。20 s 后，TX1 的常开触点 T1 闭合，使 Y0、Y2 接通，小车右行，指示灯亮。当小车右行到达 B 地后压合行程开关 X3，小车停止，指示灯灭。经过定时器 TX0 30 s 的卸料延时，使 Y1、Y3 接通，小车左行，指示灯亮。如此周而复始，直至按下停止按钮 X4 运行停止。

4. 实际接线图

实际接线图如图 6 - 31 所示。

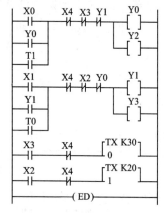

图 6 - 30　小车运动梯形图

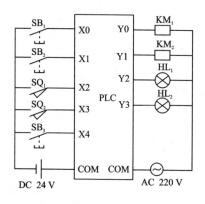

图 6 - 31　实际接线图

6.4.3　物流检测控制

1. 控制要求

有一条自动产品检测生产线,如图 6-32 所示。该生产线有 6 个工位,产品在传送带上不断向前移动。0 号工位为产品检测位,当检测到次品后,利用移位寄存器记忆这一信号。随着产品向前移动,检测的次品结果在移位寄存器中同步向前移动。当次品移动到 4 号工位时,被机械手剔除落入次品箱,然后机械手恢复初始状态。正品则一直移动到传送带终端,落入正品箱。

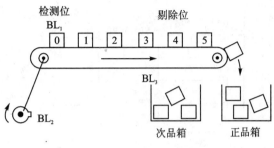

图 6-32　物流检测示意图

2. I/O 分配

根据控制要求,输入要有 3 个光电检测装置。0 号工位安装产品检测传感器 BL_1,如果有次品,将次品信号送入移位寄存器。在传送带主动轮上安装移位传感器 BL_2,产品每移动一个工位,发出一个移位脉冲,使移位寄存器的数据按一定方向移动一位。在次品箱上安装检测传感器 BL_3,一旦 4 号工位上的机械手将次品剔入次品箱中,BL_3 发出信号,解除机械手动作,使机械手恢复初态。显然,整个系统应有一总停按钮 SB,用以切断物流检测。控制机械手动作用一交流接触器 KM。共需 5 个 I/O 点,其中 4 个输入,1 个输出。

输入信号:传感器 BL_1　　X0;

　　　　　传感器 BL_2　　X1;

　　　　　传感器 BL_3　　X2;

　　　　　总停按钮 SB　　X3。

输出信号:交流接触器 KM　　Y0。

3. 梯形图程序设计

利用左移指令 SR 实现上述控制。传送带上产品每移动一个工位,X1 发出一个移位脉冲,如果是正品,X0 总是 OFF,于是 WR0 中移入"0",并且在移位脉冲 X1 作用下不断左移。如果检测到次品,X0 为 ON,则 WR0 中移入"1",并且不断左移,再经过 4 个移位脉冲,恰好使 R4=1,将 Y0 接通。机械手发出动作将次品剔除到次品箱中。次品落入箱后,X2 为 ON,使 Y0 失电,机械手恢复初始状态。X3 为 ON 时系统复位。物流检测梯形图如图 6-33(a)所示。

4. 实际接线图

物流检测实际接线图如图 6-33(b)所示。

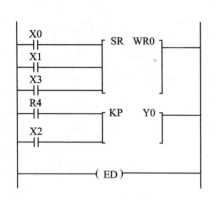

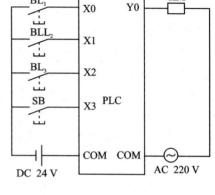

(a) 物流检测梯形图   (b) 实际接线图

图 6-33   梯形图和实际接线图

6.4.4   停车场显示装置控制

1. 控制要求

某汽车场最多能容纳 50 辆汽车,汽车场设有一入口和一出口。当有汽车驶入时,应对汽车数加 1,若有汽车驶出则应减 1。通过比较判定,如果汽车数量小于 50,允许通行的指示灯亮,表明场内仍有空余车位,汽车可以驶入;否则,禁止指示灯亮,表示车库已满,禁止汽车驶入。

2. I/O 分配

根据控制要求,应该在汽车场的入口和出口分别安装检测传感器,作为 PLC 的输入信号,用于允许通行指示和禁止通行指示的两个灯信号,与 PLC 的两个输出端相接。共需 4 个 I/O 点,其中 2 个输入,2 个输出。

输入信号:汽车入口检测传感器 BL_1 X0;
　　　　　汽车出口检测传感器 BL_2 X1。
输出信号:允许通行指示灯 HL_1 Y0;
　　　　　禁止通行指示灯 HL_2 Y1。

3. 梯形图程序设计

由于汽车驶入、驶出是单一数量,因此,可以利用加 1 和减 1 指令对数据寄存器 DT0 进行数据操作。再利用比较指令判定 DT0 中的数据是否等于 50，以决定汽车能否允许进入。梯形图见图 6 - 34。实际接线图略。

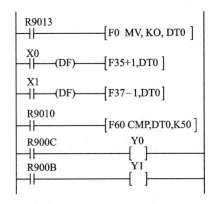

图 6 - 34　停车场显示装置控制梯形图

6.4.5　多台电动机启动、停止控制

1. 控制要求

某工业控制中有 4 台电动机，要求按规定的时间顺序启动，逆序关断，由一个按钮控制。启动时按顺序，每隔 20 s 启动一台电动机，直到电动机全部启动完，进行正常运行。关断时按逆序，每隔 20 s 停一台电动机，前一台电动机没有停下，后一台电动机不能停止。直到电动机全都停止。

2. I/O 分配

根据控制要求，电动机的启动和关断用一个按钮控制，因此，PLC 只有一个输入信号。4 台电动机分别经 4 个交流接触器控制，PLC 需用 4 个输出端，共需 I/O 点 5 个，其中 1 个输入，4 个输出。

输入信号：启动和停止按钮 SB　　　X0。

输出信号：第 1 台控制电动机的接触器 KM$_1$　　　Y0；

　　　　　第 2 台控制电动机的接触器 KM$_2$　　　Y1；

　　　　　第 3 台控制电动机的接触器 KM$_3$　　　Y2；

　　　　　第 4 台控制电动机的接触器 KM$_4$　　　Y3。

3. 梯形图程序设计

由于启动和关断都要顺序执行，并且还要满足一定的时间间隔，所以采用步进指令并结合定时器进行程序设计。考虑到电动机的启动和关断可以是两个系统，所以将步进指令的程序设计分为两级,一级是启动,二级是关断,使两部分程序彼此独立、层次分明。

由于两级程序中都要对同一输出继电器进行控制,因此,不能采用 OT 指令,而使用 SET 和 RST 指令,可以满足对同一输出继电器的重复操作。

多台电动机启动、停止控制梯形图及时序图见图 6 - 35。

实际接线图略。

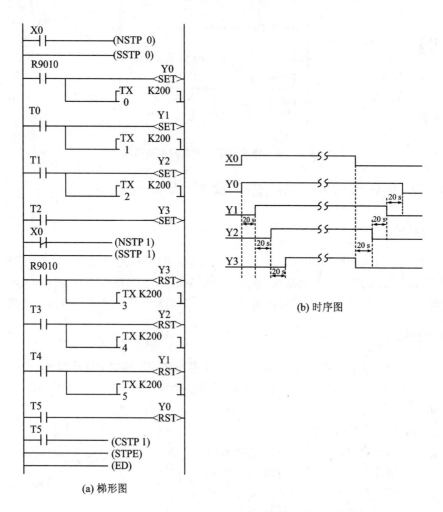

(a) 梯形图

(b) 时序图

图 6 - 35   多台电动机启动、停止控制

6.4.6　广场喷泉控制

1. 控制要求

某广场喷泉由三组喷头组成,三组喷泉喷头分布如图 6-36 所示。

喷射规律:启动后,1 组工作 5 s 后停止,同时启动 2 组和 3 组工作,5 s 后 2 组停止,再经过 5 s 后 3 组停止,而后 1 组和 2 组同时工作,再经 2 s 后 3 组也工作。在 3 组持续工作 5 s 后全部停止。再经过 3 s 后 1 组又重复前述过程,直至关断系统。工作时序图如图 6-37 所示。

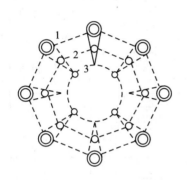

图 6-36　喷泉喷头分布图

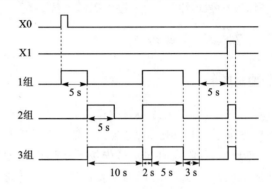

图 6-37　工作时序图

2. I/O 分配

根据控制要求,系统应该设有启动按钮及关断按钮。

输入信号:启动按钮 SB1　X0;
　　　　　关断按钮 SB2　X1。

输出信号:1 组喷头电磁阀　Y1;
　　　　　2 组喷头电磁阀　Y2;
　　　　　3 组喷头电磁阀　Y3。

3. 梯形图程序设计

喷泉控制梯形图设计如图 6-38 所示。

根据工作时序图 6-37,可以看出该控制是一典型顺序控制,每一个动作开始和结束都在不同时间控制下完成。从时间的分段看出,可选用 6 个定时器,经过动作分解,定时器与输出关系可概括如下:

① 按下 X0,Y1 启动,同时 T0 开始定时。

② T0＝5 s→Y1 关断,同时启动 Y2 和 Y3,并且 T1 开始定时。

③ T1＝5 s→Y2 关断,同时 T2 开始定时。

④ T2＝5 s→Y3 关断,同时启动 Y1 和 Y2,并且 T3 开始定时。

⑤ T3＝2 s→Y3 启动,并且 T4 开始定时。

⑥ T4＝5 s→ Y1、Y2、Y3 关断,T5 开始定时。

⑦ T5＝3 s→所有定时器复位,Y1 再次启动,T0 再次定时,以次循环往复,直至按下 X1,系统关断。

6.4.7　抢答器控制

1. 控制要求

有 4 个抢答台,在主持人的主持下,参赛人通过抢先按下抢答按钮回答问题。当主持人按下开始抢答按钮后,抢答开始,并限定时间。最先按下按钮的由七段显示器显示该台台号,同时蜂鸣器发出音响,其他抢答按钮被视作无效。如果在限定时间内各参赛人均不能回答,10 s 后蜂鸣器发出音响,此后抢答无效。如果在主持人未按下开始按钮之前,有人按下抢答按钮,则属违规,在显示该台台号的同时,蜂鸣器响,违规指示灯闪烁,其他按钮不起作用。

各台号数字显示的消除、蜂鸣器音响及违规指示灯的关断,都要通过主持人去按下复位按钮。

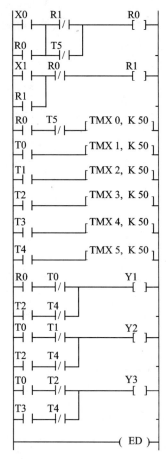

图 6-38　广场喷泉控制梯形图

2. I/O 分配

根据控制要求,输入要有主持人控制的抢答开始按钮、复位按钮以及 4 个参赛人的抢答按钮;输出要有蜂鸣器、违规指示灯以及七段数字显示。共需 15 个 I/O 点,其中 6 个输入,9 个输出。

输入信号:抢答开始按钮 SB0　X0;　　3 号台抢答按钮 SB3　X3;

　　　　　1 号台抢答按钮 SB1 X1;　　4 号台抢答按钮 SB4　X4;

　　　　　2 号台抢答按钮 SB2 X2;　　复位按钮 SB5　　　　X5。

输出信号:蜂鸣器　Y0;

　　　　　七段显示

a——Y1，b——Y2，c——Y3，d——Y4，e——Y5，f——Y6，g——Y7

违规指示灯 HL　Y8。

3. 梯形图程序设计

抢答按钮 X1～X4 通过内部继电器 R1～R4，与七段显示输出 Y1～Y7 相接。数码显示 1、2、3、4 对应 bc、abged、abgcd、fgbc，与此相对应的输出为 Y2Y3、Y1Y2Y7Y5Y4、Y1Y2Y7Y3Y4 和 Y6Y7Y2Y3Y。抢答器控制梯形图 I 见图 6-39。

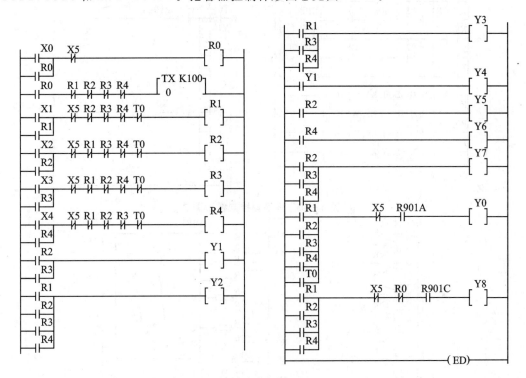

图 6-39　抢答器控制梯形图 I

抢答器程序设计也可采用 KP 指令和 F91（SEGT）七段解码指令编写，I/O 点分配同前，抢答器控制梯形图 II 见图 6-40。

4. 实际接线图

抢答器实际接线图如图 6-41 所示。

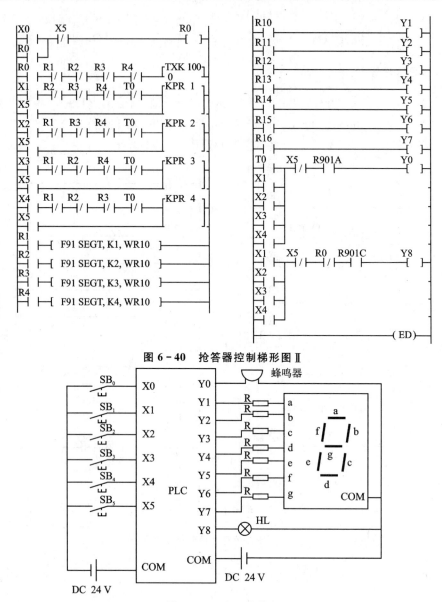

图 6 - 40　抢答器控制梯形图Ⅱ

图 6 - 41　实际接线图

6.4.8　小车自动寻址控制

1. 控制要求

某自动生产线通过轨道小车在 5 个工作站之间进行自动送货,各工作站设有呼叫按钮和位置开关。当工作站操作人员需要小车送货时,按下本站呼叫按钮,小车将自动寻址向呼叫站方向运行,到达后通过位置开关发出信息停车。两点说明:

① 小车初始位置可以停在任意工作站,只有当系统启动按钮动作后,小车方可接受工作站呼叫运行。

② 设小车停靠在 n 号站,m 号站呼叫,即 SQn 压合,SBm 呼叫。当 $m>n$ 时,小车顺时针运行至 m 号站停车;当 $m<n$ 时,小车反时针运行至 m 号站停车;当 $m=n$ 时,小车保持原地不动。

轨道小车自动寻址示意图如图 6 - 42 所示。

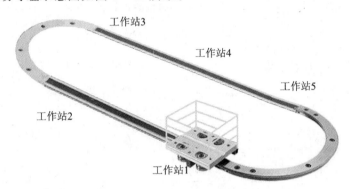

图 6 - 42 轨道小车自动寻址示意图

2. I/O 分配

根据控制要求,控制系统应设有系统启动按钮,5 个工作站有 5 个呼叫按钮和 5 个位置开关,以及控制小车往返的电动机正、反转的 2 个交流接触器,共需 13 个 I/O 点,其中 11 个输入,2 个输出。

输入信号:系统启动按钮 SA   X0;

1 站呼叫按钮 SB1 X1;	1 站位置开关 SQ1 XA;
2 站呼叫按钮 SB2 X2;	2 站位置开关 SQ2 XB;
3 站呼叫按钮 SB3 X3;	3 站位置开关 SQ3 XC;
4 站呼叫按钮 SB4 X4;	4 站位置开关 SQ4 XD;
5 站呼叫按钮 SB5 X5;	5 站位置开关 SQ5 XE。

输出信号:正转交流接触器 KM1   Y1;
　　　　　反转交流接触器 KM2   Y2。

3. 梯形图程序设计

轨道小车自动寻址控制梯形图如图 6 - 43 所示。

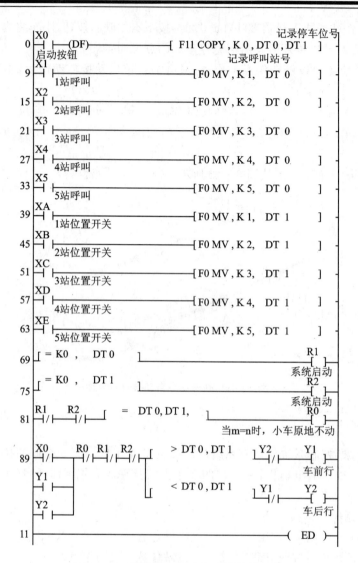

图 6 - 43 轨道小车自动寻址控制梯形图

梯形图程序说明:

① 按下 X0,瞬间 DT0=DT1=0,瞬间 R1=R2=1,Y1=Y2=0;但是,由于车停靠某站 DT1≠0,R2 立即失电,为运行做好准备,表明系统开启。

② 设车停 1 号站压合 XA,DT1=1;若 4 号站呼叫 X4=1,则 DT0=4。R1、R2 失电,DT0>DT1,Y1 得电自锁,小车顺时针运行到 4 号站,压合 XD 停,DT1=4。此时 DT0=DT1=4,R0 得电,Y1 失电停车;若 2 号站又呼叫 X2=1,则 DT0=2。DT0<DT1,Y2 得电,小车反时针运行到 2 号站停,以此下去。

③ 若停在 2 号站(DT1=2),又在 2 号站呼叫(DT0=2),$m=n$,则 DT0=DT1,R0 得电,Y1、Y2 不能启动,车不动。

存在问题:

① 车在行进中若按下启动开关 X0,会造成 DT0=DT1=0,R1=R2=1,车立即停止,不能停靠到站。

解决办法:可在第 0 步 X0 后串接 Y0、Y1 常闭触点,确保小车停靠到站。

② 在小车运行时,又按下第二次呼叫,将响应第二次呼叫。

解决办法:将各呼叫信号通过内部继电器 R 自锁,并使相互之间加入互锁。

6.4.9 密码锁程序设计

1. 控制要求

密码锁一般由若干数字、符号按键组成,外观图如图 6-44 所示。当在规定时间内按下按键顺序和次数与设计要求相同时,门锁打开,否则不能开启并发出报警。

本设计选取 6 个按键,其中包括启动、复位各一个,密码输入 4 个。启动按键选用♯字键,复位键选用 ＊ 字键,密码键选用 2、4、6、8 号键。要求密码锁在按下启动键后,10 s 内完成密码输入。

密码锁设计要求:

① 密码键按键顺序为 2、4、6、8 号键;

② 开锁条件为 2 号键按下 3 次,4 号键按下 1 次,6 号键按下 2 次,8 号键按下 4 次,总次数 10 次;

图 6-44　密码锁门控设备外观图

③ 报警条件为超过 10 s 或按键按动总次数超过 10 次;

④ 按下复位键系统进行复位,再次按下启动键可重新输入密码。

2. I/O 分配

根据控制要求,6 个按键作为输入,锁具驱动和报警作为输出,共需 8 个 I/O 点,其中 6 个输入,2 个输出。

输入信号:2 号键　X0;　　4 号键　X1:

　　　　　6 号键　X2;　　8 号键　X3;

　　　　　启动键♯字键　X4;　　复位键＊字键　X5。

输出信号:锁具驱动　Y1;　　报警器驱动　Y2。

3. 梯形图程序设计

密码锁控制梯形图如图 6-45 所示。

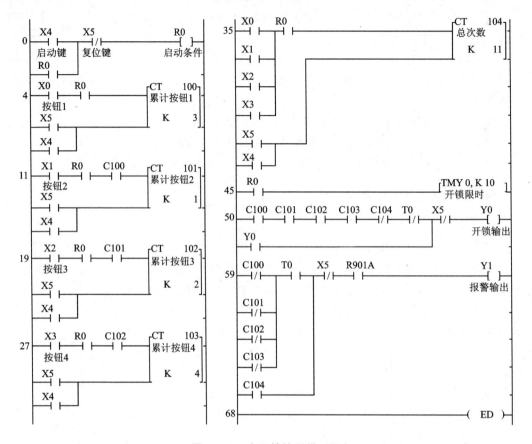

图 6 - 45 密码锁控制梯形图

梯形图程序说明:

① 根据设计要求应采用 5 个计数器,其中 4 个分别累计各开锁按键按动次数,一个用于记录总按动次数。时间设定要采用一个定时器。

② 为实现顺序按压,应将前一计数器常开触点串在后一计数器计数输入端,作为顺序按压条件。只有当前一按键按动次数正确,才可启动后面计数器。

③ 按动按键总次数超过设定的 10 次,说明至少有一个按钮次数超过设定值,应启动报警。

6.4.10 投票表决系统程序设计

1. 控制要求

投票表决系统应用范围很广,可用于决策部门进行投票、选举、表决,如人大投票选举、项目评估表决等。该投票表决设有 6 位投票人,每个投票人有"同意"和"反对"两个按钮。不单独设置"弃权"按钮,不选择即视为弃权。另设有系统"开始"和"结束"两个控制按钮。

按下"开始"按钮,投票系统被启动,投票人投票有效。投票人若先后两次按下不同按钮则视为弃权,多次按下同一按钮,只计一次,不重复统计。

投票系统设置投票时间限定,系统启动后计时 30 s,各投票人需在限定时间内完成投票选举,时间到会自动显示投票结果,同时封锁各投票按钮,即使再次按动投票按钮也不会改变投票结果。按下"结束"按钮,系统恢复初始状态,为再次投票做好准备。

投票后显示结果如下:

- 同意票多于反对票,输出"通过"灯亮;
- 同意票少于反对票,输出"否决"灯亮;
- 同意票等于反对票,输出"无效"灯亮。

2. I/O 分配

根据要求,输入有"开始"、"结束"2 个控制按钮,6 位投票人"同意"、"反对"各 6 个表决按钮;输出"通过"、"否决"、"无效"3 个指示灯。共需 17 个 I/O 点,其中 14 个输入,3 个输出。

输入信号:主持人"开始"按钮 SB_0　　X0;　　3 号投票人反对按钮 SB_7　　X7;

　　　　　主持人"结束"按钮 SB_1　　X1;　　4 号投票人同意按钮 SB_8　　X8;

　　　　　1 号投票人同意按钮 SB_2　　X2;　　4 号投票人反对按钮 SB_9　　X9;

　　　　　1 号投票人反对按钮 SB_3　　X3;　　5 号投票人同意按钮 SB_{10}　　XA;

　　　　　2 号投票人同意按钮 SB_4　　X4;　　5 号投票人反对按钮 SB_{11}　　XB;

　　　　　2 号投票人反对按钮 SB_5　　X5;　　6 号投票人同意按钮 SB_{12}　　XC;

　　　　　3 号投票人同意按钮 SB_6　　X6;　　6 号投票人反对按钮 SB_{13}　　XD。

输出信号:"通过"指示灯 HL_1　　Y0;

　　　　　"否决"指示灯 HL_2　　Y1;

　　　　　"无效"指示灯 HL_3　　Y2。

3. 梯形图程序设计

统计投票方法很多,可以用加法指令、计数器指令等,本例采用 F135(BCU)16 位数据中"1"位数统计指令。投票表决系统梯形图如图 6 - 46 所示。

6.4.11　机械手控制

1. 控制要求

机械手是典型的机电一体化设备,在许多生产线上用它来代替手工操作。图 6 - 47 所示为机械手工作示意图。

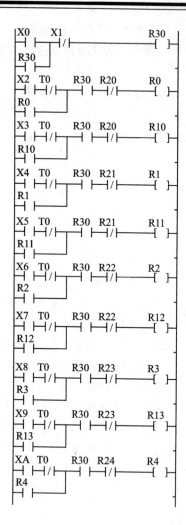

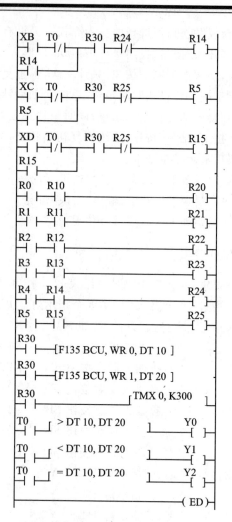

图 6 - 46　投票表决系统梯形图

　　它的基本工作要求是将传送带 A 上的工件抓起传送到传送带 B 上。传送带 B 是连续运行的;传送带 A 每送一个工件到位后停止运行。当机械手取走工件后再传送下一个工件。

　　机械手动作顺序:机械手空手处于原点(上升位置),然后左旋、下降、

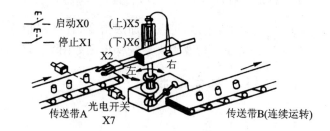

图 6 - 47　机械手工作示意图

抓紧工件、上升、右旋、下降、松开工件，由此完成一个动作周期。如此周而复始，直至操作人员按下停止按钮，系统停止工作。

2. I/O 分配

根据控制要求，作为输入信号的应该有：机械手上的 5 个限位开关 SQ1～SQ5，分别用来检测抓动作、左旋、右旋、上升、下降。传送带 A 上的光电开关 SQ6，用来检测工件是否到位，如果到位则传送带 A 运行停止。此外，系统需要有启动和停止按钮。作为输出信号应该有：控制传送带 A 运动的输出，驱动机械手左旋、右旋、上升、下降、抓动作、放动作的输出。共需 15 个 I/O 点，其中 8 个输入，7 个输出。

输入信号：启动按钮 SB1 　　　　　X0；　　右旋限位行程开关 SQ3　X4；

停止按钮 SB2 　　　　　X1；　　上升限位行程开关 SQ4　X5；

抓动作限位行程开关 SQ1　X2；　　下降限位行程开关 SQ5　X6；

左旋限位行程开关 SQ2　X3；　　物品检测光电开关 SQ6　X7。

输出信号：传送带 A 运行 　　　　Y0；　　驱动手臂上升　　　　　Y3；

驱动手臂左旋 　　　　Y1；　　驱动手臂下降　　　　　Y4；

驱动手臂右旋 　　　　Y2；　　驱动机械手抓紧　　　　Y5；

驱动机械手放开 　　　Y6。

3. 梯形图程序设计

根据控制要求，可画出机械手动作时序，如图 6-48 所示。

若经光电检测 X7 确定传送带 A 上的工件已经传送到位，传送带 A 停止运行。而在此之前，如果机械手臂已左旋到位（X3 动作），并且机械手也已下降到位（X6 动作），则机械手开始抓工件（Y5 动作）。当抓紧限位 X2 动作时，手臂开始上升（Y3 接通）；当上升到位 X5 动作，手臂开始向右旋转（Y2 接通），右旋到位时 X4 动作，手臂开始下降（Y4 动作）；当下降到位 X6 动作时，驱动机械手将工件放在传送带 B 上（Y6 动作），并且启动一个定时器，延时 2 s 后机械手上升；当上升到位向左旋转，左旋到位开始下降至下限位，启动传送带 A 送来一个工件。如此循环往复。

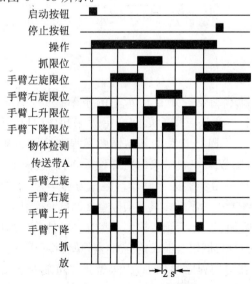

图 6-48　机械手动作时序图

　　根据机械手动作时序图可以用两种指令编写，即步进指令和移位指令。用步进指令可以使动作顺序有条不紊，一环紧扣一环，表现出步进指令的优点。这样，即使有误操作也不会造成动作混乱，因为上步动作未完成下一步动作不可能开始，如图 6-49 所示。图 6-50 采用移位指令，程序简捷，结构清晰。

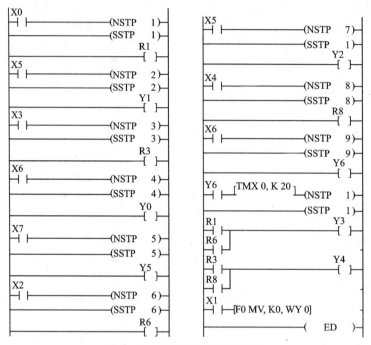

图 6-49　机械手控制梯形图 I

小　结

　　随着工业控制自动水平的不断提高，PLC 应用愈加广泛，但并非所有的控制必须使用 PLC。本章从应用的角度介绍了采用 PLC 作为控制装置的条件。这些正是 PLC 的优势所在。关于 PLC 选型的基本原则和程序设计的基本步骤，只能作为一种参考。考虑到控制形式的不同，以及控制对象的特殊性等，可以脱离本章中所述的要求，根据需要进行选型；根据某些习惯按一定步骤进行设计。但作为初学者，掌握一些基本原则是十分重要的。

　　本章介绍了较多具有实际意义的单元梯形图。其目的一方面是加深读者对指令的了解、运用，另一方面也希望为读者提供一些有参考价值的程序。因为任何一个复杂程序，往往都是由一些典型单元梯形图组合而成的。当各种单元梯形图累积达到一定量时，程序的设计将会得心应手。

　　在应用程序举例中，力求做到尽可能接近实际，突出设计过程，希望给读者提供一些具体的方法和思路，最终达到加深对编程的认识和理解，为分析和设计程序奠定基础。

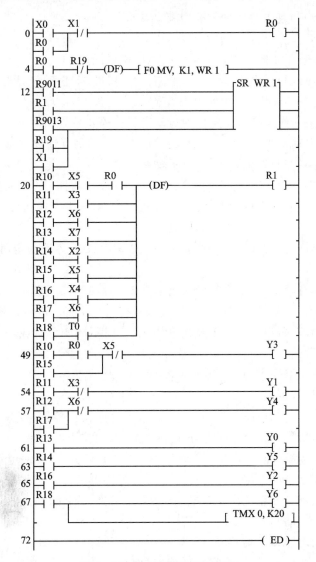

图 6-50　机械手控制梯形图 Ⅱ

编程的过程是繁杂的,只有在实践中不断探索,才能积累经验。

习题与思考题

6.1　在什么条件下应采用 PLC 控制?

6.2　PLC 选型主要应考虑哪些因素?

6.3　程序设计的基本步骤是什么?

6.4　PLC 程序设计基本规则的主要内容是什么？

6.5　简述几种编程技巧。

6.6　定时器、计数器如何实现自复位？试画出梯形图。

6.7　设计一个通电和断电均延时的梯形图。当 X0 由断变通,经延时 10 s 后 Y0 再得电；当 X0 由通变断,经延时 5 s 后 Y0 再断电。

6.8　设计一个关断优先和启动优先的启动、保持、停止控制的梯形图。

6.9　设计一个电动机 M1 与电动机 M2 不能同时启动的互锁控制梯形图。

6.10　有一个升降控制系统,要求可以手动和自动控制。在自动控制时,要求上升 10 s,停 5 s,下降 10 s,停 10 s,循环往返 10 次停止运行。试设计其梯形图。

6.11　试设计一个占空比可调发生电路,周期为 10 s,其中使输出接通时间为 6 s,关断时间为 4 s,设计梯形图。

6.12　有 4 只彩灯,依次点亮循环往复。每只灯只亮 1 s,分别用定时器和移位寄存器指令实现。

6.13　某广告牌有 6 个字,每个字依次显示 0.5 s 后,6 个字一起显示 2 s,再以 0.1 s 的速度闪烁 2 s,然后全灭。0.5 s 后再从第一字开始显示,重复执行。试设计梯形图。

6.14　有 6 组彩灯,每组由若干个发光管构成,各组不同颜色构成一幅图案。要求:各组按顺序点亮,形成一种流动效果；每 0.1 s 移动一组灯位,每组亮 1 s。在时间控制下,有两种点亮方式。开始时每组顺序点亮,经 10 s 后,每次顺序点亮两组灯。经 10 s 后再每组顺序点亮,以此循环。试设计梯形图。

6.15　试设计一个控制电路。有 3 台电动机,用一个按钮控制。第一次按下按钮时,M1 启动；第二次按下时,M2 启动；第三次按下时,M3 启动；再按下时 3 台电动机停转。

6.16　有两台电动机,电动机 M1 启动后运行 20 s 停止,同时使电动机 M2 启动,运行 20 s 停止,再使 M1 启动,重复执行 10 次停止。试设计梯形图。

6.17　有一个自动控制系统由 3 台电动机拖动。控制要求如下:

① M1、M2 同时启动。

② M1、M2 启动后,M3 才能启动。

③ 停止时,M3 先停,隔 10 s 后 M1、M2 同时停止。

试设计梯形图。

6.18　有 3 个通风机,设计一个监视系统,监视通风机的运转。如果两个或两个以上在运转,则信号灯持续发光；如果只有一个通风机运转,则信号灯就以 2 s 的时间间隔闪烁；如果 3 个通风机都停转,则信号灯就以 0.5 s 的时间间隔闪烁。试设计梯形图。

第 7 章
其他常见 PLC 产品

PLC 产品种类和规格繁多,制造商也很多,产品各有千秋,但总体而言,所有 PLC 的结构组成和工作原理基本相同,使用方法、基本指令和一些常用功能指令也基本相同,只是在表达方式上略有差别。当掌握了一种 PLC 的功能和应用后,学习其他 PLC 就非常容易了。本章主要介绍目前应用比较多的西门子公司的 S7 系列、三菱公司的 FX_{2N} 系列以及 OMRON 公司 CPM1A 系列 PLC 产品的基本结构和指令系统,供读者选择学习和参考。与松下公司系列相同或类似的内容不再作介绍。

7.1 西门子 S7 - 200 系列 PLC

西门子公司 S7 - 200 PLC 属于小型化 PLC,可应用于各行各业及各种场合中的自动检测、监测及控制等。S7 - 200 PLC 的强大功能使其无论单机运行还是联成网络都能实现复杂的控制功能。

7.1.1 S7 - 200 系列 PLC 概述

S7 - 200 系列的 PLC 采用整体式结构,紧凑的设计、良好的扩展性以及强大的指令集使其成为性价比很高的小型 PLC。此外,丰富的 CPU 类型使其在解决用户的工业自动化问题时,具有很强的适应性。图 7 - 1 所示为一台 S7 - 200 PLC 主机结构外形图。

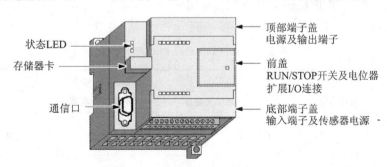

图 7 - 1   S7 - 200 PLC 主机结构外形图

一台 S7 - 200 PLC 把 CPU、电源和输入/输出(I/O)集成在一个紧凑、独立的设备中。各主要部件功能如下：

CPU：中央处理器，用于执行程序和存储数据。

输入/输出：输入部分是从现场设备采集信号，输出部分则对现场设备进行控制，驱动外部负载。

电源：向 CPU 及其所连接模块提供电力。

通信端口：与编程设备或外部设备进行通信。还可以支持 PPI、MPI 通信协议，有自由通信能力。用于连接编程器、文本/图形显示器以及 PLC 网络等外部设备。

状态信号灯：显示 CPU 工作模式（运行或停止）、输入状态指示及输出状态指示。

7.1.2　S7-200 系列 PLC 的硬件配置

1. S7-200 系列 PLC 硬件组成

（1）基本单元

CPU221——有 6 输入/4 输出，I/O 共计 10 点，无扩展能力，程序和数据存储容量较小，有一定的高速计数处理能力，非常适合于点数少的控制系统。

CPU222——有 8 输入/6 输出，I/O 共计 14 点。与 CPU221 相比，它可以进行一定模拟量的控制和 2 个模块的扩展，因此是应用更广泛的全功能控制器。

CPU224——有 14 输入/10 输出，I/O 共计 24 点。与前两者相比，存储容量扩大了 1 倍，可以有 7 个扩展模块；有内置时钟，有更强的模拟量和高速计数的处理能力，是使用最多的一款 S7-200 产品。

CPU226——有 24 输入/16 输出，I/O 共计 40 点。与 CPU224 相比，增加了通信口的数量，通信能力大大增强。它可用于点数较多、要求较高的小型或中型控制系统。

CPU226XM ——西门子公司后来推出的一种增强型主机，在用户程序存储容量和数据存储容量上进行了扩展，其他指标和 CPU226 相同。

S7-200 系列 PLC 基本单元如表 7-1 所列。

表 7-1　S7-200 系列 PLC 基本单元

型　号		输入点数	输出点数	扩展模块数量
继电器输出	晶体管输出			
CPU221 AC/DC/Relay	CPU221 DC/DC/DC	6	4	—
CPU222 AC/DC/Relay	CPU222 DC/DC/DC	8	6	2
CPU224 AC/DC/Relay	CPU224 DC/DC/DC	14	10	7
CPU226 AC/DC/Relay	CPU226 DC/DC/DC	24	16	7
CPU226XM AC/DC/Relay	CPU226XM DC/DC/DC	24	16	7

（2）扩展单元

S7 - 200 系列 PLC 有 6 种扩展单元,其中包括数字量扩展模块和模拟量扩展模块,它们本身没有 CPU,只能与基本单元相连接使用。S7 - 200 系列 PLC 扩展单元型号及输入/输出点数的分配如表 7 - 2 所列。

表 7 - 2　S7 - 200 系列 PLC 扩展单元型号及输入/输出点数

类　型	型　号	输入点数	输出点数
数字量扩展模块	EM221	8	无
	EM222	无	8
	EM223	4/8/16	4/8/16
模拟量扩展模块	EM231	3	无
	EM232	无	2
	EM235	3	1

由表 7 - 2 可见,EM221 有 8 个输入端子,没有输出端子;EM235 有 3 个 A/D 转换,1 个 D/A 转换。

2. S7 - 200 系列 PLC 主要技术性能

（1）一般性能

S7 - 200 系列 CPU 的一般性能指标如表 7 - 3 所列。

表 7 - 3　S7 - 200 系列 CPU 的一般性能指标

特　性		CPU221	CPU222	CPU224	CPU226	CPU226XM
程序存储区/字		2 048	2 048	4 096	4 096	8 192
数据存储区/字		1 024	1 024	2 560	2 560	5 120
掉电保护时间/h		50	50	190	190	190
本机 I/O		6 入/4 出	8 入/6 出	14 入/10 出	24 入/16 出	24 入/16 出
高速计数器	单相	4 路 30 kHz	4 路 30 kHz	6 路 30 kHz	6 路 30 kHz	6 路 30 kHz
	双相	2 路 20 kHz	2 路 20 kHz	4 路 20 kHz	4 路 20 kHz	4 路 20 kHz
脉冲输出(DC)		2 路 20 kHz	2 路 20 kHz	2 路 20 kHz	2 路 20 kHz	2 路 20 kHz
模拟电位器		1	1	2	2	2
实时时钟		配时钟卡	配时钟卡	内置	内置	内置
通行接口		1 RS - 485	1 RS - 485	1 RS - 485	2 RS - 485	2 RS - 485

（2）输入特性

以 CPU224 为例来说明 S7 - 200 系列 PLC 的输入特性,如表 7 - 4 所列。

表 7-4　CPU224 的输入特性

类　型	源型或漏型
输入电压	DC 24 V,逻辑 1 信号:14~35 V;逻辑 0 信号:0~5 V
隔离	光耦隔离,6 点和 8 点
输入电流	"1 信号":最大 4 mA
输入延迟(额定输入电压)	所有标准输入:全部 0.2~12.8 ms(可调节) 中断输入:(I0.0~0.3)0.2~12.8 ms(可调节) 高速计数器:(I0.0~0.5)最大 30 kHz

（3）输出特性

以 CPU224 为例来说明 S7-200 系列 PLC 的输出特性,如表 7-5 所列。

表 7-5　CPU224 的输出特性

类　型	晶体管输出型	继电器输出型
额定负载电压	DC 24 V(20.4~28.8 V)	DC 24 V(4~30 V) AC 24~230 V(20~250 V)
公共端输出电流总和	3.75 A	8.0 A
隔离方式	光耦隔离	继电器隔离
最大输出电流	"1 信号":0.75 A	"1 信号":2 A
最小输出电流	"0 信号":10 μA	"0 信号":0 mA
输出开关容量	阻性负载:0.75 A 灯负载:5 W	阻性负载:2 A 灯负载:DC 30 W,AC 200 W

（4）扩展单元的主要技术特性

S7-200 系列 PLC 为模块式结构,可以通过配接各种扩展模块来达到扩展功能、扩大控制能力的目的。S7-200 系列主要有三大类扩展模块。

1）输入/输出扩展模块

当主机单元模板上的输入/输出点数不够时,或者涉及模拟量控制时,除了 CPU221 外,可以通过增加扩展单元模板的方法,对输入/输出点数进行扩展。

在进行 I/O 扩展时,要考虑以下几个因素:

① CPU 主机模板所能扩展的模块数;

② CPU 主机模板的映像寄存器的数量;

③ CPU 主机模板在 5 V DC 下所能提供的最大扩展电流。

CPU22X 系列扩展模块在 5 V/24 V 下所消耗的电流如表 7-6 所列。

表 7 - 6　CPU22X 系列扩展模块消耗的电流

模块 类型	型　号	输入/输出点数	模块消耗电流/mA	
			+5 V	+24 V
数字量扩展模块	EM221	8 点输入(24 V DC)	30	4/输入
		8 点输入(120/230 V AC)	30	
		16 点输入(24 V DC)	70	4/输入
	EM222	4 点输出(24 V DC)	40	
		4 点输出(继电器)	30	20/输出
		8 点输出(24 V DC)	50	
		8 点输出(继电器)	40	9/输出
		8 点输出(120/230 V AC)	110	
	EM223	4 点输入(24 V DC)/4 点输出(24 V DC)	40	4/输入
		4 点输入(24 V DC)/4 点输出(继电器)	40	4/输入,9/输出
		8 点输入(24 V DC)/8 点输出(24 V DC)	80	
		8 点输入(24 V DC)/8 点输出(继电器)	80	4/输入,9/输出
		16 点输入(24 V DC)/16 点输出(24 V DC)	160	
		16 点输入(24 V DC)/16 点输出(继电器)	150	4/输入,9/输出
		32 点输入(24 V DC)/32 点输出(24 V DC)	240	
		32 点输入(24 V DC)/32 点输出(继电器)	205	4/输入,9/输出

例如,CPU224 提供的扩展电流为 660 mA,可以有以下几种扩展方案:

① 4 个 EM223,DI16/DO16 晶体管/继电器模板和 2 个 EM221 DI8 晶体管模板,消耗的电流为 4×150 mA$+2 \times 30$ mA$=660$ mA。

② 4 个 EM223,DI16/DO16 晶体管/继电器模板和 1 个 EM222 DO8 晶体管模板,消耗的电流为 4×150 mA$+1 \times 40$ mA$=640$ mA。

③ 4 个 EM223,DI16/DO16 晶体管输出模板,消耗的电流为 4×160 mA$=640$ mA。

2)热电偶/热电阻扩展模块

热电偶、热电阻模块(EM231)是为 CPU222、CPU224、CPU226 设计的,S7 - 200 与多种热电偶、热电阻的连接备有隔离接口。用户通过模块上的 DIP 开关来选择热电偶或热电阻的类型、接线方式、测量单位和开路故障方向。

3)通信扩展模块

除了 CPU 集成通信口外,S7 - 200 还可以通过通信扩展模块连接成更大的网络。S7 - 200 系列目前有两种通信扩展模块:PROFIBUS - DP 扩展从站模块(EM277)和 AS - i 接口扩展模块(CP243 - 2)。

7.1.3 S7－200 系列 PLC 内的元器件

在编写用户程序时,必须熟悉每条指令涉及的元器件的功能及其规定编号。为此,在介绍 S7－200 系列 PLC 指令系统之前,先对基本数据类型和元器件作以下介绍。

1. S7－200 的基本数据类型

详见表 7－7。

表 7－7　S7－200 基本数据类型

基本数据类型	位　　数	说　　明
布尔型 BOOL	1	位,范围:0,1
字节型 BYET	8	字节,范围:0～255
字型 WORD	16	字,范围:0～65 535
双字型 DWORD	32	双字,范围:0～$(2^{32}-1)$
整型 INT	16	整数,范围:－32 768～＋32 767
双整型 DINT	32	双字整数,范围:-2^{31}～$(2^{31}-1)$
实数型 REAL	32	IEEE 浮点数

2. S7－200 系列 PLC 的存储器空间

S7－200 PLC 的存储器空间大致分为三个空间,即程序空间、数据空间和参数空间。

(1) 程序空间

程序空间主要用于存放用户应用程序,程序空间容量在不同的 CPU 中是不同的。另外, CPU 中的 RAM 区与内置 EEPROM 上都有程序存储器,但它们互为映像,且空间大小一样。

(2) 数据空间

数据空间的主要部分用于存放工作数据,称为数据存储器;另一部分作寄存器使用,称为数据对象。

1) 数据存储器

数据存储器包括变量存储器(V)、输入信号缓存区(输入映像存储器 I)、输出信号缓冲区(输出映像存储区 Q)、内部标志位存储器(M,又称内部辅助继电器)和特殊标志位存储器(SM)。除特殊标志位外,其他部分都能以位、字节和双字的格式自由读取或写入。

变量存储器(V)是保存程序执行过程中控制逻辑操作的中间结果,所有的 V 存储器都可以存储在永久存储器区内,其内容可在与 EEPROM 或编程设备双向传送。

输入映像存储器(I)是以字节为单位的寄存器,它的每一位对应于一个数字量输入节点。在每个扫描周期开始,PLC 依次对各个输入节点采样,并把采样结果送入输入映像存储器。PLC 在执行用户程序过程中,不再理会输入节点的状态,它所处理的数据为输入映像存储器中的值。

输出映像存储器(Q)是以字节为单位的寄存器,它的每一位对应于一个数字输出量节点。PLC 在执行用户程序的过程中,并不把输出信号随时送到输出节点,而是送到输出映像存储器,只有到了每个扫描周期的末尾,才将输出映像寄存器的输出信号送到各输出节点。

使用映像寄存器的优点:

① 同步地在扫描周期开始采样所有输入点,并在扫描的执行阶段冻结所有输入值;

② 在程序执行完后再从映像寄存器刷新所有输出点,使被控系统能获得更好稳定性;

③ 存取映像寄存器的速度高于存取 I/O 速度,使程序执行的更快。

内部标志位(M)又称内部线圈(内部继电器等),它一般以位为单位使用,但也能以字、双字为单位使用。内部标志位容量根据 CPU 型号不同而不同。

特殊标志位(SM)用来存储系统的状态变量和有关控制信息,特殊标志位分为只读区和可写区,具体划分随 CPU 不同而不同。

2) 数据对象

数据对象包括定时器、计数器、高速计数器、累加器及模拟量输入/输出。

定时器定时精度分为 1 ms、10 ms 和 100 ms 三种,根据精度需要由编程者选用。定时器的数量根据 CPU 型号的不同而不同。

计数器的计数脉冲由外部输入,计数脉冲的有效沿是输入脉冲的上升沿或下降沿,计数的方式有累加 1 和累减 1 两种方式。计数器的个数与各 CPU 的定时器个数相同。

高速计数器与普通计数器不同之处在于,计数脉冲频率更高可达 2 kHz/7 kHz,计数容量大。普通计数器为 16 位,高速计数器为 32 位。普通计数器可读、可写,高速计数器一般只能进行读操作。

在 S7 - 200 CPU 中有 4 个 32 位累加器,即 AC0~AC3,用它可把参数传给子程序或任何带参数的指令和指令块。此外,PLC 在响应外部或内部的中断请求而调用子程序时,累加器中的数据是不会丢失的,即 PLC 会将其中的内容压入堆栈。因此,在执行子程序时仍可使用这些累加器,待中断程序执行完返回时,将自动从堆栈中弹出原先的内容,以恢复中断前累加器的内容。但应注意,不能利用累加器作为主程序和子程序之间的参数传递。

模拟量输入/输出可实现模拟量的 A/D 和 D/A 转换,而 PLC 所处理的是其中的数字量。

(3) 参数空间

用于存放有关 PLC 组态参数的区域,如保护口令、PLC 站地址、停电记忆保持区、软件滤波、强制操作的设定信息等,存储器为 EEPROM。

3. S7 - 200 系列 PLC 的数据存储器寻址

在 S7 - 200PLC 中所处理数据有三种,即常数、数据存储器中的数据和数据对象中的数据。

（1）常数及类型

在 S7－200 的指令中可以使用字节、字、双字类型的常数，常数的类型可指定为十进制、十六进制、二进制或 ASCII 字符。PLC 不支持数据类型的处理和检查，因此在有些指令隐含规定字符类型的条件下，必须注意输入数据的格式。表 7－8 列举了常数表示方法。

表 7－8   S7－200 常数表示方法

进 制	书写格式	举 例
十进制	十进制数值	1052
十六进制	十六进制值	16 # 8AC6
二进制	二进制值	2 # 1010 － 0011 － 1101 － 0001
ASCII 码	'ASCII 码文本'	'Show terminals'

（2）数据存储器的寻址

数据地址一般由两部分组成，格式如下：

Aal. a2

其中：A 为区域代码（I、Q、M、SM、V）；a1 为字节首址；a2 为位地址（0～7）。

例如，I10.1 表示该数据在 I 存储区 10 号地址的第 1 位。

在使用以字节、字或双字类型的数据时，除非所用指令已隐含有规定的类型外，一般都应使用数据类型符来指明所取数据的类型。数据类型符共有 3 个，即 B（字节）、W（字）和 D（双字），它的位置应紧跟在数据区域地址符后面。例如，对变量存储器有 VB100、VW100、VD100。同一个地址，在使用不同的数据类型后，所取出数据占用的内存量是不同的。

（3）数据对象的寻址

数据对象的地址基本格式如下：

An

其中，A 为该数据对象所在的区域地址。A 共有 6 种，即 T（定时器）、C（计数器）、HC（高速计数器）、AC（累加器）、AIW（模拟量输入）和 AQW（模拟量输出）。n 代表地址编号。

7.1.4 S7－200 系列 PLC 基本指令系统

1. 基本指令

S7－200 系列的基本逻辑指令与三菱 FX 系列和 OMRON CPM1A 系列基本逻辑指令大体相似，编程和梯形图表达方式也相差不多。表 7－9 所列为 S7－200 系列的基本逻辑指令。

2. 定时/计数器

（1）定时器指令

S7－200 的系列 PLC 系统提供 3 种类型定时器，分别为通电延时定时器 TON、记忆通电延时定时器 TONR 及断电延时定时器 TOF。共提供 256 个定时器 T0～T255。对于每个定时器而言，不能重复使用同一线圈编号，但触点使用次数不受限制。表 7－10 所列为定时器指令。

定时精度(时间增量/时间单位/分辨率)可分为 3 个等级:1 ms、10 ms 和 100 ms。

表 7 - 9　S7 - 200 系列的基本逻辑指令

指令名称	指令符	功　能	操作数
取	LD bit	读入逻辑行或电路块的第一个常开接点	Bit: I,Q,M,SM,T,C,V,S
取反	LDN bit	读入逻辑行或电路块的第一个常闭接点	
与	A bit	串联一个常开接点	
与非	AN bit	串联一个常闭接点	
或	O bit	并联一个常开接点	
或非	ON bit	并联一个常闭接点	
电路块与	ALD	串联一个电路块	无
电路块或	OLD	并联一个电路块	
输出	＝ bit	输出逻辑行的运算结果	Bit:Q、M、SM
置位	S bit,N	置继电器状态为接通	Bit: Q、M、SM、V、S
复位	R bit,N	使继电器复位为断开	

表 7 - 10　定时器指令

定时器类型	定时精度/ms	最大当前值/s	定时器地址编号
TON TOF	1	32.767	T32、T96
	10	327.67	T33~T36、T97~T100
	100	3276.7	T37~T63、T101~T255
TONR	1	32.767	T0、T64
	100	3276.7	T5~T31、T69~T95

1) 通电延时型(TON)

使能端(IN)输入有效时,当前值从 0 开始递增,大于或等于预置值(PT)时,输出状态位置 1。使能端无效(断开)时,定时器复位(当前值清零,输出状态位置 0)。

2) 有记忆通电延时型(TONR)

使能端(IN)输入有效时,当前值从 0 递增,当前值大于或等于预置值(PT)时,输出状态位置 1。使能端输入无效(断开)时,当前值保持(记忆),使能端(IN)再次接通有效时,在原记忆值的基础上递增计时。

(TONR)定时器采用线圈的复位指令(R)进行复位操作,当复位线圈有效时,定时器当前值清零,输出状态位置 0。

3) 断电延时型(TOF)

使能端(IN)输入有效时,定时器输出状态位立即置 1,当前值复位(为 0)。使能端(IN)断开时,开始计时,当前值从 0 递增,当前值达到预置值时,定时器输出状态位复位置 0,并停止计时,当前值保持。

（2）计数器指令

计数器用来累计输入脉冲的次数，应用非常广泛，常用来对产品进行计数。

S7-200 计数器指令有 3 种类型：递增计数 CTU、增减计数 CTUD 和递减计数 CTD，共计 256 个，可以根据实际情况和编程需要，对某个计数器的类型进行定义，编号为 C0～C255。表 7-11 所列为计数器指令。

指令操作数有 4 个：编号、预设值、脉冲输入和复位输入。每个计数器只能使用一次，不能重复使用同一线圈编号。

表 7 – 11　计数器指令

计数器类型	计数器地址编号	备　注
增计数指令(CTU)	常数(C0～C255)，指定计数器号	计数设定值为 1～32 767
增/减计数指令（CTUD）		计数设定值为 -32 767～+32 767
减计数指令（CTD）		计数设定值为 1～32 767

1）增计数指令(CTU)

增计数指令在 CU 端输入脉冲上升沿，当前值增 1 计数。当前值大于或等于预置值(PV)时，计数器状态位置 1。复位输入(R)有效时，计数器被复位(置 0)，当前计数值清零。

2）增/减计数指令（CTUD）

增/减计数器有两个脉冲输入端，CU/CD 端的计数脉冲上升沿增 1/减 1 计数。当前值大于等于预置值(PV)时，计数器状态位置 1。复位输入(R)有效或对计数器执行复位指令，计数器被复位(置 0)，当前值清零。

3）减计数指令(CTD)

复位输入(LD)有效时，计数器把预置值(PV)装入当前值存储器，计数器状态位置 0。CD 端输入脉冲上升沿，减计数器当前值从预置值开始递减计数，当前值等于 0 时，计数器状态位置 1，停止计数。

3. 比较指令

比较指令是将两个操作数 IN1 和 IN2 按指定的条件作比较，比较条件满足时，触点闭合；否则打开，如表 7-12 所列。

表 7 – 12　比较指令格式及功能

梯形图 LAD	语句表 STL		功　能
	操作码	操作数	
IN1 ─┤ F　X ├─ IN2	LDXF AXF OXF	IN1,IN2 IN1,IN2 IN1,IN2	比较两个数 IN1 和 IN2 的大小，若比较式为真，则该触电闭合

说明：

① 操作码中的 F 代表比较符号，可分为"＝"、"＜＞"、"＞＝"、"＜＝"、"＞"、"＜"6 种。

② 操作码中的 X 代表数据类型，分为字节（B）、字整数（I）、双字整数（D）和实数（R）4 种。

③ 字节指令是无符号指令，字整数、双字整数及实数比较都是有符号指令。

4. 功能指令

一般的逻辑控制系统用软继电器、定时器和计数器及基本指令就可以实现。利用功能指令可以开发出更复杂的控制系统。这些功能指令实际上是厂商为满足各种客户的特殊需要而开发的通用子程序。功能指令的丰富程度是衡量 PLC 性能的一个重要指标。

S7 - 200 的功能指令很丰富，大致包括：算术与逻辑运算、传送、移位与循环移位、程序流控制、数据表处理、PID 指令、数据格式变换、高速处理、通信以及实时时钟等。

功能指令的助记符与汇编语言相似，略具计算机知识的人学习起来不会有太大困难。但 S7 - 200 系列 PLC 功能指令毕竟太多，一般读者不必准确记忆其详尽用法，需要时可查阅产品手册。本节仅对部分 S7 - 200 系列 PLC 的功能指令作列表归纳，不再一一说明。

（1）四则运算指令

四则运算指令如表 7 - 13 所列。

表 7 - 13 四则运算指令

名 称	指令格式（语句表）	功 能	操作数寻址范围
加法指令	+I IN1,OUT	两个 16 位带符号整数相加得到一个 16 位带符号整数。 执行结果：IN1＋OUT＝OUT（在 LAD 和 FBD 中为 IN1＋IN2＝OUT）	IN1/IN2/OUT：VW、IW、QW、MW、SW、SMW、LW、T、C、AC、* VD、* AC、* LD； IN1 和 IN2 还可以是 AIW 和常数
	+D IN1,IN2	两个 32 位带符号整数相加得到一个 32 位带符号整数。 执行结果：IN1＋OUT＝OUT（在 LAD 和 FBD 中为 IN1＋IN2＝OUT）	IN1/IN2/OUT：VD、ID、QD、MD、SD、SMD、LD、AC、* VD、* AC、* LD； IN1 和 IN2 还可以是 HC 和常数
	+R IN1,OUT	两个 32 位实数相加得到一个 32 位实数。 执行结果：IN1＋OUT＝OUT（在 LAD 和 FBD 中为 IN1＋IN2＝OUT）	IN1/IN2/OUT：VD、ID、QD、MD、SD、SMD、LD、AC、* VD、* AC、* LD； IN1 和 IN2 还可以是常数
减法指令	－I IN1,OUT	两个 16 位带符号整数相减得到一个 16 位带符号整数。 执行结果：OUT－IN1＝OUT（在 LAD 和 FBD 中为 IN1－IN2＝OUT）	IN1/IN2/OUT：VW、IW、QW、MW、SW、SMW、LW、T、C、AC、* VD、* AC、* LD； IN1 和 IN2 还可以是 AIW 和常数

名　称	指令格式 (语句表)	功　能	操作数寻址范围
减法指令	−D IN1,OUT	两个32位带符号整数相减得到一个32位带符号整数。 执行结果：OUT−IN1=OUT(在 LAD 和 FBD 中为 IN1−IN2=OUT)	IN1/IN2/OUT：VD、ID、QD、MD、SD、SMD、LD、AC、*VD、*AC、*LD； IN1 和 IN2 还可以是 HC 和常数
	−R IN1,OUT	两个32位实数相加得到一个32位实数。 执行结果：OUT−IN1=OUT(在 LAD 和 FBD 中为 IN1−IN2=OUT)	IN1/IN2/OUT：VD、ID、QD、MD、SD、SMD、LD、AC、*VD、*AC、*LD； IN1 和 IN2 还可以是常数
乘法指令	*I IN1,OUT	两个16位符号整数相乘得到一个16位整数。 执行结果：IN1*OUT=OUT(在 LAD 和 FBD 中为 IN1*IN2=OUT)	IN1/IN2/OUT：VW、IW、QW、MW、SW、SMW、LW、T、C、AC、*VD、*AC、*LD； IN1 和 IN2 还可以是 AIW 和常数
	MUL IN1, OUT	两个16位带符号整数相乘得到一个32位带符号整数。 执行结果：IN1*OUT=OUT(在 LAD 和 FBD 中为 IN1*IN2=OUT)	IN1/IN2：VW、IW、QW、MW、SW、SMW、LW、AIW、T、C、AC、*VD、*AC、*LD 和常数； OUT：VD、ID、QD、MD、SD、SMD、LD、AC、*VD、*AC、*LD
	*D IN1,OUT	两个32位带符号整数相乘得到一个32位带符号整数。 执行结果：IN1*OUT=OUT(在 LAD 和 FBD 中为 IN1*IN2=OUT)	IN1/IN2/OUT：VD、ID、QD、MD、SD、SMD、LD、AC、*VD、*AC、*LD； IN1 和 IN2 还可以是 HC 和常数
	*R IN1,OUT	两个32位实数相乘得到一个32位实数。 执行结果：IN1*OUT=OUT(在 LAD 和 FBD 中为 IN1*IN2=OUT)	IN1/IN2/OUT：VD、ID、QD、MD、SD、SMD、LD、AC、*VD、*AC、*LD； IN1 和 IN2 还可以是常数
除法指令	/I IN1,OUT	两个16位带符号整数相除得到一个16位带符号整数商，不保留余数。 执行结果：OUT/IN1=OUT(在 LAD 和 FBD 中为 IN1/IN2=OUT)	IN1/IN2/OUT：VW、IW、QW、MW、SW、SMW、LW、T、C、AC、*VD、*AC、*LD； IN1 和 IN2 还可以是 AIW 和常数
	DIV IN1,OUT	两个16位带符号整数相除得到一个32位结果,其中低16位为商,高16位为结果。 执行结果：OUT/IN1=OUT(在 LAD 和 FBD 中为 IN1/IN2=OUT)	IN1/IN2：VW、IW、QW、MW、SW、SMW、LW、AIW、T、C、AC、*VD、*AC、*LD 和常数； OUT：VD、ID、QD、MD、SD、SMD、LD、AC、*VD、*AC、*LD

续表 7 - 13

名 称	指令格式 (语句表)	功 能	操作数寻址范围
除法指令	/D IN1,OUT	两个 32 位带符号整数相除得到一个 32 位整数商,不保留余数。 执行结果:OUT/IN1＝OUT(在 LAD 和 FBD 中为 IN1/IN2＝OUT)	IN1/IN2/OUT:VD、ID、QD、MD、SD、SMD、LD、AC、＊VD、＊AC、＊LD; IN1 和 IN2 还可以是 HC 和常数
	/R IN1,OUT	两个 32 位实数相除得到一个 32 位实数商。 执行结果:OUT/IN1＝OUT(在 LAD 和 FBD 中为 IN1/IN2＝OUT)	IN1/IN2/OUT:VD、ID、QD、MD、SD、SMD、LD、AC、＊VD、＊AC、＊LD; IN1 和 IN2 还可以是常数
数学 函数 指令	SQRT IN,OUT	把一个 32 位实数(IN)开平方,得到 32 位实数结果(OUT)	IN/OUT:VD、ID、QD、MD、SD、SMD、LD、AC、＊VD、＊AC、＊LD; IN 还可以是常数
	LN IN,OUT	对一个 32 位实数(IN)取自然对数,得到 32 位实数结果(OUT)	
	EXP IN,OUT	对一个 32 位实数(IN)取以 e 为底的指数,得到 32 位实数结果(OUT)	
	SIN IN,OUT COS IN,OUT TAN IN,OUT	分别对一个 32 位实数弧度值(IN)取正弦、余弦、正切,得到 32 位实数结果(OUT)	
增减指令	INCB OUT	将字节无符号输入数加 1 执行结果:OUT＋1＝OUT(在 LAD 和 FBD 中为 IN＋1＝OUT)	IN/OUT:VB、IB、QB、MB、SB、SMB、LB、AC、＊VD、＊AC、＊LD; IN 还可以是常数
	DECB OUT	将字节无符号输入数减 1 执行结果:OUT－1＝OUT(在 LAD 和 FBD 中为 IN－1＝OUT)	
	INCW OUT	将字(16 位)有符号输入数加 1 执行结果:OUT＋1＝OUT(在 LAD 和 FBD 中为 IN＋1＝OUT)	IN/OUT:VW、IW、QW、MW、SW、SMW、LW、T、C、AC、＊VD、＊AC、＊LD; IN 还可以是 AIW 和常数
	DECW OUT	将字(16 位)有符号输入数减 1 执行结果:OUT－1＝OUT(在 LAD 和 FBD 中为 IN－1＝OUT)	
	INCD OUT	将双字(32 位)有符号输入数加 1 执行结果:OUT＋1＝OUT(在 LAD 和 FBD 中为 IN＋1＝OUT)	IN/OUT:VD、ID、QD、MD、SD、SMD、LD、AC、＊VD、＊AC、＊LD; IN 还可以是 HC 和常数
	DECD OUT	将字(32 位)有符号输入数减 1 执行结果:OUT－1＝OUT(在 LAD 和 FBD 中为 IN－1＝OUT)	

（2）逻辑运算指令

逻辑运算指令如表 7-14 所列。

表 7-14　逻辑运算指令

名　称	指令格式 （语句表）	功　能	操作数
字节逻辑 运算指令	ANDB IN1,OUT	将字节 IN1 和 OUT 按位作逻辑与运算,OUT 输出结果	IN1/IN2/OUT: VB、IB、QB、MB、SB、SMB、LB、AC、* VD、* AC、* LD; IN1 和 IN2 还可以是常数
	ORB IN1,OUT	将字节 IN1 和 OUT 按位作逻辑或运算,OUT 输出结果	
	XORB IN1,OUT	将字节 IN1 和 OUT 按位作逻辑异或运算,OUT 输出结果	
	INVB OUT	将字节 OUT 按位取反,OUT 输出结果	
字逻辑 运算指令	ANDW IN1,OUT	将字 IN1 和 OUT 按位作逻辑与运算,OUT 输出结果	IN1/IN2/OUT:VW、IW、QW、MW、SW、SMW、LW、T、C、AC、* VD、* AC、* LD; IN1 和 IN2 还可以是 AIW 和常数
	ORW IN1,OUT	将字 IN1 和 OUT 按位作逻辑或运算,OUT 输出结果	
	XORW IN1,OUT	将字 IN1 和 OUT 按位作逻辑异或运算,OUT 输出结果	
	INVW OUT	将字 OUT 按位取反,OUT 输出结果	
双字逻辑 运算指令	ANDD IN1,OUT	将双字 IN1 和 OUT 按位作逻辑与运算,OUT 输出结果	IN1/IN2/OUT: VD、ID、QD、MD、SD、SMD、LD、AC、* VD、* AC、* LD; IN1 和 IN2 还可以是 HC 和常数
	ORD IN1,OUT	将双字 IN1 和 OUT 按位作逻辑或运算,OUT 输出结果	
	XORD IN1,OUT	将双字 IN1 和 OUT 按位作逻辑异或运算,OUT 输出结果	
	INVD OUT	将双字 OUT 按位取反,OUT 输出结果	

（3）数据传送指令

数据传送指令如表 7-15 所列。

表 7 - 15 数据传送指令

名 称	指令格式 （语句表）	功 能	操作数
单一 传送 指令	MOVB IN,OUT	将 IN 的内容复制到 OUT 中 IN 和 OUT 的数据类型应相同,可分别为字、字节、双字、实数	IN/OUT：VB、IB、QB、MB、SB、SMB、LB、AC、＊VD、＊AC、＊LD； IN 还可以是常数
	MOVW IN,OUT		IN/OUT：VW,IW,QW,MW,SW,SMW,LW,T,C,AC,＊VD,＊AC,＊LD； IN 还可以是 AIW 和常数， OUT 还可以是 AQW
	MOVD IN,OUT		IN/OUT：VD、ID、QD、MD、SD、SMD、LD、AC、＊VD、＊AC、＊LD； IN 还可以是 HC、常数、＆VB、＆IB、＆QB、＆MB、＆T、＆C
	MOVR IN,OUT		IN/OUT：VD、ID、QD、MD、SD、SMD、LD、AC、＊VD、＊AC、＊LD； IN 还可以是常数
	BIR IN,OUT	立即读取输入 IN 的值,将结果输出到 OUT	IN：IB； OUT：VB、IB、QB、MB、SB、SMB、LB、AC、＊VD、＊AC、＊LD
	BIW IN,OUT	立即将 IN 单元的值写到 OUT 所指的物理输出区	IN：VB、IB、QB、MB、SB、SMB、LB、AC、＊VD、＊AC、＊LD 和常数； OUT：QB
块 传送 指令	BMB IN,OUT,N	将从 IN 开始的连续 N 个字节数据复制到从 OUT 开始的数据块； N 的有效范围是 1～255	IN/OUT：VB、IB、QB、MB、SB、SMB、LB、＊VD、＊AC、＊LD； N：VB、IB、QB、MB、SB、SMB、LB、AC、＊VD、＊AC、＊LD 和常数
	BMW IN,OUT,N	将从 IN 开始的连续 N 个字数据复制到从 OUT 开始的数据块； N 的有效范围是 1～255	IN/OUT：VW、IW、QW、MW、SW、SMW、LW、T、C、＊VD、＊AC、＊LD； IN 还可以是 AIW； OUT 还可以是 AQW； N：VB、IB、QB、MB、SB、SMB、LB、AC、＊VD、＊AC、＊LD 和常数

名　称	指令格式 （语句表）	功　能	操作数
块 传送 指令	BMD IN，OUT，N	将从 IN 开始的连续 N 个双字数据复制到从 OUT 开始的数据块； N 的有效范围是 1～255	IN/OUT：VD、ID、QD、MD、SD、SMD、LD、＊VD、＊AC、＊LD； N：VB、IB、QB、MB、SB、SMB、LB、AC、＊VD、＊AC、＊LD 和常数

（4）移位与循环移位指令

移位与循环移位指令如表 7－16 所列。

表 7－16　移位与循环移位指令

名　称	指令格式 （语句表）	功　能	操作数
字节 移位 指令	SRB OUT，N	将字节 OUT 右移 N 位，最左边的位依次用 0 填充	IN/OUT/N：VB、IB、QB、MB、SB、SMB、LB、AC、＊VD、＊AC、＊LD； IN 和 N 还可以是常数
	SLB OUT，N	将字节 OUT 左移 N 位，最右边的位依次用 0 填充	
	RRB OUT，N	将字节 OUT 循环右移 N 位，从最右边移出的位送到 OUT 的最左位	
	RLB OUT，N	将字节 OUT 循环左移 N 位，从最左边移出的位送到 OUT 的最右位	
字 移位 指令	SRW OUT，N	将字 OUT 右移 N 位，最左边的位依次用 0 填充	IN/OUT：VW、IW、QW、MW、SW、SMW、LW、T、C、AC、＊VD、＊AC、＊LD； IN 还可以是 AIW 和常数； N：VB、IB、QB、MB、SB、SMB、LB、AC、＊VD、＊AC、＊LD、常数
	SLW OUT，N	将字 OUT 左移 N 位，最右边的位依次用 0 填充	
	RRW OUT，N	将字 OUT 循环右移 N 位，从最右边移出的位送到 OUT 的最左位	
	RLW OUT，N	将字 OUT 循环左移 N 位，从最左边移出的位送到 OUT 的最右位	
双字 移位 指令	SRD OUT，N	将双字 OUT 右移 N 位，最左边的位依次用 0 填充	IN/OUT：VD、ID、QD、MD、SD、SMD、LD、AC、＊VD、＊AC、＊LD； IN 还可以是 HC 和常数； N：VB、IB、QB、MB、SB、SMB、LB、AC、＊VD、＊AC、＊LD、常数
	SLD OUT，N	将双字 OUT 左移 N 位，最右边的位依次用 0 填充	
	RRD OUT，N	将双字 OUT 循环右移 N 位，从最右边移出的位送到 OUT 的最左位	
	RLD OUT，N	将双字 OUT 循环左移 N 位，从最左边移出的位送到 OUT 的最右位	

续表 7 - 16

名　　称	指令格式 （语句表）	功　能	操作数
位移位 寄存器 指令	SHRB DATA, S_BIT,N	将 DATA 的值（位型）移入移位寄存器；S_BIT 指定移位寄存器的最低位,N 指定移位寄存器的长度（正向移位＝N,反向移位＝－N)	DATA/S_BIT：I、Q、M、SM、T、C、V、S、L； N：VB、IB、QB、MB、SB、SMB、LB、AC、* VD、* AC、* LD、常数

（5）数据转换指令

数据转换指令如表 7 - 17 所列。

表 7 - 17　数据转换指令

名　　称	指令格式 （语句表）	功　能	操作数
数据 类型 转换 指令	BTI IN,OUT	将字节输入数据 IN 转换成整数类型,结果送到 OUT,无符号扩展	IN：VB、IB、QB、MB、SB、SMB、LB、AC、* VD、* AC、* LD、常数； OUT：VW、IW、QW、MW、SW、SMW、LW、T、C、AC、* VD、* AC、* LD
	ITB IN,OUT	将整数输入数据 IN 转换成一个字节,结果送到 OUT。输入数据超出字节范围(0～255)则产生溢出	IN：VW、IW、QW、MW、SW、SMW、LW、T、C、AIW、AC、* VD、* AC、* LD、常数； OUT：VB、IB、QB、MB、SB、SMB、LB、AC、* VD、* AC、* LD
	DTI IN,OUT	将双整数输入数据 IN 转换成整数,结果送到 OUT	IN：VD、ID、QD、MD、SD、SMD、LD、HC、AC、* VD、* AC、* LD、常数； OUT：VW、IW、QW、MW、SW、SMW、LW、T、C、AC、* VD、* AC、* LD
	ITD IN,OUT	将整数输入数据 IN 转换成双整数（符号进行扩展）,结果送到 OUT	IN：VW、IW、QW、MW、SW、SMW、LW、T、C、AIW、AC、* VD、* AC、* LD、常数； OUT：VD、ID、QD、MD、SD、SMD、LD、AC、* VD、* AC、* LD

名　称	指令格式 （语句表）	功　能	操作数
数据类型转换指令	ROUND IN,OUT	将实数输入数据 IN 转换成双整数,小数部分四舍五入,结果送到 OUT	IN/OUT：VD、ID、QD、MD、SD、SMD、LD、AC、* VD、* AC、* LD； IN 还可以是常数； 在 ROUND 指令中 IN 还可以是 HC
	TRUNC IN,OUT	将实数输入数据 IN 转换成双整数,小数部分直接舍去,结果送到 OUT	
	DTR IN,OUT	将双整数输入数据 IN 转换成实数,结果送到 OUT	IN/OUT：VD、ID、QD、MD、SD、SMD、LD、AC、* VD、* AC、* LD； IN 还可以是 HC 和常数
	BCDI OUT	将 BCD 码输入数据 IN 转换成整数,结果送到 OUT。IN 的范围为 0～9 999	IN/OUT：VW、IW、QW、MW、SW、SMW、LW、T、C、AC、* VD、* AC、* LD； IN 还可以是 AIW 和常数
	IBCD OUT	将整数输入数据 IN 转换成 BCD 码,结果送到 OUT。IN 的范围为 0～9 999	
编码译码指令	ENCO IN,OUT	将字节输入数据 IN 的最低有效位（值为 1 的位）的位号输出到 OUT 指定的字节单元的低 4 位	IN：VW、IW、QW、MW、SW、SMW、LW、T、C、AIW、AC、* VD、* AC、* LD、常数； OUT：VB、IB、QB、MB、SB、SMB、LB、AC、* VD、* AC、* LD
	DECO IN,OUT	根据字节输入数据 IN 的低 4 位,所表示的位号将 OUT 所指定的字单元的相应位置 1,其他位置 0	IN：VB、IB、QB、MB、SB、SMB、LB、AC、* VD、* AC、* LD、常数； IN：VW、IW、QW、MW、SW、SMW、LW、T、C、AQW、AC、* VD、* AC、* LD
段码指令	SEG IN,OUT	根据字节输入数据 IN 的低 4 位,有效数字产生相应的七段码,结果输出到 OUT,OUT 的最高位恒为 0	IN/OUT：VB、IB、QB、MB、SB、SMB、LB、AC、* VD、* AC、* LD； IN 还可以是常数
字符串转换指令	ATH IN,OUT,LEN	把从 IN 开始的长度为 LEN 的 ASCII 码字符串转换成十六进制数,并存放在以 OUT 为首地址的存储区中。合法的 ASCII 码字符的十六进制值在 30H～39H 和 41H～46H 之间,字符串的最大长度为 255 个字符	IN/OUT/LEN：VB、IB、QB、MB、SB、SMB、LB、* VD、* AC、* LD； LEN 还可以是 AC 和常数

7.2　三菱 FX$_{2N}$ 系列 PLC

三菱 FX$_{2N}$ 系列属于高性能、标准型产品，可适用于大多数单机控制或简单网络控制场合。FX$_{2N}$ 系列 PLC 的产品规格齐全，CPU 运算速度快，I/O 点数多，扩展能力强，编程功能与通信功能丰富，是三菱公司第 2 代小型 PLC 的代表性产品。

FX$_{2N}$ PLC 外部结构图如图 7-2 所示。

7.2.1　FX$_{2N}$ 系列 PLC 的系统配置

FX$_{2N}$ 系列 PLC 的基本单元 I/O 点有 16、32、48、64、80、128 点，共 6 种基本规格。每一规格中有 AC 100/200 V 和 DC 24 V 两种电源输入方式。有继电器、晶体管、双向晶闸管 3 种输出形式（FX$_{2N}$-128 无晶闸管输出产品），此外还有 AC 100 V 开关量输入的特殊输入规格。

图 7-2　FX$_{2N}$ PLC 外部结构图

FX$_{2N}$ 系列 PLC 基本单元型号、规格与输入电源要求如表 7-18 所列。

表 7-18　FX$_{2N}$ 系列 PLC 基本单元规格与输入电源要求

型　号	输　入		输　出		输入电源要求			
	点　数	规　格	点　数	形　式	额　定	允许范围	容　量	熔断器
FX$_{2N}$-16MR	8	DC 24V	8	继电器			30VA	
FX$_{2N}$-16MT	8	DC 24V	8	晶体管			30VA	
FX$_{2N}$-16MS	8	DC 24V	8	晶闸管			30VA	250 V/ 3.15 A
FX$_{2N}$-32MR	16	DC 24V	16	继电器			40VA	
FX$_{2N}$-32MT	16	DC 24V	16	晶体管			40VA	
FX$_{2N}$-32MS	16	DC 24V	16	晶闸管			40VA	
FX$_{2N}$-48MR	24	DC 24V	24	继电器			50VA	
FX$_{2N}$-48MT	24	DC 24V	24	晶体管	AC 100/200 V	AC 85～ 264 V	50VA	
FX$_{2N}$-48MS	24	DC 24V	24	晶闸管			50VA	
FX$_{2N}$-64MR	32	DC 24V	32	继电器			60VA	
FX$_{2N}$-64MT	32	DC 24V	32	晶体管			60VA	
FX$_{2N}$-64MS	32	DC 24V	32	晶闸管			60VA	250 V/5 A
FX$_{2N}$-80MR	40	DC 24V	40	继电器			70VA	
FX$_{2N}$-80MT	40	DC 24V	40	晶体管			70VA	
FX$_{2N}$-80MS	40	DC 24V	40	晶闸管			70VA	
FX$_{2N}$-128MR	64	DC 24V	64	继电器			80VA	
FX$_{2N}$-128MT	64	DC 24V	64	晶体管			80VA	

续表 7 - 18

型　号	输　入		输　出		输入电源要求			
	点　数	规　格	点　数	形　式	额　定	允许范围	容量/W	熔断器
FX$_{2N}$-16MR-UA	8	AC 100V	8	继电器	AC 100/200 V	AC 85~ 264 V	30VA	250 V/ 3.15 A
FX$_{2N}$-32MR-UA	16	AC 100V	16	继电器			40VA	
FX$_{2N}$-48MR-UA	24	AC 100V	24	继电器			50VA	250 V/5 A
FX$_{2N}$-64MR-UA	32	AC 100V	32	继电器			60VA	
FX$_{2N}$-32MR-D	16	DC 24V	16	继电器	DC 24 V	DC 16.8~ 28.8 V	25W	250 V/ 3.15 A
FX$_{2N}$-32MT-D	16	DC 24V	16	晶体管			25W	
FX$_{2N}$-48MR-D	24	DC 24V	24	继电器			30W	
FX$_{2N}$-48MT-D	24	DC 24V	24	晶体管			30W	
FX$_{2N}$-64MR-D	32	DC 24V	32	继电器			35W	250 V/5 A
FX$_{2N}$-64MT-D	32	DC 24V	32	晶体管			35W	
FX$_{2N}$-80MT-D	40	DC 24V	40	晶体管			40W	

1. 基本性能

(1) 编程功能

FX$_{2N}$系列 PLC 编程功能如表 7-19 所列。

表 7-19　FX$_{2N}$编程功能一览表

项　目		功　能
编程语言		指令表、梯形图、步进梯形图(SFC 图)
用户存储器容量		内置 EEPROM:8 000 步;存储器盒:16 000 步
基本逻辑控制指令		顺控指令:27 条;步进梯形图指令:2 条
应用指令		128 种,298 条
指令处理速度		基本逻辑控制指令:0.08 μs/条;基本应用指令:1.52 μs/条
I/O 点数		最大 I/O 点数:256 点
辅助继电器	一般用	M0~M499,共 500 点
	保持型	M500~M3071,共 2 572 点
	特殊用	M8000~M8255,共 256 点
状态元件	初始状态	S0~S9,共 10 点
	一般状态	S10~S499,共 490 点
	保持区域	S500~S899,共 400 点

续表 7 - 19

项　目		功　能
定时器	100 ms	T0～T199,T250～T255 共 206 点
	10 ms	T200～T245,共 46 点
	1 ms	T246～T249,共 4 点
计数器	16 位通用	C0～C99,共 100 点(加计数)
	16 位保持	C100～C199,共 100 点(加计数)
	32 位通用	C200～C219,共 20 点(加减计数)
	32 位保持	C220～C234,共 15 点(加减计数)
	32 位高速	C235～C255,可使用 8 点(加减计数)
数据寄存器	16 位通用	D0～D199,共 200 点
	16 位保持	D200～D7999,共 7 800 点
	文件寄存器	D1000～D7999,区域参数设定,最大 7 000 点
	16 位特殊	D8000～D8195,共 196 点
	16 位变址	V0～V7,Z0～Z7,共 16 点
指针	跳转用	P0～P127,共 128 点
嵌套	主控用	N0～N7,共 8 点
常数	十进制	16 位:-32 768 ～+32 767;-2 147 483 648 ～+2 147 483 647
	十六进制	16 位:0 ～FFFF;32 位:0 ～FFFFFFFF

（2）高速计数与脉冲输出

FX_{2N} 的基本单元同样带有高速 I/O 点,可以实现内置高速计数与脉冲输出功能。高速计数输入可接收的最高脉冲频率为 60 kHz,高速脉冲输出可以输出 2 通道(轴)独立 20 kHz 高速脉冲。

（3）通信与网络功能

FX_{2N} 同样可通过内置式扩展板进行 RS - 232 C/RS - 422/RS - 485 标准通信接口扩展,实现 PLC 与 PLC、计算机与 PLC 的互联,也可以通过网络主站与从站模块实现网络控制功能。

通过选配网络主站模块,FX_{2N} 系列 PLC 可作为分布式 PLC 系统的主站,链接远程 I/O 模块(I/O 从站,最多 7 台),构成 CC - Link、AS - i 分布式 PLC 系统;也可以链接其他 PLC、变频器等远程设备(最多 8 台),构成简单的 PLC 网络系统。

通过选配网络从站模块(接口模块),FX_{2N} 可作为 CC - Link 网络的从站,链接到以其他 PLC(如 Q 系列)为主站的 PLC 网络系统中。

（4）特殊功能模块

FX$_{2N}$的特殊功能扩展模块包括温度测量与调节模块（A/D 转换模块）、高速计数模块、脉冲输出模块、定位控制模块等。

2. 扩展性能

（1）I/O 扩展单元

FX$_{2N}$ I/O 扩展单元的型号、性能与电源输入要求如表 7-20 所列。

表 7-20　FX$_{2N}$系列扩展单元一览表

型　号	名称与功能	输入电源			可提供的电源容量	
		额定电压	范围/V	容　量	DC(24V)	DC(5V)
FX$_{2N}$-32ER	16 点 DC(24V)输入/16 点继电器输出	AC 100/200 V	85～264	40V.A	250 mA	690 mA
FX$_{2N}$-32ET	16 点 DC(24V)输入/16 点继电器输出					
FX$_{2N}$-32ES	16 点 DC(24V)输入/16 点继电器输出					
FX$_{2N}$-48ER	24 点 DC(24V)输入/24 点继电器输出	AC 100/200 V	85～264	50V.A	460 mA	690 mA
FX$_{2N}$-48ET	24 点 DC(24V)输入/24 点晶管体输出					
FX$_{2N}$-48ER-U A1/UL	24 点 DC(24V)输入/24 点晶管体输出					
FX$_{2N}$-48ER-D	24 点 DC(24V)输入/24 点继电器输出	AC100/200 V	DC 16.8～28.8	30 W	460 mA	690 mA
FX$_{2N}$-48ET-D	24 点 DC(24V)输入/24 点晶管体输出					

（2）I/O 扩展模块

I/O 扩展模块与 I/O 扩展单元的主要区别是扩展模块无外部电源输入端，它需要由基本单元或扩展单元提供 24 V 电源。

FX$_{2N}$系列 I/O 扩展模块的 I/O 点数有 8 点和 16 点两种，既可以是单独的输入扩展（FX$_{2N}$-EX)或单独的输出扩展（FX$_{2N}$-EY)，也可以是 I/O 混合扩展（FX$_{2N}$-EE)。扩展模块的规格如表 7-21 所列。

表 7－21　FX_{2N}系列扩展模块一览表

	型　号	名称与功能	DC 24 V 消耗/mA	I/O 点数
输入扩展	FX_{2N}－8EX	8 点 DC 24 V 输入扩展模块	50	8/0
	FX_{2N}－8EX－UA1/UL	8 点 AC 100 V 输入扩展模块	50	8/0
	FX_{2N}－16EX	16 点 DC 24 V 输入扩展模块	100	16/0
	FX_{2N}－16EX－C	16 点 DC 24 V 输入扩展模块（插头连接）	100	16/0
	FX_{2N}－16EXL－C	16 点 DC 5 V 输入扩展模块（插头连接）	100	16/0
输出扩展	FX_{2N}－8EYR	8 点继电器输出扩展模块	75	0/8
	FX_{2N}－8EYT	8 点 DC 24 V/0.5 A 晶体管输出扩展模块	75	0/8
	FX_{2N}－8EYT－H	8 点 DC 24 V/1 A 大功率晶体管输出扩展模块	75	0/8
	FX_{2N}－16EVR	16 点继电器输出扩展模块	150	0/16
	FX_{2N}－16EVT	16 点 DC 24 V/0.5 A 晶体管输出扩展模块	150	0/16
	FX_{2N}－16EVS	16 点晶体管扩展模块	150	0/16
	FX_{2N}－16EVT－C	16 点 DC 24 V/0.3 A 晶体管输出扩展模块	150	0/16
混合扩展	FX_{2N}－8ER	4 输入/4 继电器输出扩展模块	70	8/8

7.2.2　FX_{2N}系列 PLC 基本指令系统

　　FX_{2N}系列 PLC 有 27 条基本指令、2 条步进指令、128 种（298 条）"与"功能指令（或称为应用指令）。FX_{2N}系列 PLC 的基本指令如表 7－22 所列。

表 7－22　FX_{2N}系列 PLC 基本指令一览表

助记符	名　称	可用元件	功能和用途
LD	取	X、Y、M、S、T、C	逻辑运算开始。用于与母线连接的常开触点
LDI	取反	X、Y、M、S、T、C	逻辑运算开始。用于与母线连接的常闭触点
LDP	取上升沿	X、Y、M、S、T、C	上升沿检测的指令，仅在指定元件的上升沿时接通 1 个扫描周期
LDF	取下降沿	X、Y、M、S、T、C	下降沿检测的指令，仅在指定元件的下降沿时接通 1 个扫描周期
AND	"与"	X、Y、M、S、T、C	和前面的元件或回路块实现逻辑"与"，用于常开触点串联
ANI	"与"反	X、Y、M、S、T、C	和前面的元件或回路块实现逻辑"与"，用于常闭触点串联
ANDP	"与"上升沿	X、Y、M、S、T、C	上升沿检测的指令，仅在指定元件的上升沿时接通 1 个扫描周期
OUT	输出	Y、M、S、T、C	驱动线圈的输出指令
SET	置位	Y、M、S	线圈接通保持指令
RST	复位	Y、M、S、T、C、D	清除动作保持；当前值与寄存器清零

续表 7 - 22

助记符	名　称	可用元件	功能和用途
PLS	上升沿微分	Y、M	在输入信号上升沿时产生1个扫描周期的脉冲信号指令
PLF	下降沿微分	Y、M	在输入信号下降沿时产生1个扫描周期的脉冲信号指令
MC	主控	Y、M	主控程序的起点
MCR	主控复位	—	主控程序的起点
ANDF	"与"脉冲下降沿	Y、M、S、T、C	下降沿检测的指令,仅在指定元件的下降沿时接通1个扫描周期
OR	"或"	Y、M、S、T、C	和前面的元件或回路块实现逻辑"或",用于常开触点并联
ORI	"或"反	Y、M、S、T、C	和前面的元件或回路块实现逻辑"或",用于常闭触点并联
ORP	"或"上升沿	Y、M、S、T、C	上升沿检测的指令,仅在指定元件的上升沿时接通1个扫描周期
ORF	"或"下降沿	Y、M、S、T、C	下降沿检测的指令,仅在指定元件的下降沿时接通1个扫描周期
ANB	回路块"与"	—	并联回路块的串联连接指令
ORB	回路块"或"	—	串联回路块的并联连接指令
MPS	进栈	—	将运算结果(或数据)压入栈存储器
MRD	读栈	—	将栈存储器第1层的内容读出
MPP	出栈	—	将栈存储器第1层的内容弹出
INV	取反转	—	将执行该指令之前的运算结果进行取反转操作
NOP	空操作	—	程序中仅做空操作运行
END	结束	—	表示程序结束

注:字母 X 表示输入继电器,字母 Y 表示输出继电器,字母 M 表示辅助继电器,字母 S 表示状态继电器,字母 T 表示
　定时器,字母 C 表示计数器。

7.3　西门子 S7 - 200 与三菱 FX$_{2N}$ 基本指令比照

1. 关于常用逻辑指令

常用逻辑指令见表 7 - 23。

表 7 - 23　常用逻辑指令

指　　令	西门子 S7 - 200		三菱 FX$_{2N}$	
母线取指令	LD	I0.0	LD	X0
母线取反指令	LDN	I0.1	LDI	X1
输出指令	=	Q0.0	OUT	Y0
逻辑"与"(串联)指令	A	I0.2	AND	X2

指　令	西门子 S7 - 200		三菱 FX₂N	
逻辑"与(串联)非"指令	AN	I0.3	ANI	X3
逻辑"或"(并联)指令	O	I0.4	OR	X4
逻辑"或(并联)非"指令	ON	I0.5	ORI	X5
取"非"指令	NOT		INV	
串联块的并联指令	OLD		ORB	
并联块的串联指令	ALD		ANB	
置位指令	S	Q0.1	SET	Y1
复位指令	R	Q0.1	RST	Y1
上微分指令	EU		PLS	
下微分指令	ED		PLF	

2. 关于定时器指令

定时器指令见表 7 - 24 和表 7 - 25。

表 7 - 24　西门子 S7 - 200 系列三种定时器

通电延时定时器 TON	I2.0 IN TON T33 3 - PT 10 ms	LD　I2.0 TON　T33,3	当 I2.0 连续接通 30 ms 时，T33 有输出
断电延时定时器 TOF	I2.2 IN TOF T34 3 - PT 10 ms	LD　I2.1 TOF　T34,3	当 I2.1 连续断开 30 ms 时，T34 有输出
保持型延时定时器 TONR	I2.2 IN TONR T1 1 - PT 10 ms	LD　I2.2 TONR　T1,3	当 I2.2 累积接通 30 ms 时，T1 有输出

表 7 - 25　三菱 FX₂N 系列两种定时器

常规定时器 T0～T245	X000 (T1) K50 T1 (Y000)	LD　X0 OUT　T1　K50 LD　T1 OUT　Y0	当 X0 连续接通≥5 s，T1 输出接点动作，Y0 有输出；当 X0 断电，T1 就复位，Y0 无输出

| 计算式定时器
T246～T255 | X001　　　　K50
─┤├──(T251　　)

T251
─┤├──(Y001　　) | LD　　X1
OUT　T251　K50
LD　　T251
OUT　Y1 | 当 X1 累积接通≥5 s,T250
输出接点动作,Y1 有输出 |

3. 关于计数器指令

计数器指令见表 7 - 26 和表 7 - 27。

表 7 - 26　西门子 S7 - 200 系列三种计数器

增计数器 CTU	14.0 ─┤├──CU　CTU 12.0 ─┤├──R 4─PV	LD　　I4.0 LD　　I2.0 CTU　C3,4	当 I2.0 接通时,C3 复位,计数器当前值为 0; 当 I2.0 断开时,I4.0 输入脉冲 4 次(SV≥PV),C3 有输出
减计数器 CTD	14.1 ─┤├──CD　CTD 12.1 ─┤├──LD 4─PV	LD　　I4.1 LD　　I2.1 CTD　C3,4	当 I2.1 接通时,SV=PV,设定值 4 装入计数器; 当 I2.1 断开时,I4.1 输入脉冲 4 次,SV=0,C3 有输出
增减计数器 CTUD	14.2 ─┤├──CU　CTUD 13.0 ─┤├──CD 12.2 ─┤├──R 4─PV	LD　　I4.2 LD　　I3.0 LD　　I2.2 CTUD　C3,4	当 I2.2 接通时,C3 复位,计数器当前值为 0; 当 I2.2 断开时,I4.2 增计数输入脉冲 4 次(SV≥PV),C3 有输出; 当 I2.2 断开时,I3.0 减计数输入脉冲做减 1 操作,当前值 SV<PV 时,C3 无输出

表 7 - 27　三菱 FX₂N 系列两种计数器

| 16 位递加计数器
C0～C199 | X011　　　　K3
─┤├──(C0　　)

C0
─┤├──(Y000　　) | LD　　X10
RST　C0
LD　　X11
OUT　C0　K3
LD　　C0
OUT　Y0 | 当 X11 输入脉冲 3 次(≥K3),C0 输出动作,Y0 有输出 |

续表 7 - 27

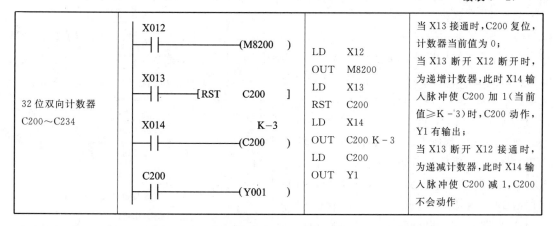

| 32 位双向计数器
C200～C234 | | LD　X12
OUT　M8200
LD　X13
RST　C200
LD　X14
OUT　C200 K - 3
LD　C200
OUT　Y1 | 当 X13 接通时,C200 复位,
计数器当前值为 0;
当 X13 断开 X12 断开时,
为递增计数器,此时 X14 输
入脉冲使 C200 加 1(当前
值≥K - 3)时;C200 动作,
Y1 有输出;
当 X13 断开 X12 接通时,
为递减计数器,此时 X14 输
入脉冲使 C200 减 1,C200
不会动作 |

除以上例子表示西门子 PLC 与三菱 PLC 指令有一些差别。

① 西门子可以使用结构化编程形式,程序由若干个子程序组成,每个子程序负责一个功能,需要时可通过主程序调用,这样不仅编写程序清楚,方便于现场调试,也便于程序后期维护。而三菱 FX 系列 PLC 程序在一个主程序里,如果程序较长,调试起来较为繁琐。

② 在高速计数及脉冲输出方面比较,FX_{2N} 2 点 60 kHz,4 点 10 kHz 单相计数器或 2 点 60 kHz,双相计数器。脉冲输出频率 100 kHz(需另配定位单元)。西门子 CPU221/222 4 点高速计数器(30 kHz),2 点 20 kHz 脉冲输出。CPU224/226 6 点高速计数器(30 kHz),2 点 20 kHz 脉冲输出。

③ 在通信功能方面比较,FX_{2N} 具有 N:N LINK、RS - 232C、RS - 422、RS - 485 通信功能。S7 22X 具有 PPI(物理层 RS - 485)、MPI、自由通信方式及 Profibus - DP。

7.4　OMRON CPM1A 系列 PLC

日本 OMRON(立石公司)电机株式会社是世界上生产 PLC 的著名厂商之一。OMRON 公司 C 系列 PLC 产品以其良好的性能价格比广泛应用于制造工业、食品加工、材料处理和工业控制过程等领域,其产品在日本销量仅次于三菱,位居第二,在我国应用也非常广泛。本节将以 OMRON 公司 CPM1A 小型机为例作简要介绍。

7.4.1　CPM1A 系列 PLC 的硬件配置

1. CPM1A 小型机的组成

与所有小型机一样,CPM1A 系列 PLC 采用整体式结构,内部由基本单元、电源、系统程序区、用户程序区、输入/输出接口、I/O 扩展单元、编程器接口及其他外部设备组成。

（1）基本单元

CPM1A 系列整体式 PLC 基本单元又称主机单元，内含 CPU，外部连接口主要有 I/O 接线端子、各种外连插座或插槽，以及各种运行信号指示灯等。I/O 接线端子可直接用来连接控制现场的输入信号（开关、按钮等）和被控执行部件（接触器、电磁阀等）。CPM1A 系列整体式分为 10 点、20 点、30 点、40 点 5 种类型。

在 CPM1A 系列 PLC 主机面板上有两个隐藏式插槽，即通信编程器插槽和 I/O 扩展插槽。通信编程器插槽可插接手持式编程器进行编程和现场调试，或配接一个专用适配器 RS-232C 即可与个人计算机（PC 机）连接，在 Windows 系统平台下可直接用梯形图进行编程操作，并可以进行实时监控和调试。I/O 扩展插槽用于连接 I/O 扩展单元。

CPU 主机面板上设有若干 LED 指示灯，其灯亮、闪烁所表征的意义如表 7-28 所列。

表 7-28　CPU 主机面板 LED 指示灯状态指示

LED	显　示	状　态
POWER(绿)	亮	电源接上
	灭	电源切断
RUN(绿)	亮	运行/监视模式
	灭	编程模式或停止异常过程中
ERROR/ALARM(红)	亮	发生故障
	闪烁	发生警告
	灭	正常时
COMM(橙)	闪烁	与外设端口通信中
	灭	上述以外

（2）I/O 扩展单元

I/O 扩展单元主要用于增加 PLC 系统的 I/O 点数以满足实际应用需要，I/O 扩展单元与主机单元相似，体积稍小，但没有 CPU，不能单独使用，只有 I/O 扩展插槽，没有通信编程器插槽。输入、输出端子分别连接输入、输出电路。其对应 LED 显示灯亮、灯灭分别表示输入或输出的接通、断开状态。扩展单元的 I/O 点数分别为 12 点、8 点，只有 I/O 为 30 点和 40 点的主机单元才能扩展，且最多连接 3 个 I/O 扩展单元。

2. CPM1A 小型机的主要性能指标

CPM1A 机型主要性能参数见表 7-29，表中所列 I/O 点数为主机本身所带 I/O 点数和连接扩展单元后所能达到的最大 I/O 点数。

表 7-29　OMRON CPM1A 的主要性能参数

特　性	10 点 I/O	20 点 I/O	30 点 I/O	40 点 I/O
结构	整体式			
指令条数	基本指令：14 种，功能指令：77 种，计 135 个			
处理速度	基本指令：0.72～16.3 μs，功能指令：MOV 指令＝16.3 μs			
程序容量	2 048 字			

续表 7 - 29

特 性		10 点 I/O	20 点 I/O	30 点 I/O	40 点 I/O
最大 I/O 点数	仅本体	10 点	20 点	30 点	40 点
	扩展时	—	—	50、70、90 点	60、80、100 点
输入继电器		00000～00915 (000～009CH)		不作为输入/输出继电器使用的通道可作为内部辅助继电器	
输出继电器		01000～01915 (010～019CH)			
内部辅助继电器		512 位:IR20000～23115(200～231CH)			
特殊辅助继电器		384 位:23200～25515(232～255CH)			
保持继电器		320 位:HR0000～1915(HR00～19CH)			
暂存继电器（TR）		8 位:（TR0～7)			
定时/计数器		128 点:TIM/CNT000～127			
数存储器: （DM）		读/写: 1024 字(DM0000～1023) 只读: 512 字(DM6144～6655)			
输入量		主要逻辑开关量			
输出方式		继电器、晶体管、可控硅			
联网功能		I/O Link 、HostLink（C200、CS1 还可 PCLink)			
工作电源		AC 100～240 V 或 DC 24 V 、50/60 Hz			

7.4.2 CPM1A 系列 PLC 的编程元件

与所有 PLC 一样,CPM1A 内部的"软继电器"可以将用户数据区按继电器的类型分为7 大类区域,即 I/O 继电器区、内部辅助继电器区、专用继电器区、暂存继电器区、定时/计数继电器区、保持继电器区和数据存储继电器区。

OMRON 公司的系列 PLC 采用"通道"(CH)的概念来标识数据存储区中的各类继电器及其区域,即将各类继电器及其区域划分为若干个连续的通道,PLC 则按通道号对各类继电器进行寻址访问。CPM1A 型 PLC 的数据区继电器通道号分配见表 7-25。每一个通道包含16 位(即二进制位),相当于 16 个继电器。用 5 位十进制数可表示一个具体的继电器及其触点号。例如,00001 表示 000 通道的第 01 号继电器;01001 表示 010 通道的第 01 号继电器,等等。其中的通道号表示继电器的类别。

CPM1A 的继电器类型及通道号分配如表 7-30 所列。

表 7-30　数据区继电器通道号分配表

名　称	点　数	通道号	继电器地址	功　能
输入继电器	160 点 (10 字)	000～009CH	00000～00915	能分配给外部输入/输出端子的继电器(没有使用的输入/输出通道可用作内部辅助继电器)
输出继电器	160 点 (10 字)	010～019CH	01000～01915	
内部辅助继电器	512 点 (32 字)	200～231CH	20000～23115	程序中能自由使用的继电器
特殊辅助继电器	384 点 (24 字)	232～255CH	23200～25507	具有特定功能的继电器
暂存继电器	8 点	TR0～7		在回路的分叉点上,暂时记忆 ON/OFF 状态的继电器
保持继电器	320 点 (20 字)	HR00～19CH	HR0000～1915	程序中能自由使用,且断电时也能保持断电前的 ON/OFF 状态的继电器
辅助记忆继电器	256 点 (16 字)	AR00～15CH	AR0000～1515	具有特定功能的继电器
链接继电器	256 点 (16 字)	LR00～15CH	LR0000～1515	1:1 连接中作为输入/输出用的继电器(也可用作内部辅助继电器)
定时/计数器	128 点	TIM/CNT 000～127		定时器、计数器共用相同号
数据内存(DM)	可读/写	1002 字	DM0000～0999 DM1022～1023	以字为单位(16 位)使用,断电时保持数据。 DM1000～1021 不作为存放异常历史时,可作为常规的 DM 自由使用;DM6144～6599、DM6600～6655 不能在程序中写入(可用外围设备设定)
	异常历史存放区	22 字	DM1000～1021	
	只读	456 字	DM6144～6599	
	PC系统设置区	56 字	DM6600～6655	

1. 输入/输出继电器区

输入/输出继电器区是外部 I/O 设备状态的映像区,PLC 通过输入/输出继电器区中的各个位与外部输入/输出建立联系。输入/输出继电器编号见表 7-31。

表 7-31 CPM1A 输入/输出继电器编号

输入 输出	CPU 单元		扩展 I/O 单元 (每个单元 I/O 点数为 12 点/8 点)		
输入号	10 点 I/O (6 点/4 点)	00000～00005	—	—	—
输出号		01000～01003	—	—	—
输入号	20 点 I/O (12 点/8 点)	00000～00011	—	—	—
输出号		01000～01007	—	—	—
输入号	30 点 I/O (18 点/12 点)	00000～00011 00100～00105	00200～00211	00300～00311	00400～00411
输出号		01000～01007 01100～01103	01200～01207	01300～01307	01400～01407
输入号	40 点 I/O (24 点/16 点)	00000～00011 00100～00111	00200～00211	00300～00311	00400～00411
输出号		01000～01007 01100～01107	01200～01207	01300～01307	01400～01407

2. 内部继电器

除上述输入/输出继电器外,其余的均属内部继电器。CPM1A 系列 PLC 的内部继电器及其通道号表示可分为以下几类:

① 内部辅助继电器(AR),其作用是在 PLC 内部起信号控制和扩展的作用,相当于接触继电器线路中的中间继电器。CPM1A 机共有 512 个内部辅助继电器,其编号为 20000～23115,所占的通道号为 200CH～231CH。内部辅助继电器没有掉电保持状态的功能。

② 暂存继电器(TR),用于具有分支点的梯形图程序的编程,它可把分支点的数据暂时储存起来。CPM1A 型机提供了 8 个暂存继电器,其编号为 TR0～TR7。在具体使用暂存继电器时,其编号前的"TR"一定要标写,以便区别。TR 继电器只能与 LD、OUT 指令联用,其他指令不能使用 TR 作数据位。

③ 保持继电器(HR),用于各种数据的存储和操作,具有停电记忆功能,可以在 PLC 掉电时保持其数据不变。其保持作用是通过 PLC 内的锂电池实现的。保持继电器的用途与内部辅助继电器基本相同。CPM1A 系列 PLC 中的保持继电器共有 320 个,其编号为 HR0000～HR1915,所占的通道号为 HR00～HR19。在编程中使用保持继电器时,除了标明其编号外,还要在编号前加上"HR"字符以示区别,例如"HR0001"。

④ 定时/计数器(TIM/CNT),在 CPM1A 系列 PLC 中提供 128 个定时/计数器。使用

时,某一编号只能用作定时器或计数器,不能同时既用作定时器又用作计数器,如已使用了 TIM001,就不能再出现 CNT001,反之亦然。

此外,在 CPM1A 系列 PLC 中,对于上述继电器编号,也可以用来进行高速定时(又称高速定时器 TIMH)和可逆计数(又称可逆计数器 CNTR)。它们在使用时需要用特殊指令代码来指定。

⑤ 内部专用继电器(SR),用于监视 PLC 的工作状态,自动产生时钟脉冲对状态进行判断等。其特点是用户不能对其进行编程,而只能在程序中读取其触点状态。

CPM1A 系列 PLC 中常用的 15 个专用继电器及它们的具体编号和功能如下:

25200 继电器:高速计数复位标志(软件复位)。

25208 继电器:外设通信口复位时仅一个扫描周期为 ON,然后回到 OFF 状态。

25211 继电器:强制置位/复位的保持标志。在编程模式与监视模式互相切换时,ON 为保持强制置位/复位;OFF 为解除强制置位/复位。

25309 继电器:扫描时间出错报警。当 PLC 的扫描周期超过 100 s 时,1809 变 ON 并报警,但 CPU 仍继续工作;当 PLC 的扫描周期超过 130 s 时,CPU 将停止工作。

25313 继电器:常开 ON 继电器。

25314 继电器:常闭 OFF 继电器。

25315 继电器:第一次扫描标志。PLC 开始运行时,25315 为 ON 一个扫描周期,然后变为 OFF。

25500~25502 继电器:时钟脉冲标志。这 3 个继电器用于产生时钟脉冲,可用在定时或构成闪烁电路。其中,25 500 产生 0.1 s 脉冲(0.05 s ON/0.05 s OFF),在电源中断时能保持当前值;25501 产生 0.2 s 脉冲(0.1 s ON/0.1 s OFF),具有断电保持功能;25502 产生 1 s 脉冲(0.5 s ON/0.5 s OFF),具有断电保持功能。

25503~25507 继电器:这五个继电器为算术运算标志。其中,25503 为出错标志,若算术运算不是 BCD 码输出时,则 25503 为 ON;25504 为进位标志 CY,若算术运算结果有进位/错位时,则 25504 为 ON;25505 为大于标志 GR,在执行 CMP 指令时,若比较结果为">",则 25505 为 ON;25506 为相等标志 EQ,在执行 CMP 指令时,若比较结果为"=",则 25506 为 ON;25507 为小于标志 LE,在执行 CMP 指令时,若比较结果为"<",则有 25507 为 ON。

⑥ 数据存储继电器(DM),实际是 RAM 中的一个区域,又称数据存储区(简称 DM 区)。它只能以通道的形式访问。CPM1A 系列 PLC 提供的读/写数据存储器寻址范围为 DM0000~DM1023(共 1 023 字),只读数据存储器寻址范围为 DM6144~DM6655(共 512 字)。编程时需要在通道号前标注"DM",DM 区具有掉电保持功能。

7.4.3　OMRON C 系列 PLC 指令系统

CPM1A 系列 PLC 具有丰富的指令集,按其功能可分为两大类:基本指令和特殊功能指令。其指令功能与三菱 FX 系列 PLC 大同小异,不再赘述。

CPM1A 系列 PLC 指令一般由助记符和操作数两部分组成。助记符表示 CPU 执行此命令所要完成的功能,操作数指出 CPU 的操作对象。操作数既可以是前面介绍的通道号和继电器编号,也可以是 DM 区或是立即数。立即数可以用十进制数表示,也可以用十六进制数表示。可能影响执行指令的系统标志有:ER(错误标志)、CY(进位标志)、EQ(相等标志)、GR(大于标志)和 LE(小于标志)等。

CPM1A 系列 PLC 的基本逻辑指令与三菱 FX 系列 PLC 较为相似,梯形图表达方式也大致相同,CPM1A 系列 PLC 基本逻辑指令如表 7 - 32 所列。

表 7 - 32 CPM1A 系列 PLC 基本逻辑指令

助记符或 功能代码	名 称	操作数位	功能和用途
LD	载入	IR、SR、HR、AR、LR、TC	每条逻辑线或逻辑块开始;与母线连接的常开触点,或触点组开始的常开触点
LD NOT	载入"非"	IR、SR、HR、AR、LR、TC	每条逻辑线或逻辑块开始;与母线连接的常闭触点,或触点组开始的常闭触点
OUT	输出	IR、SR、HR、AR、LR	驱动线圈的输出指令
OUT NOT	输出"非"	IR、SR、HR、AR、LR	将输出条件取"非"后,驱动线圈输出
AND	"与"	IR、SR、HR、AR、LR、TC	和前面的元件实现逻辑"与",用于单个常开触点串联
AND NOT	"与非"	IR、SR、HR、AR、LR、TC	和前面的元件实现逻辑"与",用于单个常闭触点并联
OR	"或"	IR、SR、HR、AR、LR、TC	和前面的元件实现逻辑"或",用于单个常开触点串联
OR NOT	"或非"	IR、SR、HR、AR、LR、TC	和前面的元件实现逻辑"或",用于单个常闭触点并联
AND LD	回路块"与"		并联回路块的串联指令
OR LD	回路块"或"		串联回路块的并联指令
SET	置位	IR、SR、HR、AR、LR、TC	线圈接通保持指令
RSET	复位	IR、SR、HR、AR、LR、TC	清除动作保持;计数器、定时器当前值及寄存器清零
DIFU(13)	上升 沿脉冲 指令	IR、HR、AR、LR	在输入信号由 OFF 变 ON 时产生一个宽度为一个扫描周期的脉冲
DIFU(14)	下降 沿脉冲 指令	IR、HR、AR、LR	在输入信号由 ON 变 OFF 时产生一个宽度为一个扫描周期的脉冲
IL/ILC(03)	连锁/ 连锁清除		如果 IL 的条件为 OFF,则 IL 和 ILC 之间的程序不执行

续表 7 - 32

助记符或 功能代码	名　称	操作数位	功能和用途
TR	暂存		将其前面的逻辑运算结果暂时保存
JMP/JME （04）	跳转/ 跳转结束	跳转编号	如果 JMP 的条件为 OFF，则跳过 JMP 和 JME 之间的程序，该部分程序保持原有状态不变
KEEP(11)	锁存	IR、HR、AR、LR	当置位输入 ON 时，锁存状态将保持，直到复位信号把它变为 OFF。当两个同时都 ON 时，复位优先
TIM/CNT	定时/ 计数器	SV（IR、HR、AR、LR、DM、立即数）	定时/计时器分别实现延时和计数功能
END(01)	结束指令		表示系统程序结束

表 7 - 32 中字母 IR 表示内部辅助继电器，字母 SR 表示特殊继电器，字母 HR 表示保继电器，字母 AR 表示辅助记忆继电器，字母 LR 表示链接继电器，字母 TC 表示定时/计数区。

小　　结

本章介绍了西门子 S7−200 小型机 PLC 的工作原理和基本指令，对比介绍了三菱公司 FX$_{2N}$PLC 和 OMRON 公司 CPM1A PLC 小型机 PLC 的基本指令格式和功能。三种 PLC 在基本指令、内部寄存器有相似之处。当读者阅读本章后再对比前面关于松下 PLC 所学知识，可以更全面地了解 PLC 整体应用情况，并且也可以作为西门子、三菱、OMRON PLC 学习的入门，为日后再学习打下基础。

习题与思考题

7.1　西门子 S7−200 系列 PLC 的寻址方式有哪几种？

7.2　三菱 FX 系列 PLC 的基本单元、扩展单元和扩展模块三者有何区别？主要作用是什么？

7.3　三菱 FX 系列 PLC 主要有哪些特殊功能模块？

7.4　OMRON C 系列 PLC 和三菱 FX 系列 PLC 的基本指令，有哪些指令的功能和指令助记符相同？哪些功能相同但助记符不同？

7.5　试分别用西门子 PLC、三菱 PLC、OMRON PLC 设计一个抢答器，要求：有 4 个答题人，出题人提出问题，答题人按动按钮开关，仅仅是最早按的人输出，出题人按复位按钮，引出下一个问题，试画出梯形图。

第8章
触摸屏、变频器及其应用

触摸屏是一个使多媒体信息或控制改头换面的设备,它赋予多媒体系统以崭新的面貌,是极富吸引力的全新多媒体交互设备。工业用触摸屏利用其方便、多功能满足各种复杂的工业控制,在工控领域应用越来越多。

变频器是将固定电压、固定频率的交流电变换为可调电压、可调频率的交流电装置。它的问世使电气传动领域发生了深刻的技术革命。有数据显示,采用变频控制将会节电 30% 左右。近年来变频器作为商品在国内的销售呈逐年增长趋势,近几年市场保持 12%～15% 的增长率,超过了 GTP 的增长速度。

本章将简要介绍触摸屏、变频器基本构成及工作原理,重点介绍它们的使用方法,并结合PLC 介绍由它们构成的应用系统。

8.1 触摸屏概述

工业用触摸屏出现在中国企业大约有十几年时间,尽管时间不长,但发展很快,尤其近两年,普及性逐年提高。但是,仍然有些人对此接触不多和不甚了解,有些搞系统设计的人员,还在把触摸屏当做可有可无的设备,不知道它在系统设计中的用途,这种现象在发达国家也有一定的普遍性。因此,加快学习和掌握触摸屏应用技术,提升我国工业控制水平是当前重要工作。

8.1.1 触摸屏应用场合及基本工作原理

1. 触摸屏应用场合

触摸屏应用范围十分广阔,不仅在工业控制,在其他领域如电信、税务、银行、电力、医院、商场的业务查询,机场、火车站、地铁自动购票、办公、军事指挥、电子游戏、点歌点菜、多媒体教学、房地产预售,以及电梯按钮、旋转门控制等都获得广泛应用,在手机、iPad 上应用最普遍。

工业用触摸屏是与 PLC 配套使用的设备,是替代传统机械按钮和指示灯的智能化显示终端。用触摸屏上的图符替代机械按钮,可以避免触点抖动,机械老化,接触不良,提高系统可靠性;还可以通过设置参数,显示数据,以曲线或动画等形式描绘和监控多种被控设备的工作状态和运行参数,实现对系统的自动控制。

当前在一些控制要求较高、参数变化多、硬件接线有变化场合，触摸屏与 PLC 组合控制形式已占主导地位。

2. 触摸屏基本工作原理

触摸屏设备由触摸检测装置和触摸屏控制器构成，其中触摸检测装置安装在显示屏幕前面，用于检测触摸面上用户触摸点的位置，并将检测到的信息送往触摸屏控制器。触摸屏控制器接收触摸信息后，将它转换成触点坐标，送给 CPU，触摸屏控制器同时能接收 CPU 发来的命令并加以执行。

8.1.2　触摸屏特点与分类

1. 触摸屏特点

触摸屏主要特点可概括为以下几点：

① 透明。透明将直接影响触摸屏视觉效果，因此，要通过材料科技来解决透明问题。红外线式触摸屏和表面声波式触摸屏只隔一层纯玻璃，透明效果较好。其他类型触摸屏一般由多层复合薄膜构成，透明效果稍差。

② 触摸屏在物理上是一套独立的绝对定位系统，即你选择了哪一项就直接触摸到那，不需要第二个动作。相比之下，鼠标则是一个相对定位系统，当需要光标移动到某个地方时，首先要知道现在在何处，然后确定往那个方向走，每时每刻要给用户反馈当前所在位置。

③ 检测触摸并定位。各种触摸屏技术都是依靠各自的传感器工作，有的触摸屏本身就是一套传感器。各自的定位原理和各自所用的传感器决定了触摸屏的反应速度、可靠性、稳定性和寿命。根据检测触摸装置的工作原理，常用的有四类触摸屏：电阻式、电容式、红外线式和表面声波式。每一类触摸屏都有其各自优缺点，适用于不同场合，应区分对待。

绝对定位系统要求每次触摸点的数据通过校准数据转为屏幕上的坐标，因此同一触摸点输出的数据应该稳定；否则，触摸屏不能保证绝对坐标定位。坐标定位不准是触摸屏严重问题。从技术原理上分析，如果同一触摸点每次采样数据不同，那么这种现象称为漂移。具体表现在，当你点击你在屏幕上看到的位置，反映出来的结果却偏离了你的位置，这种现象就是漂移，又称为指定位功能故障。理论上讲，触摸屏幕都具有一些漂移，但正常情况下漂移量微小，可以忽略。电容式触摸屏具有一定漂移现象。

2. 触摸屏分类

（1）电阻式触摸屏构成与原理

电阻式触摸屏的屏体部分由多层复合薄膜构成，即基层、导电层、塑料层。基层，选用玻璃或有机玻璃。导电层共两层，一层位于基层上面，另一层位于塑料层下面。在两层之间有许多细小的(小于 1/1000 in)的透明隔离点把两层导电层隔开绝缘。当手指触摸屏幕时,两层导电层在触摸点位置就有了接触。电阻式触摸屏屏体结构示意图如图 8 - 1 所示。

触摸屏屏体按电路结构划分为下线路(基层与导电层)和上线路(塑料层与导电层)两部分。当触摸屏表面无压力时,中间透明隔离点的绝缘作用使上下线路呈开路状态。一旦有压力使触摸屏上下线路接通,控制器通过下线路导电层 x 轴坐标方向施加的驱动电压,以及上线路导电层上的探针,侦测出 x 轴方向上的电压,由此推算出压力点的 x 轴坐标。通过控制器改变施加电压的方向,同理可测出压力点的 y 轴坐标,从而明确压力点 (x,y) 的位置。这就是电阻式触摸屏的基本工作原理。

电阻式触摸屏的优点:屏和控制系统比较便宜,反应灵敏度较好,是一种对外界完全隔离的工作环境,不怕灰尘和水汽;它可以用任何物体来触摸,使用寿命相对较长,比较适合工业控制领域及办公室内有限人的使用。

电阻式触摸屏的缺点:复合薄膜的外层采用塑胶材料,用力或使用锐器触摸可能划伤整个触摸屏而导致报废;触摸屏抗干扰能力较差,一般无法识别误动作,任何物体碰触都会引起动作。

(2) 电容式触摸屏构成与原理

电容式触摸屏由四层复合玻璃屏构成,两层玻璃屏的内表面夹层各涂有一层 ITO(透明导电膜玻璃),最外层是一薄层矽土玻璃保护层,由四个角引出电极。电容屏是利用人体电流感应进行工作的,屏体结构示意图如图 8 - 2 所示。

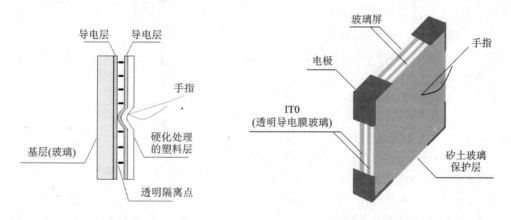

图 8 - 1　电阻式触摸屏屏体结构示意图　　　　**图 8 - 2　电容式触摸屏屏体结构示意图**

当手指触摸在金属层上时,由于人体电场,手指与触摸屏导体层间形成一个耦合电容。对于高频电流,电容是直接导体,于是手指从接触点吸走一很小电流。电流分别从触摸屏四角电极流出,四个电极的电流与手指到四角的距离成正比,控制器通过对四个电流比例的精确计算,得出触摸点的位置信息。因此,电容式触摸屏只需轻轻一摸就可以被系统识别到。

电容式触摸屏的优点:电容屏需要通过感知人体电流才能操作,对其他物体触碰不会有响应。因此，避免了误触可能。电容屏的双玻璃不但能保护导体及感应器，还可以有效地防止外在环境因素对触摸屏造成的影响。与电阻屏相比，电容屏在防尘、防水、耐磨等方面都有更好的表现。尽管电容屏最外面的矽土保护玻璃防刮擦性很好，但是仍然应避免指甲或硬物敲击。

电容式触摸屏的缺点：精度不如电阻屏高，在小屏幕上还很难实现辨识比较复杂的手写输入。此外，易受温度、湿度等环境因素影响，甚至引起漂移。例如，身体靠近屏幕或在拥挤人群中操作可能引起漂移。这是因为电容式触摸屏是把人体当做电容器元件的一个电极使用，尽管用户手指距离屏幕更近，但屏幕附近物体的面积比手指大很多，于是会耦合出足够量容值的电容，流走的电流引起电容屏动作，导致触摸位置误判。

（3）红外线式触摸屏构成与原理

红外线触摸屏结构简单，是在显示器边框上安装光点距架框，在架框周边排列若干红外线发射管和接收管，加电后在屏幕表面形成一个不可见的横竖交叉红外线网。当触摸物体（如手指）进入红外线网时，阻断了该位置的红外光束，智能控制系统将侦测到的光损失变化传输给控制系统，确认 x 轴和 y 轴坐标值，从而判断出触摸点在屏幕的位置。红外线式触摸屏屏体结构示意图如图 8-3 所示。

红外线式触摸屏的优点：红外线屏可以根据客户要求选择防暴玻璃，而不会增加太多成本和影响使用性能。不仅抗暴性好，而且屏幕表面不用涂层透光性也好，这是其他触摸屏无法效仿的。由于红外线屏不受电流、电压和静电干扰，因此，适宜工作在电场恶劣环境中。此外，没有电容充、放电过程，响应速度比电容屏快。

红外线式触摸屏的缺点：红外线屏对光照环境因素敏感。当外界光线变化（如阳光、室内射灯等）可能会产生影响甚至造成误判，但近年来抗干扰问题已获得较好解决。由于只是在普通屏幕增加了架框，在使用过程中架框四周红外线发射管及接收管

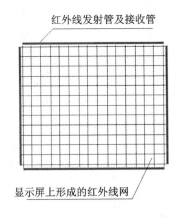

红外线发射管及接收管

显示屏上形成的红外线网

图 8-3　红外线式触摸屏屏体结构示意图

容易损坏，且不防水和怕污垢，任何触摸物体都可遮挡触摸点上的红外线，造成触摸屏误操作；因此，不适宜置于户外和公共场所使用。红外线屏的分辨率由框架中的红外对管数目决定，只有红外对管做得更小，才能制造出高分辨率触摸屏。

第五代红外线触摸屏已经实现了 1000×720 高分辨率、多层次自调节和高度智能化判别识别的全新技术产品，并且可针对用户定制扩充功能，如网络控制、用户软件加密保护、红外数据传输等。应该说红外线屏是未来的发展趋势。

（4）表面声波式触摸屏构成与原理

表面声波式触摸屏可以是平面、球面或柱面的玻璃平板。玻璃一般是纯粹的强化玻璃，没

有任何贴膜和覆盖层。玻璃屏的左上角和右下角各固定了竖直和水平方向的超声波发射换能器,右上角固定了两个相应的超声波接收换能器。玻璃屏四个周边刻有 45°角由疏到密间隔非常精密的反射条纹。表面声波式触摸屏屏体结构示意图如图 8-4 所示。

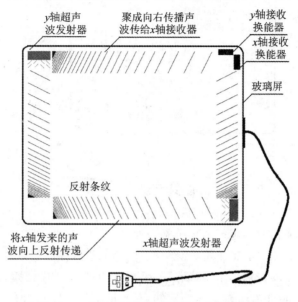

图 8-4　表面声波式触摸屏屏体结构示意图

以 x 轴超声波发射为例,发射器将控制器送来的电信号转化为声波能量,在屏体表面上由右向左传播,与此同时,屏体下边的反射条纹又将声波均匀地向上反射,屏体上边的反射条纹再聚成向右的声波传给 x 轴接收换能器,将返回的声波能量还原为电信号。

x 轴发射器发射的声波能量,通过不同的途径返回。在屏体表面,最右边的声波最早被接收,最左边的声波最晚接收。最远的声波比最近的多走了 2 倍 x 轴最大距离(发射和返回),早与晚接收到的声波能量经 x 轴接受换能后再次叠加成波形信号。触摸屏在没有被触摸的时候,发射与接收的信号波形一样。

当手指或其他物体触摸屏幕时,x 轴途经手指部位向上传播的声波能量被部分吸收,接收后经换能的电信号波形与发出波形对比会有衰减缺口。计算缺口位置即可确定触摸屏 x 轴坐标。手指触摸屏幕示意图如图 8-5 所示。

类似,y 轴同样的过程也可以判定触摸点的 y 坐标。除了能确定触摸屏的 x 轴和 y 轴坐标外,触摸屏还能够确定 z 轴坐标,也就是能感知手指触摸压力的大小。表面声波式触摸屏是三维搜索和判定,三轴一旦确定,就可确定手指位置。

z 轴是压力感知,触摸的力度越大,吸收声波越多,接收信号波形上衰减缺口则越宽、越深。控制器可据此产生相应的模拟输出,这是目前其他触摸屏所不具备的。

表面声波式触摸屏的优点:因为采用纯玻璃光学性能好,清晰度和透光率最高,反光最少,

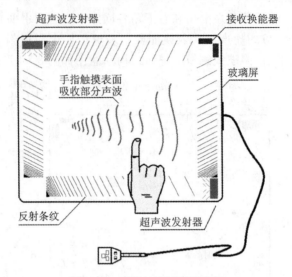

图 8 - 5　手指触摸屏幕示意图

无色彩失真。若选用强化玻璃则可增加抗暴力性,适用于公共场所。由于声波是机械振动,不受电磁信号影响,因此,不怕电磁干扰,无漂移。因为触摸屏控制器以每秒 48 次的速度搜索触摸数据,因此,触摸屏能够识别尘土、水滴还是手指。如果 3 s 内"触摸"静止不动,即自动识别为干扰物,不予理睬。由于有 z 轴的压力感知,触摸屏不仅可以判断有、无触摸两个简单状态,而且具备模拟量检测功能,通过检测触摸力度,实现对速度、流量、温度等的改变。

表面声波式触摸屏的缺点:表面声波式触摸屏表面的灰尘和水滴将阻挡表面声波的传递,虽然控制器能分辨出来,但尘土积累到一定程度,信号会衰减得非常厉害。此时触摸屏会变得迟钝,甚至不能工作。因此,表面声波触摸屏一方面推出防尘型触摸屏,另一方面建议定期清洁触摸屏表面。

8.2　日本松下触摸屏简介

日本松下电工触摸屏又称为可编程终端,可编程智能控制面板,也简称为 GT 主体。松下电工触摸屏已成为系列化产品,屏幕有大有小,有单色液晶和彩色液晶,外壳有灰黑色及银色两种。工作电压均为 24 V。目前在中国工业市场有较大的占有率。

8.2.1　GT 主体的主要特点和注意事项

GT 主体的主要特点:

① GT 主体是系列产品,主要型号有 GT10、GT11、GT21、GT32 等。其中,GT10 为 3 in,GT11 为 4 in,GT21 为 4.7 in,GT32 有 5.5 in 和 5.7 in 两种。触摸屏的屏幕越大显示字符越多,一般内存容量也大。

② 所有产品备有 RS-232C/RS-422(RS-485)两种通信方式,GT32 配备 USB 接口,可以和各大公司不同品牌的 PLC 连接。

③ 触摸屏不仅给操作人员提供视觉及触觉信息,GT32T1 型还带有声频输出功能,经过带功放的扬声器提醒操作人员。此外,GT32 还配备标准的 SD 卡插槽(最大 1G),用于复制和保存画面数据及声频输出文件。

④ GT32T1 型还支持以太网,实现与远处的本公司 PLC FP 系列产品的相互通信。

触摸屏在使用中的注意事项主要包括:使用环境的要求、安全注意事项及静电和干扰。这里只对主要问题作简单介绍,详细内容请参照有关说明书。

① 在使用环境上要求触摸屏应该在室内,环境温度为 0~50 ℃,环境湿度为 20%~85% RH;避免温度急剧变化,避免有可燃性气体、腐蚀性气体、多灰尘、铁粉,以及阳光直射等环境。

② 在安全注意事项上,要求考虑到触摸屏可能发生通信异常,对重要操作的开关不要仅使用触摸屏,建议同时使用其他的开关。

③ 触摸屏为电阻式触摸屏,在使用中应避免打击、揉捏面板等。

④ 不能同时按下两个或两个以上触点。

考虑到静电和干扰触摸屏,PLC 的连接电缆、电源线应尽量远离焊机、动力线、变频器、电机等易产生干扰的设备。在经常产生静电、辐射和感应干扰的环境下,要使用带屏蔽电缆并接地,避免损坏液晶显示器。

8.2.2 GT32 的规格、各部位名称和功能

GT32 触摸屏是 GT 系列中显示屏较大,应用较多的产品,这里以 GT32 为例介绍有关它的规格、名称和功能。

1. GT32 的主要规格

额定电源:24 V DC。

消耗功率:10 W 以下。

触摸开关寿命:100 万次以上(25℃下)。

2. GT32 各部位名称和功能

GT32 正面图如图 8-6 所示。GT32 侧面图如图 8-7 所示。

① 将 SD 存储卡插入存储卡插槽中。

② 用 USB 电缆直接与计算机 USB 口连接。

GT32 背面图如图 8-8 所示。

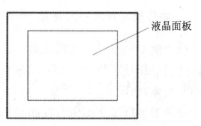

液晶面板

图 8-6 GT32 正面图

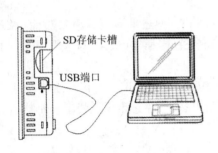

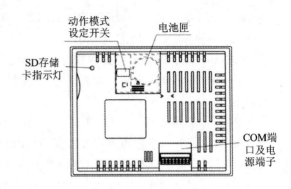

图 8-7　GT32 侧面图　　　　　　　　　图 8-8　GT32 背面图

① 动作模式的 4 个设定开关均在 ON 位置为出厂状态,如图 8-9 所示。

设定开关在 ON 位置主要用来对触摸屏操作、显示进行相应封锁。如开关 2 打到 ON,用来禁止切换到系统菜单,避免管理者以外的人对触摸屏环境设置进行更改。其他开关功能详见技术手册。

② 24 V/RS-232C 型 COM 端口及电源端子如图 8-10 所示。该端子排包括触摸屏工作电源端子(24 V),以及与 PLC 进行数据通信的多个端子。根据 PLC 机型不同,端子的连接方法不同,详见技术手册。

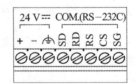

图 8-9　动作模式设定开关出厂状态　　　图 8-10　COM 端口及电源端子

8.2.3　触摸屏与计算机和 PLC 的连接

1. 触摸屏与计算机的连接

松下触摸屏有专用的画面制作工具软件,称为 GTWIN,是以绘画软件的操作风格制作画面。通过操作计算机对 GTWIN 软件编辑,将制作好的画面通过 USB 电缆或 LAN 电缆传送到 GT 主体,如图 8-11 所示。

如果触摸屏带有 USB 口(如 GT32),可按照前面图 8-7 所示直接与计算机 USB 口相接。如果触摸屏只有 RS-232C 口,则应该与计算机的 RS-232C 口相接。若计算机没有 RS-232C 口只有 USB 口,则应该通过接口转换器(适配器)使两者得到匹配。

图 8 - 11　触摸屏与计算机的连接

计算机与触摸屏连接后要通过 GTWIN 对 GT 主体进行环境设置文件传输,以保证计算机与 GT 主体的正常通信。详见技术手册。

2. 触摸屏与 PLC 的连接

触摸屏与 PLC 通信为异步通信,有 RS - 232C 和 RS - 422 两种通信接口,这里以带有 RS - 232C 通信接口的 PLC - FPX 连接为例,连接图如图 8 - 12 所示。GT32 触摸屏端子排与 FPX RS - 232C 端口引脚接线如图 8 - 13 所示。

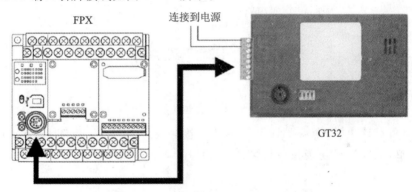

图 8 - 12　GT32 触摸屏与 FPX 连接图

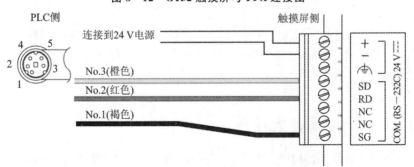

图 8 - 13　GT32 触摸屏端子排与 FPX RS - 232C 端口连接图

3. 穿越功能

　　所谓穿越功能是指计算机与触摸屏相接,触摸屏再与 PLC 相接,安装在计算机上的画面制作工具 GTWIN 和 PLC 编程软件 FPWIN GR 可以分别与触摸屏、PLC 通信。亦即计算机上的 FPWIN GR 编程软件可以穿越触摸屏对 PLC 进行程序编辑和在线监控,可以给设计人员带来极大的方便。这种能力称为穿越功能,只适合在松下公司的触摸屏、PLC 中使用。线路连接如图 8-14 所示。

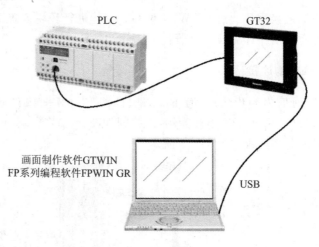

图 8-14　穿越功能

　　如果不具备穿越功能,则需要计算机单独连接触摸屏、单独连接 PLC,分别进行程序编辑,最后再将触摸屏、PLC 连接在一起检验运行程序。

8.3　GTWIN 软件使用

　　GTWIN 是 GT 系列触摸屏专用画面制作工具软件。它能够完成诸多操作,如利用准备好的部件进行开关、指示灯以及数据的显示,能自由地绘制字符串和各种图形描绘屏幕信息,还配备了位图显示等丰富的显示功能;可以将已制作的画面传送到 GT 主体,或由 GT 主体传送数据,还可以进行打印等。

8.3.1　GTWIN 的基本使用

　　在使用 GTWIN 制作画面时会经历以下几个步骤:启动 GTWIN,选择机型,设定与 PLC 基本通信区,通过画面管理器打开基本画面,开始绘制文字和图形设计,最后将绘制好的画面文件保存或传送到 GT 主体。

1. GTWIN 的启动

GTWIN 启动后,画面将显示如图 8-15 所示启动菜单。选择其中的某个选项,单击 OK 按钮。

【创建新文件】 编制新建画面的情况下选择。

【打开已有文件】 读取硬盘中所保存的画面数据并进行编辑的情况下选择。

【从 GT 读取】 读取 GT 主体内所保存的画面数据并进行编辑的情况下选择。

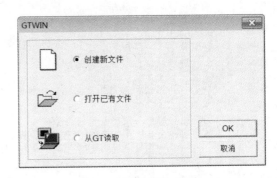

图 8-15 启动菜单画面

2. 机型的选择

在启动菜单中选择【创建新文件】或【从 GT 读取】时,将会显示【选择机型】对话框,如图 8-16所示。单击下拉按钮,从所显示的选项中选择要使用的 GT、PLC 的机型,然后单击 OK 按钮。

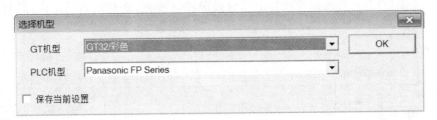

图 8-16 【选择机型】对话框

3. 设定与 PLC 基本通信区

在确定 PLC 机型和 GT 机型后,画面将显示如图 8-17 所示【创建新文件的提示】对话框。在进行画面编制之前,要先进行 GT 基本通信区的参数设置,要将 GT 的参数与 PLC 的参数相对应才可以实现通信。完成设置后,单击关闭按钮。

在【GT 环境设置】PLC 基本通信区段中,默认值(初始值)设定字存储器为 DT0~DT2,位存储器为 WR0~WR2,表明这些存储器在 GT 进行画面切换设定等系统控制时将被固定占用。如果选择 GT32 触摸屏,则通信参数 COM 端口波特率、数据长度、停止位、奇偶校验默认值(初始值)设定为 9600、8、1、odd。

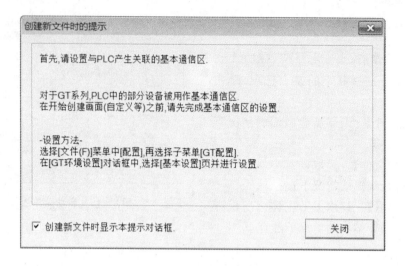

图 8 - 17　设定与 PLC 基本通信区

4. 通过画面管理器打开基本画面

完成上述操作后,双击画面管理器上任意画面编号按钮,会显示出基本画面,各部分名称如图 8 - 18 所示。

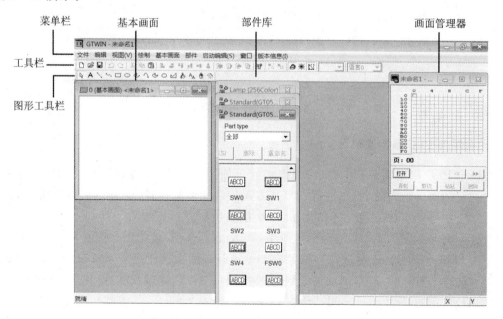

图 8 - 18　基本画面各部分名称

（1）菜单栏功能

GTWIN 的所有操作和功能按照各种用途以菜单形式设置,菜单栏名称如图 8 - 19 所示。只对其中典型功能简要介绍。

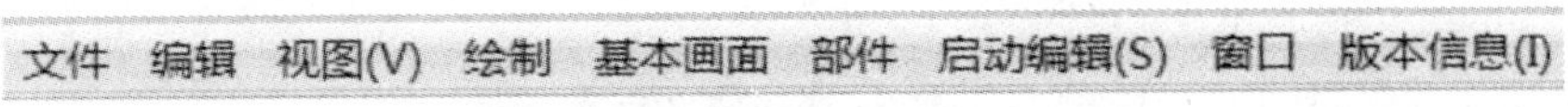

文件　编辑　视图(V)　绘制　基本画面　部件　启动编辑(S)　窗口　版本信息(I)

图 8 - 19　菜单栏名称

【文件】:可进行画面文件操作、打印、传输、环境设置等。

【编辑】:可对图形和文字、部件等进行剪切、复制、粘贴、清除画面等编辑,还可对字符串、图形和部件重叠分布时前后层移动,改变顺序等。

【视图】:可以对基本画面进行网格设定或缩放显示比例,可选择是否显示工具栏或状态栏等。

【绘制】:可指定字符和线条、图形等基本画面中的绘制对象,可设定字符种类和颜色。

【部件】:通过部件菜单可以打开部件库,或更改部件的属性等。

【版本信息】:可调出帮助功能,显示版本的菜单。

（2）工具栏功能

工具栏图标如图 8 - 20 所示。下面只对其中典型图标功能作简要介绍。

　□ 🖙 🖫 ⟲ ⟳ 🖁 🗈 🖺 ┊ᵡ ┊ ┇ ┣ ┣ │ 🗎 🗈 🗈 🗈 🗈 🗈 ┊ 🗗 ┊ ᵡᵡ ᵡ₁ │ 🖨 🖳 🔃 ┊OFF ▼ ┊语言0 ▼

图 8 - 20　工具栏图标

⟲　撤消按钮,用于撤消上一次操作。

　　　　　对齐按钮,用于字符串、图形、部件的对齐和分布。

　　　　　叠放次序按钮,当字符串、图形和部件重叠分布时,用来改变顶层和底层的顺序。

🖨　显示/隐藏图形栏按钮,用来切换显示/隐藏图形工具栏。

OFF ▼　ON/OFF 状态按钮,用于切换已选择的开关或指示灯的 ON/OFF 状态以及信息部件编号。

（3）画面管理器功能

画面管理器用来对若干基本画面进行集中管理,可以在画面管理器上打开任意编号画面（基本画面）进行制作,已经制成的画面会在画面管理器上表示出来。此外,还可将已有画面在其他编号的画面上进行复制、粘贴或删除等。

（4）部件库功能

在菜单栏中单击【部件】打开部件库,会发现部件库中备有【开关部件】、【数据部件】、【键盘部件】等各种功能的部件。其中,【开关部件】可通过触摸操作对 PLC 的触点进行 ON/OFF 控制;【数据部件】可显示 PLC 数据寄存器的值;【键盘部件】可改写 PLC 数据寄存器的值。

只需用鼠标将这些部件从部件库拖放到基本画面中,即完成画面配置,操作十分简单。

（5）图形工具栏

图形工具栏的工具按钮如图 8 - 21 所示。下面只对其中典型工具按钮的功能作简要介绍。

图 8 - 21　图形工具栏的工具按钮

A　【字符串】按钮，当需要输入字符时，按下该按钮后再输入。

【圆弧/椭圆弧】按钮，按下该按钮可绘制圆弧和椭圆弧图形。

【填充】按钮，可在线条或图形锁定的区域内填充颜色。

【字符类型】按钮，按下该按钮可设定字符的大小、效果（粗体、空心、下画线）。

【颜色】按钮，可更改字符串和图形的颜色。

【线型】按钮，用来设定线条的粗细和线型。

8.3.2　GTWIN 常用部件制作方法

用 GTWIN 制作画面经常用到字符输入、绘制开关部件、绘制指示灯、画面切换以及绘制棒图部件等。这些是 GTWIN 软件的基本应用。

1. 字符输入并传送到 GT 主体

在制作触摸屏画面时，一般要在首页写明控制系统的名称或控制系统的操作说明等，因此要输入字符，具体方法如下：

① 打开基本画面 0，单击图形工具栏的【字符串】按钮 A。

② 输入字符"XX 控制系统"，选中后再单击图形工具栏【字符类型】按钮，对字符进行修饰，可选定字体大小，选择字体为粗体、空心、斜体等，如图 8 - 22 所示。

图 8 - 22　字符输入

在菜单栏中选择【文件】|【传输】命令,并依次进行如下设定:

① 传输数据的内容:［全部数据］;

② 数据传输方向:［GTWIN→GT　主体］;

③ 单击 OK 按钮将制作好的画面传输到 GT 主体。

2. 绘制开关部件并传送到 GT 主体

GTWIN 的部件库中应用最多的是开关部件,开关部件用字母 SW 表示,如 SW0、SW1 等,开关部件分为交替开关、瞬时开关以及置位和复位开关。其中交替开关相当于机械按钮中的带锁按钮,瞬时开关相当于点动按钮,置位和复位开关分别专用于运行和停止操作,可根据需要选择。画面制作依次进行如下设定:

① 打开基本画面 0,将 Standard 部件库的 SW0 拖放到基本画面上。该部件将会指定 PLC 的位设备置 ON/OFF,如图 8-23 所示。

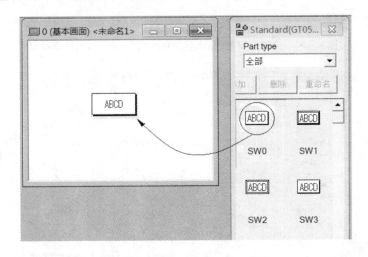

图 8-23　将 SW0 拖放到基本画面 0

② 双击 SW0,在【基本设置】对话框中将操作模式选择为交替型,并选定 PLC 内部继电器 R100 作为交替型开关在 PLC 梯形图程序中的触点。

为区分开关动作的状态,可使用 ON/OFF 显示功能,即通过设置字符区分通断。例如,开关处于 OFF 时显示"运行",处于 ON 时显示"停止"。如果不使用 ON/OFF 显示功能,开关通断状态只能显示一种字符,不能用两种字符区分。选择交替型开关、确定 PLC 继电器 R100、启用 ON/OFF 显示控制如图 8-24 所示。

③ 在开关为 ON 和 OFF 时设置字符,按照以下方法设定。

· 单击【字符】删除字符串 ABCD,在字符设置为 OFF 下,选择【True Type 字体(GTWIN)】,书写字符"运行",同时可进行字符修饰,确定字体大小、粗细等,如图 8-25 所示。

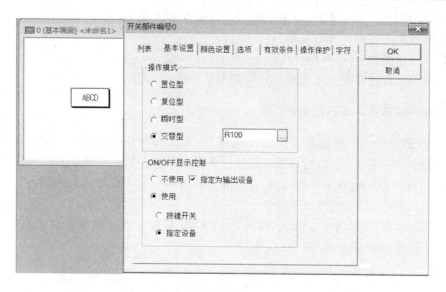

图 8 - 24　选择交替型、继电器 R100、启用 ON/OFF 显示控制

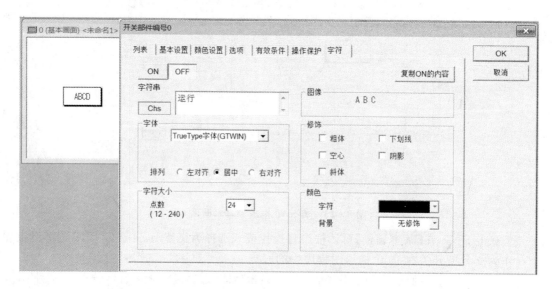

图 8 - 25　开关为 OFF 时设置字符

· 单击 OK 按钮，"运行"两字会出现在开关上，如图 8 - 26 所示。

类似地，在字符设置为 ON 时可书写"停止"。

④ 在【有效条件】设置中选择【按键操作始终有效】单选项，也可根据控制需要选择。当条件满足时，按键操作有效，如图 8 - 27 所示。

⑤ 与字符传送到 GT 主体的方法相同，将画面传输到 GT 主体。

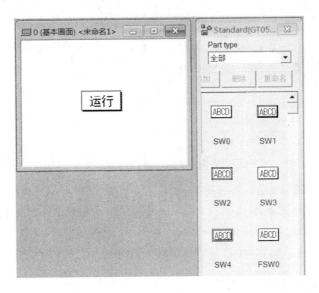

图 8-26 字符设置

⑥ 通信完成后,通过 GTWIN 制作的开关将显示在 GT 面板上,如图 8-28 所示。

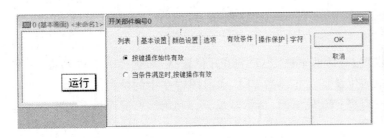

图 8-27 选择【按键操作始终有效】单选项

图 8-28 GT 面板

瞬时开关以及置位和复位开关的设定方法与交替开关相类似,不再赘述。

3. 启动 FPWIN GR 编程确认触摸屏面板上的开关动作

GT 主体与 PLC 进行通信要占用 PLC 的一些内部设备,如 PLC 中的内部继电器 WR、数据寄存器 DT 等。这些 PLC 内部设备通过 PLC 梯形图程序和 GT 画面相互配合。换言之,GT 画面中出现的开关、指示灯或其他部件,都与 PLC 梯形图程序有一一对应关系。如前面图 8-24 交替型开关对应的 PLC 内部继电器为 R100,当触摸屏上的交替型开关被按动时,PLC 内部继电器 R100 会动作。

启动 FPWIN GR 编制 PLC 程序,如图 8-29 所示。将程序下载,按下 GT 面板上显示的开关,可实现控制 Y0 通断。

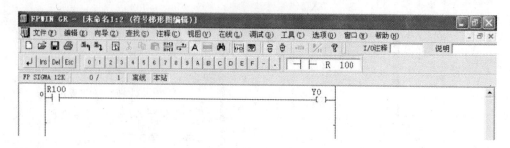

图 8 - 29　PLC 程序

特别指出,GT 的画面切换、系统控制分别占用 WR0～WR2、DT0～DT2 各三字节。这三字节为 GT 主体与 PLC 的基本通信区,为系统默认值。如果需要改变它们起始地址可通过 GTWIN,详见技术手册。在使用 FPWIN GR 对 PLC 编程时应尽可能不要使用这三字节,以免造成寄存器使用冲突。例如,可以从 WR3 和 DT3 初始地址开始使用。

4. 绘制指示灯并传送到 GT 主体

GTWIN 部件库中有许多指示灯部件,用字母 Lamp 表示,如 Lamp0、Lamp1 等,画面制作过程与开关部件相类似,依次为:

① 打开画面 0,将 Standard 部件库的 Lamp0 拖放到基本画面上。该部件会根据 PLC 指定的位设备点亮/熄灭。

② 双击 Lamp0,在【基本设置】对话框中选定 ON/OFF 位设备,如选择输出继电器 Y0 作为指示灯在 PLC 梯形图程序中的位设备。亦即当 PLC 梯形图程序中的输出继电器 Y0 得电时,触摸屏面板上的指示灯同时点亮;Y0 失电时,指示灯熄灭。利用触摸屏面板上的指示灯监测输出设备。

③ 如同在开关上设置字符一样,在指示灯上同样可以设置字符。如书写字符"1♯电机",并可进行字符修饰,确定字体大小、粗细等。单击 OK 按钮,"1♯电机"四个字会出现在指示灯上。

在前面开关部件绘制的基础上,增加用指示灯监测输出继电器 Y0,制作的画面如图 8 - 30所示。

其中,开关部件选用的 ON/OFF 位设备为 R101,指示灯部件选用的 ON/OFF 位设备为 Y1。

④ 将画面传送到 GT 主体。

通过 GTWIN 制作的开关部件和指示灯部件将显示在 GT 面板上,如图 8 - 31 所示。

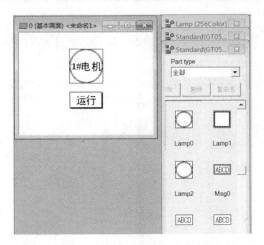

图 8 - 30　开关部件与指示灯部件联合应用

图 8 - 31　GT 面板

PLC 程序如图 8 - 32 所示。

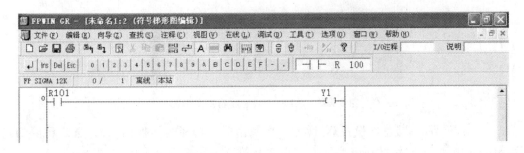

图 8 - 32　PLC 程序

5. 画面切换

根据控制系统大小以及复杂程度,触摸屏设计所占用的页面可多可少,GTWIN 最多可提供 256 页画面(0 页～FF 页)。

在多画面组成的控制系统中,首页画面一般用来标明控制系统名称,第二页、第三页,甚至第四页是子系统分配画面,根据控制要求可切换到任意相应子系统页,每个子系统页可能又由多个画面组成。因此,在触摸屏操作过程中常常会发生多次页面跳转,不仅会从首页跳转到第二页、第三页,以及任意子系统页,同时又能够返回到第二页或第三页及首页,这一过程称为画面切换。

画面切换有多种方法,如使用功能开关部件切换画面、自动切换画面等,可根据需要和习惯选择一种或几种。

（1）使用功能开关部件切换画面

GTWIN 部件库中具有切换功能的开关部件用字母 FSW 表示，如 FSW0、FSW1 等，可根据需要选择。画面制作依次进行如下设定：

① 打开基本画面 0，将 Standard 部件库的 FSW0 功能开关部件拖放到基本画面上，如图 8-33所示。

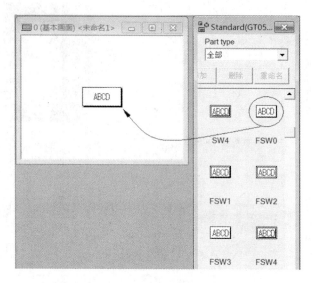

图 8-33　将【FSW0】拖放到基本画面 0

② 双击 FSW0，在【基本设置】对话框中将操作模式选择为切换画面，并选定将要切换的画面编号。例如，选定切换画面编号 1，表明将从第 0 页切换到第 1 页，如图 8-34 所示。

③ 单击【ON/OFF 显示设置】选项卡，选择【使用】单选项，会对应两种选择，即【按键开关】和【指定设备】。若【指定设备】选择 R100，当 PLC 内部继电器 R100 为 ON，则该功能开关部件会有相应的显示动作，如图 8-35 所示。

④ 单击【字符】选项卡删除字符串 ABCD，在【True Type 字体（GTWIN）】下书写字符"下一页"，如图 8-36 所示。完成后单击 OK 按钮，至此完成了由第 0 页画面切换到第 1 页画面的设计。

类似地，可在基本画面 1 中制作出"返回首页"（基本画面 0）的画面，不再赘述。

（2）自动切换画面

所谓自动切换是指当前画面经过一定时间延迟，自动切换到另一指定画面。制作步骤：

① 在菜单栏中选择【文件】|【基本配置】|【GT 环境设置】命令，打开后选择【自动换页】选项卡，如图 8-37所示。

② 选择【使用】单选项，单击【设置】按钮会弹出【自动换页】对话框，如图 8-38 所示。

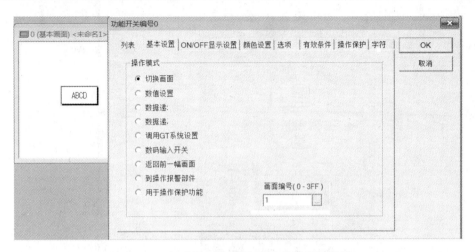

图 8 - 34 选择切换画面,确定切换画面编号

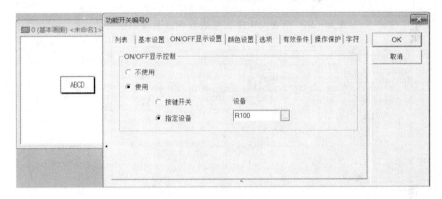

图 8 - 35 选择【指定设备】

③ 在【画面编号】、【延时时间】及【跳转到】数值表格中分别设定数值 0、5、1,表明第 0 页画面延时 5 s 后自动切换到第 1 页。可以设定多组数值确定多个页面切换,单击【保存】按钮后各组数值会以列表形式表示出来。

④ 单击【返回】按钮,返回【自动换页】选项卡(见图 8 - 37)中,单击 OK 按钮完成画面自动切换设计。

画面切换除了使用功能开关部件和自动切换功能,还可用开关部件结合 PLC 程序实现,可参考技术手册。

6. 棒图部件

棒图部件是通过不断移动的图形,直观地显示当前所参照的 PLC 设备的值,例如,可直接显示物体运行速度、液体流量的变化趋势等。棒状图形的移动方向有两种,即横向和纵向,可

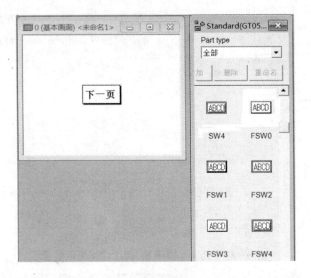

图 8 - 36　单击 OK 按钮完成第 0 页画面切换设计

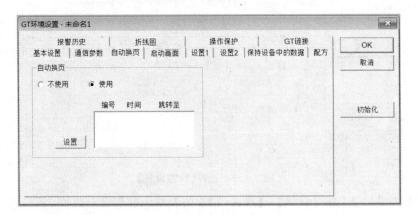

图 8 - 37　选择【自动换页】选项卡

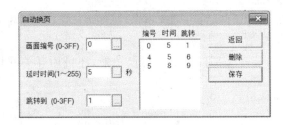

图 8 - 38　【自动换页】对话框

任意选择一种。画面制作依次进行如下设定：

① 打开基本画面 0，将 Standard 部件库的 Bar Graph 拖放到基本画面上，如图 8-39 所示。

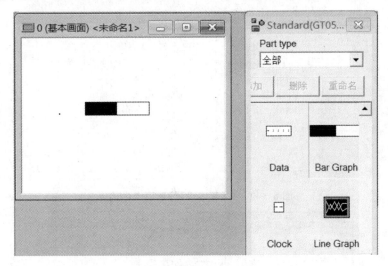

图 8-39　将 Bar Graph 拖放到基本画面 0

② 双击棒图部件，在【基本设置】对话框中如下选择：

参照设备：〔DT100〕

数据格式：〔10 进制 1 字〕

图形类型：〔向右〕

最大值：〔固定值 100〕

最小值：〔固定值 0〕

其中，数据寄存器 DT100 为 PLC 参照设备，亦即棒图的图形移动规律将按照 DT100 提供的数据变化。DT100 中的数据可能来自 A/D 转换后的数字量或其他变化量。图形类型选择向右表明棒图中黑色部分将从左到右横向移动。最大值和最小值分别界定了棒图移动的数值范围，如图 8-40 所示。

③ 在【颜色和格式】选项卡中，用来设置棒图背景和移动图形颜色。图形色和背景色应设置不同的颜色，以便区分。一般保留初始选择。

④【显示数字】选项卡的功能用来在棒图附近增加一个数值百分比的显示标志，以方便了解当前数值变化情况。在【显示数字】选项卡中选择【使用】，在【显示％】中再次选择【使用】，单击 OK 按钮，一个附加的百分号方框会自动配置到基本画面上。如果选择【不使用】，单击 OK 按钮后则不会显示百分号，如图 8-41 所示。

设定完成后，将画面传输到 GT 主体。通信完成后，GT 画面上将显示 GTWIN 所制作的棒图，如图 8-42 所示。

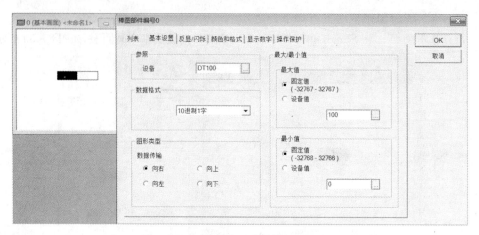

图 8 - 40　在【基本设置】选项卡中选择

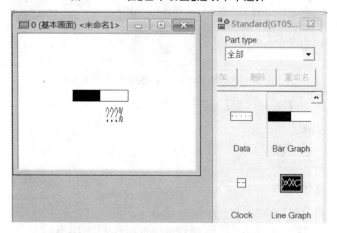

图 8 - 41　选择【显示数字】增加数值百分比标志

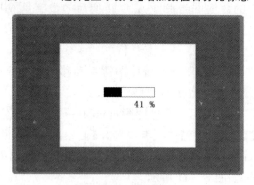

图 8 - 42　GT 面板

启动 FPWIN GR 编制程序并下载,在定时器作用下,GT 面板上棒图的黑色部分将从左到右周而复始地横向移动。PLC 程序如图 8 - 43 所示。

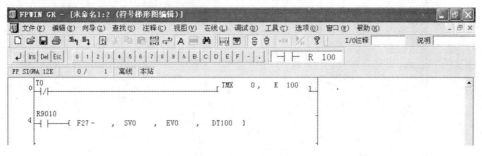

图 8 - 43　PLC 程序

7. 数据部件

数据部件是用阿拉伯数字显示当前所参照 PLC 存储器中的数据,例如可以显示当前累计的产品数量、温度值等。此外,配合键盘部件还可以通过 GT 主体更改或输入 PLC 存储器中的数据。

数据格式可从十进制、BCD 码中选择。触摸屏数据部件与 PLC 及键盘部件之间通信关系如图 8 - 44 所示。

画面制作依次进行如下设定:

① 打开基本画面 0,将 Standard 部件库的 Data 拖放到基本画面上,如图 8 - 45 所示。

部件库中数据部件只有 1 种。

② 双击数据部件,在【基本设置】选项卡中如下选择:

数据位数:[4]

数据格式:[10 进制 1 字]

参照设备:[DT100]

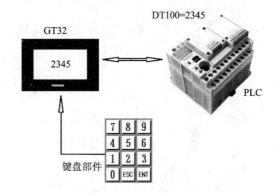

图 8 - 44　数据部件与 PLC 及键盘部件通信关系

其中,数据位数要根据显示数据的大小来确定,选择的数据格式不同,最大显示数据的位数也不同。当数据格式选择【10 进制 1 字】时,最大显示是 5 位数。寄存器 DT100 为 PLC 参照设备,亦即数据部件所显示的数据是按照 DT100 提供的数据变化。DT100 中的数据可能来自 A/D 转换后的数字量或其他变化量。

如图 8 - 46 所示,可以选择数据部件的字符大小,以满足视觉要求;也可以显示小数,同时要确定小数点的位置。

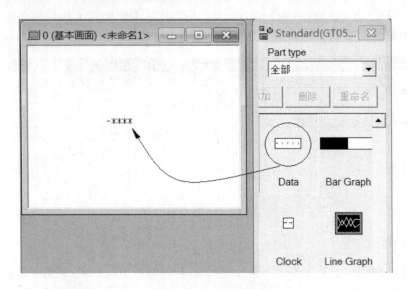

图 8－45　将 Data 拖放到基本画面 0

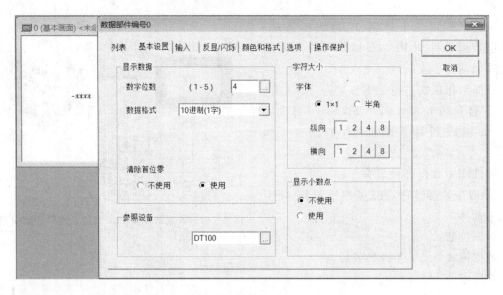

图 8－46　在【基本设置】选项卡中选择

设定完成后,将画面传输到 GT 主体即可。

8. 键盘部件

键盘部件是与数据部件配合使用的数据输入部件,可以改写数据部件所显示的 PLC 设备的数值。

　　一般将键盘部件和数据部件配置在同一画面上,由键盘部件输入数据。考虑到键盘部件会占据较大空间,通常将键盘部件进行隐藏,设置为只在输入数据时显示键盘部件。部件库中有多种形式键盘部件,可根据需要选择。画面制作依次进行如下设定:

　　① 打开基本画面 0,将 Standard 部件库的 DEC1 拖放到基本画面上,如图 8 - 47 所示。

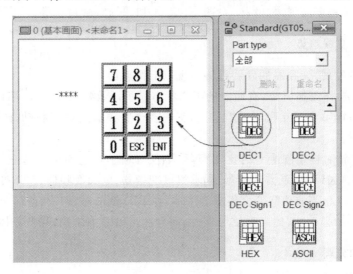

图 8 - 47　将 DEC1 拖放到基本画面 0

　　② 双击键盘部件,在【基本设置】选项卡中选择按键数量,在【操作设置】选项卡中选择仅在输入数据时显示键盘部件。至此完成键盘部件设计,将画面传输到 GT 主体即可。

8.4　变频器概述

　　变频器是将固定电压、固定频率的交流电变换为可调电压、可调频率的交流电装置,专门用于控制交流电动机。变频器的出现是微电子技术、电力电子技术,计算机技术和自动控制理论不断发展创新的产物。它的问世使电气传动领域发生了深刻的技术革命。

　　变频器具有对交流电动机进行软启动,变频调速,提高运转精度,改变功率因数,过流、过压、过载保护等功能。通过变频调速可以使控制系统节能,改善生产工艺流程,提高产品质量,并且易于实现自动控制,是目前最有发展前途的调速方式。

　　变频器早期仅仅用于速度控制,随着技术发展和社会对能源运用效率要求的日益提高,逐渐被用于节能领域。它可以使得电动机及其拖动的负载在无需任何改动的情况下,按照生产工艺要求调整转速输出,大大降低电动机功耗,实现系统高效运行的目的。目前,我国很多企业已将变频器用于带式输送机启动、调速控制、风机调速以及水泵调速,对节约电能、减少排放量做出积极贡献。

近年来,变频器作为商品在国内的销售呈逐年增长趋势,市场保持 12%～15% 的增长率,因此学习和掌握变频器的使用已经是工控领域的大趋势。

目前,国内变频器市场上欧美主流品牌有 ABB 变频器、施耐德变频器、西门子变频器、科比变频器等;日本主流品牌有富士变频器、松下变频器、三菱变频器、欧姆龙变频器等;中国大陆和台湾也有许多知名品牌,如欧林、东达、台达、汇川、乐邦、威科达等。

1. 变频器的发展趋势

经过 40 年的发展,变频器的发展趋势呈现以下特点:

① 智能化。操作更加简便,有明显的工作状态显示,能够自诊断和故障防范,甚至可以进行部件自动转换;能够利用互联网遥控监视,实现多台变频器按程序联动,组成优化的变频器综合管理控制系统。

② 专门化。针对性地制造专门化变频器,不仅有利于对电动机经济有效地控制,并且还可降低生产成本。如风机、泵类变频器、起重机械变频器、电梯变频器、空调变频器等。

③ 一体化。将相关的功能部件集成为一体,如 PID 调节器、PLC、通信单元,甚至电动机。不仅可减少连线,加强功能,提高系统可靠性,而且还可以缩小体积,降低整体价格。

2. 变频器的分类

(1) 按工作原理分类

① 交-交变频器。将恒压恒频的交流电源转换为变压变频电源,这种变频称为直接变频。

② 交-直-交变频器。先将工频交流电经整流变为直流电,再经逆变器变为频率和电压可调的交流电,这种变频称为间接变频,应用较多。

(2) 按用途分类

1) 通用变频器

通用变频器的特征体现在通用性,一般是指与通用鼠笼电动机配套使用,适用于拖动各种不同性质的负载并具有多种可供选择的功能。它包括简易型通用变频器和高性能多功能通用变频器。

简易型通用变频器以节能为主要目的,一般应用于水泵、风扇和鼓风机等对系统调速性能要求不高的场合。它具有体积小、价格低等特点。

高性能多功能通用变频器在设计过程中,充分考虑了变频器在应用过程中可能出现的各种需要,并为满足这些需要在系统软件和硬件方面做了相应的准备。在控制手段上采用了全数字化,充分利用微机的巨大信息处理能力,强化软件功能,使变频装置的灵活性和适应性不断增强。在硬件上,一般都采用大功率自关断开关器件(GTO、BJT、IGBT)作为主开关器件,采用正弦波脉宽调制方式(SPWM),已成为通用变频器的主流。目前中小容量变频器大都具备高性能通用性。

2）专用变频器

专用变频器主要是满足特定的产业需要，如高频、高压、大容量等专用变频器。在超精密机械加工（如数控雕刻、精密磨床）以及高速离心等设备中，常用到的高速电动机的驱动频率要达到 3 kHz（电动机转速为 180 000 r/min），显然必须用高频变频器。除此之外，还有很多场合需要专用变频器，如重载专用变频器、数控机床专用变频器、注塑机专用变频器等。

3. 变频器的应用

（1）节能方面

传统的风机、泵类电动机是在全速（工频）下运行，即不论生产工艺需求大小都提供固定的流量。例如在纺织、印染等行业经常会使用定型机对棉织品进行拉幅和热定型，定型机内的温度通过循环风机送入的热风进行调节。由于风机在工频下运行风速不变，所以送入热风的多少只有用调节风门或挡风板来控制打开角度的大小。这样不仅造成了大量能源浪费，而且当风门调节失灵或调节不当甚至造成定型机失控时，也会影响产品质量。此外，由于风机高速启动和恒功率运行，传送带与轴承之间磨损非常严重，使传送带成为易耗品。所以采用变频调速后，利用温度传感器采集定型机温度，控制变频器自动调节风机速度实现控温。不仅提高了产品质量，同时变频器的低速启动，也可以减少传送带与轴承的磨损，延长设备寿命。

因为风机、泵类负载的耗电功率基本与转速的三次方成比例，所以采用变频器调速后，节电率可达 20%～60%。目前得到推广的恒压供水是泵类使用变频控制的典型应用，恒压供水如消防、喷灌、高层供水等。空调、冰箱等家用电器也采用变频调速技术，取得很好节能效果。

（2）自动控制系统应用

变频器内置有 32 位或 16 位中央处理器，具有多种逻辑运算和智能控制功能，输出频率精度高达 0.1%～0.01%，并且设置有完善的检测和多种保护功能，在工业自动控制中得到广泛的应用。如应用于传送、起重、挤压等控制领域；在化纤、玻璃制造工业中的卷绕、拉伸、搅拌；在机械加工中的金属切削；中央空调系统调速，大型锅炉的风机调速、鼓风调速；电梯的智能控制等。

（3）提高工艺水平和产品质量

由于可调电动机转速，使得机床设备在传送、加压等控制中大大提高了精度，使产品质量获得改善。此外，减速启动、减速停止避免了设备冲击和噪声，并延长了设备使用寿命。变频技术还可以改变原有工艺流程，简化机械系统，使操作和控制更加方便，提高整个设备功能。

8.5 VF0 系列松下变频器的结构和接线

松下变频器系列产品有 VF0、VF0C、VF100、VF700、VF—7F、VF—8Z 系列等，其中，VF0 系列属于可以由 PLC 直接调节频率的小型产品。VF0—200 V、0.4 kW 变频器外观如

图 8 - 48 所示。

操作板

端子罩

图 8 - 48　VF0 外观图

　　变频器面板包括操作板和端子罩两部分,操作板由显示器、功能键等组成;端子罩可以打开,下面是主电路接线端子和控制电路接线端子排。

8.5.1　VF0 系列主要功能特点及其结构

1. 主要特点

　　① 为满足各类机器设备小型化需要,VF0—200 V、0.4 kW 体积仅为 110 mm×78 mm×100 mm,与过去产品相比缩小 50%,是目前同类产品中体积最小设备。其小巧轻便为满足控制系统小型化、集成化提供极大方便。

　　② 操作面板除了设置运行/停止控制键,还设置了调频电位器,使变频器调频操作简单方便,并且可直接对变频器进行正转/反转控制。

　　③ 可以通过开关、PLC 调节频率;可以通过接收 PLC 的 PWM 信号控制频率;也可通过接收模拟信号,无需模拟 I/O 单元调节频率。

　　④ 具有 8 段速控制制动功能;400 V 系列型带内置制动电路;200 V 系列型,0.75 kW、1.5 kW 内置制动电阻和散热片,0.2 kW 电路没有制动电路,0.4 kW 外部连接制动电阻,是功能齐全的小型产品。

2. 基本结构

　　（1）面　板

VF0—200 V 变频器面板操作部分包括显示、功能键及频率设定按钮,如图 8 - 49 所示。主要功能如下:

·　显示部位用来显示输出频率、设定功能时的数据、参数以及输出电流等。

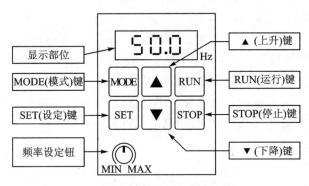

图 8-49 操作面板

- RUN(运行)和 STOP(停止)键用来控制变频器运行和停止。
- MODE(模式)键用来切换"输出频率""频率设定""旋转方向设定""功能设定"等各种模式,以及将数据显示切换为模式显示。
- SET(设定)键用来切换模式和数据显示,以及用来存储数据等。
- 频率设定钮用来设定运行频率。
- ▲(上升)键和▼(下降)键用来改变数据或输出频率等。

打开 VF0 变频器端子罩,下面为接线端子,其中,有与主电路连接的 5 个端子,包括与 220 V 交流电源相接的输入端子 L、N;与三相交流电机的相接的输出端子 U、V、W;与制动电阻相接的接线端子;还有地线端子以及与控制电路相接的端子排:编号为①～⑪及©、⑧、Ⓐ;如图 8-50 所示。

(2)主电路端子

1)电源输入端子(L、N)

VF0—200 V 系列变频器为单相 220 V 输入电源,主电路电源端子 L、N 通过线路保护用断路器或带漏电保护的断路器连接至单相交流电源。特别指出,一般不需要在电源电路连接交流接触器,如果为了使变频器保护功能动作时能切除电源、防止故障扩大则可以接入交流接触器,但不要用交流接触器作为变频器的运行和停止控制设备,否则会降低变频器的使用寿命。变频器的运行、停止需用操作板的 RUN(运行)和 STOP(停止)键或用控制电路端子⑤控制。

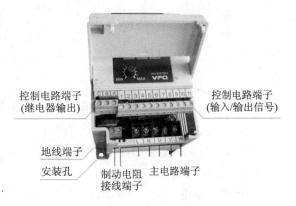

控制电路端子
(继电器输出)

控制电路端子
(输入/输出信号)

地线端子

安装孔

制动电阻
接线端子

主电路端子

图 8-50 VF0—200 V 变频器接线端子

2）变频器输出端子(U、V、W)

变频器输出端子按正确相序连接至三相交流电动机,如果电动机旋转方向不对,可交换 U、V、W 中任意两相的接线。

变频器输出侧不要连接电力电容器和浪涌吸收器。

变频器已内置热敏元件作为超负荷保护用,但对于缺相保护或一台变频器驱动多台电动机需要进行变频和工频之间的切换时,可与电动机串接带有缺相保护的热继电器。

（3）其他接线端子

1）变频器接地端子

为防止触电、火灾等灾害和降低噪声,以及防止漏电、电磁向外辐射,必须连接地线端子。当变频器与其他设备,或多台变频器一起使用时,每台设备应分别独立接地,不允许将多个设备接地端连接在一起再接地。

2）制动电阻接线端子

电动机在快速停车过程中,由于惯性作用,会产生大量的再生电能,如果不及时消耗掉会直接作用于变频器的直流电路部分,可能使变频器报故障,甚至损害变频器。制动电阻可以很好地解决这个问题,将产生的再生电能转化为热能,实现对变频器的保护。制动电阻分为内置和外接两种,VF0—0.4 kW 变频器为外部连接制动电阻。

变频器与主电路连接如图 8－51 所示。

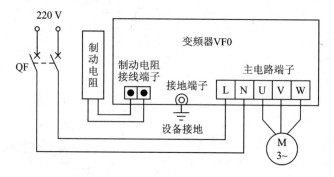

图 8－51　主电路端子连接图

特别指出,图 8－51 所示变频器为 VF0—200 V 系列产品,输入为单相交流电,输出为三相交流电,由变频器输出的额定三相交流电压为 200～230 V。

（4）控制电路端子

变频器控制电路端子排如图 8－52 所示,各端子意义如表 8－1 所列。

表 8 - 1　控制电路端子意义

端　子	端子功能	关联数据
①	频率设定用电位器连接端子(＋5 V)	P09
②	频率设定模拟信号的输入端子	P09
③	①、②、④～⑨输入信号的共用端子	
④	多功能模拟信号输出端子(0～5 V)	P58、P59
⑤	运行/停止、正转运行信号的输入端子	P08
⑥	正转/反转、反转运行信号的输入端子	P08
⑦	多功能控制信号 SW1 的输入端子	P19、P20、P21
⑧	多功能控制信号 SW2 的输入端子 PWM 控制的频率切换用输入端子	P19～P21 P22～P24
⑨	多功能控制信号 SW3 的输入端子 PWM 控制时的 PWM 信号输入端子	P19～P21 P22～P24
⑩	开路式集电极输出端子(C 为集电极)	P25
⑪	开路式集电极输出端子(E 为发射极)	P25
Ⓐ	继电器接点输出端子(NO 为出厂配置)	P26
Ⓑ	继电器接点输出端子(NC 为出厂配置)	P26
Ⓒ	继电器接点输出端子(COM)	P26

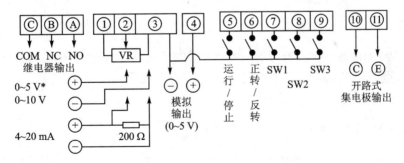

图 8 - 52　控制电路端子排

控制电路端子与外电路连接时,应注意以下各项:

1) 共用端子③

共用端子一般是指共用接地、共用接零,但该端子为电源负极,其他端子可以与端子③构成回路。构成回路的端子有①、②、④～⑨。

2) 电位器连接端子①和模拟信号输入端子②

• 在端子①和③之间接入电位器首尾两端,端子②接电位器中心引线,通过调节电位器改变变频器的输出频率。

- 在端子②和③之间输入 0～5 V 或 0～10 V 模拟电压,或 4～20 mA 电流,改变变频器的输出频率。

3)模拟信号输出端子④

变频器端子④和③之间输出 0～5 V 的电压信号,该信号与变频器输出频率或输出电流成比例。

4)运行/停止、正转/反转、运行信号输入端子⑤和⑥

用遥控开关控制端子③、⑤和端子③、⑥的通断,可实现对变频器运行、停止、正转、反转控制。

5)多功能控制信号输入端子⑦～⑨

用遥控开关控制端子⑦～⑨的通断,可实现对变频器的多段速控制,点动控制,频率上升、下降控制,还可通过端子⑨接收 PWM 信号,控制变频器输出频率等。

6)输出端子⑩、⑪、Ⓐ、Ⓑ和Ⓒ

开路式集电极输出端子⑩和⑪,主要用来运行状态指示和异常报警。例如,当变频器输出频率达到设定频率,或变频器工作在反转时,或变频器处于异常跳闸时,端子⑩和⑪之间为 ON;否则为 OFF。继电器输出端子Ⓐ、Ⓑ、Ⓒ有类似的功能。此外,输出端子⑩和⑪还可以有 PWM 输出,详见使用说明书。

特别注意,端子⑤～⑨是变频器的输入端子,用来接受外部的控制,可以是按钮,中间继电器、交流接触器的触点或其他低压电器触点以及 PLC 输出触点;端子⑩和⑪及Ⓐ、Ⓑ、Ⓒ是变频器的输出端子,通过端子之间的通断,向外电路发出信号,可以控制中间继电器、交流接触器的线圈或 PLC 的输入端子。与外电路连接时要考虑通过端子的电流大小,以保障变频器的安全。

8.5.2 变频器的安装以及与电动机、PLC 的连接

变频器是精密设备,安装和调试必须遵守操作规范,才能保证变频器长期安全可靠地工作。安装时要考虑变频器工作场所的温度、湿度、灰尘、振动以及安装方向和空间,要注意与电动机、PLC 的正确相接。

1. 变频器的使用环境

① 环境温度。变频器内部是大功率的电子元件,极易受到工作温度影响,为了保证工作安全、可靠,最好将温度控制在 40℃ 以下。VF0 变频器对环境温度的要求为 −10～50℃。在环境温度剧烈变化时,变频器内部容易出现结露,必要时在控制柜中放置干燥剂。变频器一般应安装在控制柜体上部,并严格遵守产品说明书中的安装要求,不要把发热元件或易发热的元件紧靠变频器安装。

② 环境湿度。变频器工作环境湿度在 40%～90% 为宜,要防止水或水蒸气直接进入变频器,以免引起漏电,甚至打火、击穿。周围湿度过高,会使绝缘性能降低,甚至引发短路事故。

③ 腐蚀性气体。使用环境如果腐蚀性气体浓度大,不仅会腐蚀元器件的引线、印刷电路

板等,还会加速塑料器件的老化,降低绝缘性能。

④ 振动和冲击。装有变频器的控制柜受到机械振动和冲击时,会引起电气接触不良。除了要提高控制柜的机械强度,远离振动源和冲击源外,还应使用抗震橡皮垫用于固定控制柜和容易产生振动的元器件。

⑤ 电磁波干扰。变频器在工作中由于整流和变频,会产生很大的干扰信号,尤其大型变频器表现更加突出。这些高频电磁波对附近的仪器、仪表可能会产生一定干扰。因此,柜内仪表和电子系统应选用金属外壳,并可靠接地,以屏蔽对其干扰。连接线选用带有屏蔽的电缆,且屏蔽层接地。

2. 变频器安装方向和空间

变频器一般安装在电气控制柜中,为保持良好通风环境,提高散热效果,应采取垂直安装。安装周围距离阻挡物上下不小于 10 cm,左右不小于 5 cm,如图 8 - 53 所示。

当多台变频器安装在同一控制柜里时,为减少相互影响,应采取横向并列安装。必须上下安装时,为使下部的热量不会影响到上部的变频器,应设置隔板。必要时应考虑安装引风机,或设法在控制柜底部和顶部开启进出风口,保持良好通风条件。变频器在柜中不能上下颠倒或平放安装,会造成散热不好而引发故障。

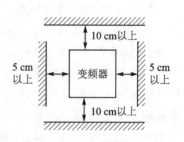

图 8 - 53　变频器与周边距离

3. 变频器与电动机连接

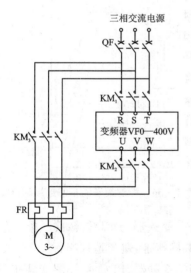

图 8 - 54　切换控制主电路

变频器对电动机进行变频控制中,有些控制场合不允许电动机停机,例如水泥搅拌。如果变频器因故障跳闸,应迅速将电动机切换到工频下运行。完成这一切换控制需采用交流接触器,切换控制主电路如图 8 - 54 所示。

变频器因故障跳闸时,控制电路输出端子Ⓐ和Ⓒ之间由 OFF 变为 ON,在继电-接触器控制电路设计中,可通过ⒶⒸ端子控制交流接触器 KM1、KM2 断开,同时接通 KM3,使电动机脱离变频器直接切入工频。在控制电路设计中,应注意变频器输出端交流接触器 KM2 和工频交流接触器 KM3 必须有可靠互锁,以防止工频电源与变频器输出端短接造成变频器损坏。

特别指出,图 8 - 54 所示变频器为 VF0 三相 400 V

级产品,输入为三相交流电,输出为三相交流电。

一般一台变频器控制一台电动机,但有些场合为减少设备投资采用一台变频器控制多台电动机。控制的基本方法是当变频器对一台电动机控制时,其他电动机切换到工频运行,常见的恒压供水系统就是采用这种控制方式的。对于这种多台电动机实现工频和变频切换的电路,需要多个交流接触器,主电路设计可参考图8-54,控制部分一般采用PLC。近年来,由于恒压供水应用广泛,有些变频器厂商推出了专用变频器,简化了控制,提高了可靠性和通用性。

4. 变频器与PLC连接

由于PLC通过软件改变控制过程,所以使用起来不仅方便、灵活,而且具有更高的可靠性。由变频器控制的调速系统,很多场合与PLC、触摸屏一起构成,如图8-55所示。

变频器与PLC连接应注意以下几个问题:

① 变频器的输入信号中应用最多的是开关信号,包括控制变频器运行/停止、正传/反转、点动、多段速等。PLC将输出触点与变频器控制电路端子相连接,对变频器实施控制。

当选用不同厂家的变频器或PLC时,应该注意两者的输入、输出规格是否匹配,PLC继电器输出型为无电压触点,PLC晶体管输出型要考虑本身的输出电压、电流的容量等因素,以保证系统安全可靠。例如,松下VF0—200 V变频器控制端子⑤~⑨要求连接无电压的接点信号或开路式集电极信号,控制端子⑤~⑨连接示意图如图8-56所示。

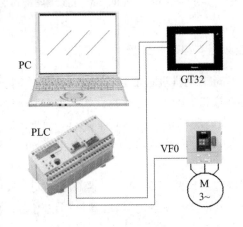

图 8-55　变频调速系统

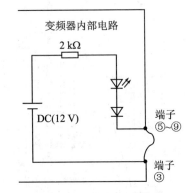

图 8-56　控制端子⑤~⑨连接示意图

② 由于变频器在运行过程中会产生较强的电磁干扰,在变频器与PLC、触摸屏配合使用时应按照技术要求彼此独立可靠接地,不要与变频器使用共同接地,避免造成串扰。

变频器的输入/输出动力线会对外部产生电磁辐射,当把变频器、PLC、触摸屏安装在同一控制柜中时,应将它们的信号线与动力线分开走线,并按照走线要求保持一定距离。必要时可考虑将动力线放置在金属管或金属软管中,并且要一直延伸到变频器接线端子,以保证信号线与动力线彻底分开。

对远距离的模拟信号进行传输,为减少干扰应使用双绞屏蔽线,利用它的金属屏蔽层减少辐射,阻止外部电磁干扰进入。

8.5.3　VF0—200 V 变频器参数设定

变频器具有多种控制功能,实现这些功能要通过对变频器进行参数设定。例如,通过参数设定可使变频器确定输出频率、停止频率、加减速时间、正/反转等,从而使电动机调速特性满足生产机械的控制要求。

VF0—200 V 变频器的参数用大写字母 P 和阿拉伯数字组成,P01～P70 共计 70 个。每个参数可以设定不同的数值,分别代表不同的控制。例如,对参数 P09 设定数值为 0,表明可以通过调节变频器面板上的电位器旋钮改变变频器输出频率。

参数设定是变频器运行的一个重要环节,如果不设定参数,那么变频器将按出厂时的设定选取。

1. 参数设定方法

参数设定要通过对变频器的面板操作实现,具体步骤:

① 按停止(STOP)键,原则上参数设定应在变频器停止状态下进行。

② 多次按模式(MODE)键,直至读出参数 P01。

③ 按▲(上升)或▼(下降)键,找出需要设置的参数 P。

④ 按设定(SET)键,读出原有参数 P 的数据。

⑤ 如需要修改,按▲(上升)或▼(下降)键修改数据。

⑥ 按设定(SET)键,确定数据并写入存储器中。

⑦ 按模式(MODE)键,使变频器进入准备运行状态。

变频器设定参数后,应先在输出端不接电动机的情况下运行,检查变频器执行情况与设定的参数是否一致,确定无误后再接入电动机。

2. 几个常用的重要参数设定

（1）第一加速时间

所谓第一加速时间是指从 0 Hz 运行到设定频率所需要的时间,时间短频率变化很快,时间长频率变化缓慢。可以通过延长启动时间,解决电机启动电流大和机械冲击问题。

情况允许时,第一加速时间可以设定时间稍长些,既可减小启动电流,同时启动较平稳。但时间过长会延长拖动系统过渡过程,对频繁启动的设备会降低工作效率。一般根据电动机实际拖动负载情况由经验估算确定,如同样 75 kW 电机驱动水泵,通常最小加速时间为 15 s。如果驱动风机,通常最小加速时间在 70 s 以上,因为风机叶轮的直径远大于水泵,而且质量大,转动惯量也大。

第一加速时间的参数:P01;

数值设定范围:0.1～999 s。

加速时间与输出频率之间的关系如图 8-57 所示。图 8-57 中标出的最大输出频率可通过参数 P03 和 P15 设定。

（2）第一减速时间

所谓第一减速时间是指变频器从运行的基本频率下降到 0 Hz 所需要的时间。减速时间的设定主要考虑系统的惯性,惯性越大减速时间应该越长,停车越慢,但同时延长了生产周期,降低工作效率。减速时间过短会产生过大制动电流,甚至烧毁变频器制动单元及制动电阻。一般设定减速时间与加速时间相同。

第一减速时间的参数:P02;

数值设定范围:0.1～999 s。

减速时间与输出频率之间的关系如图 8-58 所示。

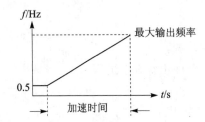

图 8-57　加速时间与输出频率之间关系

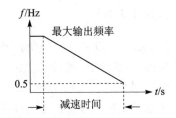

图 8-58　减速时间与输出频率之间关系

（3）停止频率

所谓停止频率是指变频器在减速停止时,变频器停止输出的频率。例如设定停止频率的数值为 40,当按下 STOP 键后,变频器由运行频率下降到 40 Hz,立即停止输出（0 Hz）。

停止频率的参数:P12;

数值设定范围:0.5～60 Hz。

（4）停止模式

变频器在运行状态（输出频率）下有两种停止模式,即减速停止和惯性停止。减速停止是当变频器接到停止信号后,变频器按照减速时间逐渐降低输出频率,直至为零,使电动机拖动的负载缓慢靠近目的地。减速的速度通过减速时间根据实际需要设定。

惯性停止是当变频器接到停止信号后,变频器立即停止输出,电动机将依据自身的惯性停止。

停止模式的参数:P11;

数值设定:0（减速停止）;

数值设定:1（惯性停止）。

（5）U/f 曲线

松下变频器 VF0 采用的调速方式为 U/f 方式，即变频器的输出频率与输出电压满足一定的数学关系。当输出频率变化时，输出电压按照一定规律变化。

变频器生产厂家通常将 U/f 方式以固定的 U/f 曲线提供给用户，由用户选择。图 8-59和图 8-60 分别给出了恒定转矩模式和平方转矩模式两种 U/f 曲线，以不同的变化规律描述了输出电压与输出频率之间的关系。

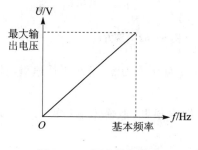

图 8-59 恒定转矩模式

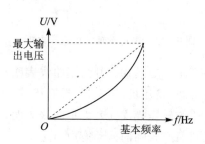

图 8-60 平方转矩模式

恒定转矩模式表明变频器输出电压与输出频率成线性关系，当输出频率为零时，输出电压为零。输出频率增加，输出电压增加，电动机力矩增加。当输出频率达到设定频率时，电动机力矩最大。由于恒定转矩模式在变频器启动阶段，频率低，力矩很小，所以拖动重载能力很差，该种模式一般适用于机械加工调速场合。

平方转矩模式表明变频器输出的电压与输出频率的平方成正比，由曲线可以看出在低频区间输出电压很低，当频率升高到一定数值后输出电压迅速增高，并且以输出频率的平方增加，使得电动机力矩被迅速提升。平方转矩模式主要应用于风机、泵类负载。

风机、泵类在低速运行时由于流体的流速低，负载的转矩很小，属于轻载状态，所以不存在低速时带不动负载的问题。随着电动机转速的增加，流速加快，负载的转矩越来越大，可以证明风机的转矩与转速的二次方成正比，符合恒定转矩模式。

U/f 曲线的参数：P04；

数值设定：0（恒定转矩模式）；

数值设定：1（平方转矩模式）。

（6）力矩提升

恒定转矩和平方转矩模式在输出频率很低时，输出电压也很低，使得电动机拖动能力明显下降。因此，低速时无法拖动重载。如起重机起吊重物、电梯乘客满载情况。

提升力矩的办法是低速时提高输出电压，通过提高 U/f 之比提升电动机拖动能力。但 U/f 之比并非越大越好，电压过高可能引起电机峰值电流增大，导致变频器因过电流而跳闸。图 8-61 和图 8-62 分别给出了恒定转矩模式和平方转矩模式下提升力矩曲线。

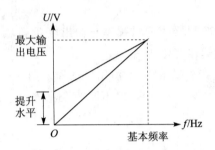

图 8-61　恒定转矩模式提升力矩

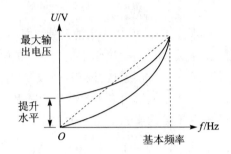

图 8-62　平方转矩模式提升力矩

恒定转矩模式提升力矩曲线表明，当频率为零时，输出电压不为零，适用于低速重载情况。如搅拌机、挤压机、传送带、提升机等。

平方转矩模式提升力矩曲线表明，在低频区间虽然频率很低，但输出电压可以很高，使得电动机具有较强的拖动能力。

以上两种模式的提升力矩可以很好地解决低频重载无法启动的问题。

力矩提升的参数：P05；

数值设定范围：0～40（数值设定越大则输出电压越高，力矩提升能力越强）。

（7）下限频率和上限频率

所谓下限频率和上限频率是指变频器输出的最低和最高频率。根据所拖动负载不同，有时要对电动机的最低、最高转速进行限制，以保证拖动系统的安全。例如，大负荷低速运转会使电动机电流很大，甚至发生电机抖动，以致损坏电动机；高速运转会加大磨损，损坏电动机和电动机拖动的设备。此外，可以有效地解决面板的误操作，或外部指令信号误动作引起的频率过高或过低，确保变频器输出频率限定在上、下频率之间，如图 8-63 所示。

下限频率的参数：P53；

上限频率的参数：P54；

数值设定范围：0.5～250 Hz。

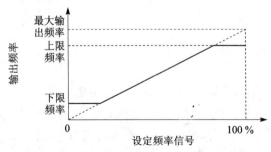

图 8-63　下限频率和上限频率

（8）反转锁定

自动控制中有很多种情况只允许电动机单向运转，不允许反转，为此可设定反转锁定。一旦设定反转锁定，面板操作和外控操作的反转控制功能均被封锁。

反转锁定的参数：P10；

数值设定：0（能够正转/反转运行）；

数值设定：1（禁止反转运行，只能单向运行）。

（9）设定数据清除

使用变频器时一般首先要进行设定数据清除，亦即对变频器进行初始化，以清除以前曾经设定的参数，使变频器所有参数全部恢复为出厂时的设定值。

设定数据清除的参数：P66；

数值设定：0（显示通常状态的数据值）；

数值设定：1（将所有数据恢复为出厂时数据）。

操作方法：将面板显示器显示值改为"1"，按下 SET 键，显示值自动由"1"恢复为"0"，设定数据清除工作结束。

8.6 变频器的控制方法

变频器主要功能是控制交流电机运行/停止、正转/反转和变频，实现这些控制可以通过对变频器面板操作，也可以通过外接按钮或 PLC 对控制电路端子操作。一般将通过面板或控制电路端子输入的指令信号称为给定信号，由面板输入的指令信号称为面板给定信号，由外部电路输入的指令信号称为外部给定信号。

8.6.1 面板操作方法

1. 频率设定

所谓频率设定是指根据电动机调速要求设定变频器的输出频率。在变频器操作面板上有两种设定方法：通过电位器旋钮设定，或通过▲（上升）和▼（下降）键数字设定。

（1）电位器设定

电位器设定的参数：P09；

数值设定：0。

方法：参数设定后，按下 RUN（运行）键，慢慢旋转操作板上的频率设定钮（电位器），频率将从最小值逐渐向最大值变化，电动机运行速度逐渐加快；按下 STOP（停止）键，电动机开始减速直至停止。

在运行过程中可以通过旋转频率设定钮不断改变输出频率。

（2）数字设定

数字设定的参数：P09；

数值设定：1。

方法：按下 MODE(模式)键,在显示器部位选择 Fr(频率设定模式)；按下 SET(设定)键,显示出用▲(上升)键和▼(下降)键设定的频率；按下 SET(设定)键确定设定频率；按下 RUN(运行)键,电动机运行速度逐渐达到设定频率。

在运行过程中,可持续按压▲(上升)键或▼(下降)键改变输出频率,按下 STOP(停止)键电动机开始减速直至停止。

说明：采用▲(上升)键或▼(下降)键设定的工作频率,在变频器切断电源后,设定频率会丢失,再次运行时变频器输出频率仅为 0.5 Hz,需要重新用▲(上升)键或▼(下降)键设定频率。如果要求保存设定频率,那么在决定工作频率后,需要按下 MODE(模式)键,再按两次 SET(设定)键。这样,变频器再次被启动会自动运行到设定频率。

2. 正转/反转控制

用面板操作控制电机正反转有两种方式,既正反转运行方式和运行/停止、旋转方向模式设定。

（1）正反转运行方式

正反转运行的参数：P08；

数值设定：1。

方法：按▲(上升)键,在显示部位选择字形 0-F(正转)；按下 RUN 键,电动机开始正转运行；按下 STOP 键,电动机减速直至停止。类似地,按▼(下降)键,在显示部位选择字形 0-r(反转),电动机反转。

说明：确定正转/反转后,应选择变频器输出频率的设定方式。如果选择电位器设定,则设参数 P09＝0；如果选择数字设定,则设参数 P09＝1。设定方法如前所述。

（2）运行/停止、旋转方向模式设定

运行/停止、旋转方向模式设定的参数：P08；

数值设定：0。

方法：按下 MODE 键,直至在显示部位显示字形 d-r(旋转方向设定)；按 SET 键,显示部位闪现 L-F(正转)或 L-r(反转)；按▲ 或▼键选择正反转；按下 SET 键,存储设定数据。按下 RUN 键表示运行,按下 STOP 键表示停止。同样,在确定正反转后,要选择变频器输出频率的设定方式。

8.6.2　外控方法

1. 模拟输入端子给定

模拟输入端子给定信号一般指模拟电压、电流信号。VF0 变频器有两个模拟输入端子，即端子①和②，端子③为共用端子。通过输入模拟电压、电流以及调节电位器改变变频器的输出频率。

（1）模拟电压给定

模拟电压由端子②和③输入，给定电压有两种：0～5 V 和 0～10 V。端子②接正极，端子③接负极。以 0～5 V 为例，0 V 对应低速，5 V 对应高速。电路连接如图 8 - 64 所示。

模拟电压给定的参数：P09；

数值设定：3(0～5V)；

数值设定：4(0～10V)。

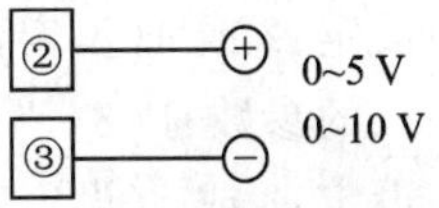

图 8 - 64　模拟电压给定电路连接

（2）模拟电流给定

模拟电流由端子②和③输入，必须在端子②和③之间连接 200 Ω 电阻，否则会造成变频器损坏。给定电流为 4～20 mA，4 mA 对应低速，20 mA 对应高速。电路连接如图 8 - 65 所示。

模拟电流给定的参数：P09；

数值设定：5(4～20 mA)。

（3）电位器给定

电位器给定由端子①、②和③输入，端子①和③之间接入 10 kΩ 电位器的首尾两端，电位器中心引线接到端子②，通过调节电位器设定变频器输出频率。电路连接如图 8 - 66 所示。

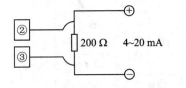

图 8 - 65　模拟电流给定电路连接 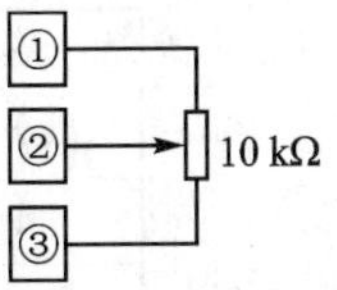　　　**图 8 - 66　电位器给定电路连接**

电位器给定参数：P09；

数值设定：2。

2. 运行/停止和正转/反转

通过开关控制端子⑤和⑥的通断，可以实现对变频器的运行、停止和正转、反转控制。有两种控制方法。

方法一：端子⑤控制运行/停止，端子⑥控制正转/反转。开关状态与控制关系电路连接如

图 8-67 所示。

　　方法二:端子⑤控制正转运行/停止,端子⑥控制反转运行/停止。开关状态与控制关系电路连接如图 8-68 所示。

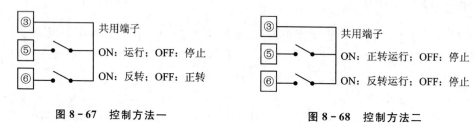

　　　　　图 8-67　控制方法一　　　　　　　　　图 8-68　控制方法二

　　方法一的参数:P08;

　　数值设定:2 或 4(设定数值 2 没有面板操作复位功能)。

　　方法二的参数:P08;

　　数值设定:3 或 5(设定数值 3 没有面板操作复位功能)。

　　变频器输出频率的设定可通过面板电位器,上升/下降键或端子①、②和③遥控操作,并对参数 P09 进行相应数值设定。

3. 多段速控制

　　由于控制的需要,一些场合可能会要求电动机在不同阶段有不同的转速。VF0 变频器可以提供 8 种不同的频率,通过 3 个控制端子的通、断组合实现控制。控制端子分别为 SW1(端子⑦)、SW2(端子⑧)和 SW3(端子⑨),端子通、断与输出频率的关系如表 8-2 所列。

表 8-2　多段速

SW1 (端子⑦)	SW2 (端子⑧)	SW3 (端子⑨)	运行 频率
OFF	OFF	OFF	第 1 速
ON	OFF	OFF	第 2 速
OFF	ON	OFF	第 3 速
ON	ON	OFF	第 4 速
OFF	OFF	ON	第 5 速
ON	OFF	ON	第 6 速
OFF	ON	ON	第 7 速
ON	ON	ON	第 8 速

设第一速为 50 Hz,第 2～8 速频率为出厂数据,各开关状态组合与各频率之间关系如图 8-69 所示。

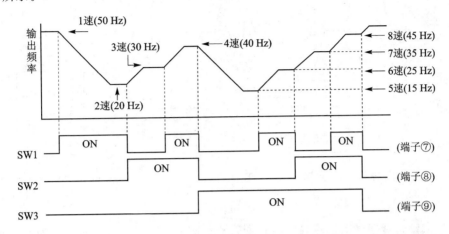

图 8-69 各开关状态组合与各频率之间关系

电路连接如图 8-70 所示。

多段速控制的参数:P19、P20、P21;

数值设定:0。

第 1 速频率设定可通过面板电位器,上升/下降键或端子①、②和③遥控操作,并对参数 P09 进行相应数值设定。

第 2 速～第 8 速频率设定的参数:P32～P38;

数值设定范围:0.5～250 Hz。

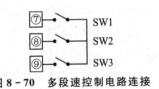

图 8-70 多段速控制电路连接

4. 点动控制

所谓点动控制是给变频器设置一个专用于点动的频率。生产机械在调试以及加工过程开始前常需要对电动机进行点动运行,例如,机械设备的试车或刀锯调整等,通过点动观察拖动系统各部分运动是否良好。一般点动速度很低以使物体寸动或微动。物体运动的速度取决于对变频器预置的点动频率,一旦设定后,每次点动时只需将变频器的运行切换到点动运行模式即可。

变频器点动控制可以在变频器单向运行时执行,也可以在双向运行时执行。图 8-71 所示点动运行控制关系是变频器在正反转运行过程中执行情况。

变频器采用控制端子⑤控制运行/停止,端子⑥控制正转/反转,端子⑦作为点动选择控制端。电路连接如图 8-72 所示。

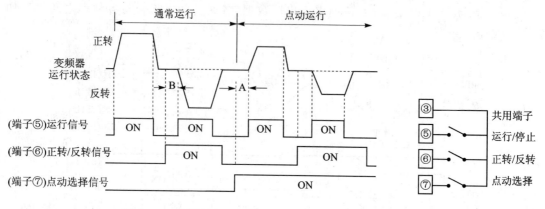

图 8-71　点动控制关系图　　　　　　　　图 8-72　点动控制电路连接

几点说明:

1) 在"点动选择信号"(⑦端)接通前,变频器应该在 STOP(停止)状态。如果变频器正在运行,则应先切断端子⑤使变频器停止运行。

2) 进行点动控制,需要先将"点动选择信号"(⑦端)为 ON(A 时间),再将"运行信号"(⑤端)为 ON。此时变频输出频率为点动频率,一般设定的点动频率很低。

3) 进行反转控制,需要先将"正转/反转信号"(⑥端)ON 后(B 时间),再将"运行信号"(⑤端)ON。

4) 没有选择"点动选择信号"(⑦端为 OFF),当"运行信号"(⑤端)为 ON,变频器没有工作在"点动状态",变频器输出频率为正常设定频率。

5) 当变频器接通"点动选择信号",并且接通"运行信号"点动运行时间长短取决于点动频率设定值以及加/减速时间。

可见,在实际操作中应先确定点动选择抑或正转/反转控制,再接通运行信号。亦即先确定端子⑥和⑦的通断,再接通端子⑤。

点动控制的参数:P19、P20、P21;

数值设定:3;

运行/停止、正转/反转模式的参数:P08;

数值设定:2 或 4(设定数值 2 没有面板操作复位功能);

点动频率、点动加速时间、点动减速时间参数:P29、P30、P31;

点动频率数值设定范围:0.5～250 Hz;

加速时间数值设定范围:0～999 s;

减速时间数值设定范围:0～999 s。

5. 频率上升(▲)下降(▼)控制

在某些工业控制系统中,经常需要手动控制升降运行。例如,按下一只按钮,变频器运行并升速,松开按钮停止升速,变频器在当前频率下运行。再次按下按钮继续升速,直至松开按钮。按下另一只按钮变频器运行并降速,松开按钮停止升速,在当前频率下运行。

变频器 VF0 通过控制端子⑦(SW1)、⑧(SW2)、⑨(SW3)通断,实现频率上升、下降、保持及存储。频率上升/下降和存储控制关系如图 8 - 73 所示。点动控制电路连接如图 8 - 74 所示。

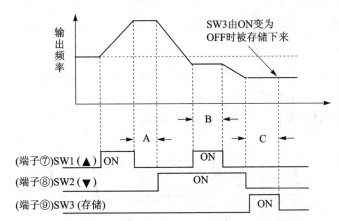

图 8 - 73　频率上升/下降和存储控制关系　　　　图 8 - 74　点动控制电路连接

几点说明:

1) 变频器在运行状态下,端子⑦为 ON,频率上升,OFF 保持当前频率。端子⑧为 ON,频率下降,OFF 保持当前频率。

2) 端子⑦和⑧均处于 OFF 或 ON(A、B 区间),输出频率不变,变频器恒速运行。

3) 端子⑨由 ON 变为 OFF,存储当前频率。即变频器电源由切断到再次接通,会在存储频率下运行。

4) 在使用⑦和⑧端子遥控输出频率升降时,可设定参数 P09＝1,通过面板▲和▼键对输出频率进行手动升降控制。如果使用面板电位器(设定参数 P09＝0)对输出频率进行手动升降控制,将会取消端子⑦和⑧遥控输出频率升降功能。

频率上升/下降、保持及存储的参数:P21;

数值设定:8。

8.6.3　应用举例

利用变频器、触摸屏和 PLC 实现对三相交流电动机的四段速控制。

1. 设计要求

① 变频器输出四段速频率分别为 10 Hz、40 Hz、20 Hz 和 50 Hz,由触摸屏按钮控制速度转换。

② 变频器运行/停止采用外控方式,由 PLC 控制变频器控制端子实现。

③ 要求触摸屏的 4 种速度控制按钮分别兼有启动运行功能,即在选择速度同时运行变频器,不再另设启动按钮。触摸屏设置停止按钮。

④ 要求触摸屏设置速度指示灯,不同频率对应不同指示灯亮。

2. 项目实施

(1) 变频器控制端子分配

1) 由于只需要四段速运行,用 PLC 遥控变频器控制端子⑦和⑧通断即可实现。端子⑦和⑧通断组合对应的 4 种速度及端子接线如图 8 - 75 所示。

2) 变频器运行、停止由 PLC 控制变频器控制端子⑤通断实现,端子③为共用端子。接线如图 8 - 75 所示。

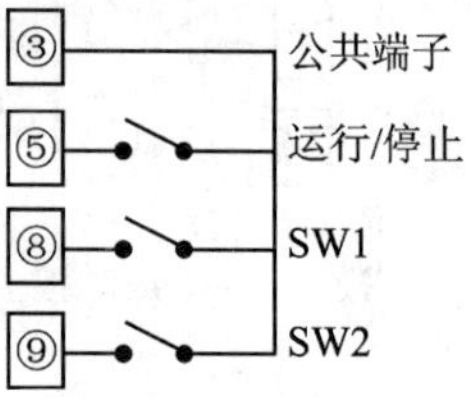

变频器端子⑤	变频器端子⑦	变频器端子⑧	运行频率
ON(Y0)	OFF(Y2)	OFF(Y3)	第1速
ON(Y0)	ON(Y2)	OFF(Y3)	第2速
ON(Y0)	OFF(Y2)	ON(Y3)	第3速
ON(Y0)	ON(Y2)	ON(Y3)	第4速

图 8 - 75　四段速控制端子功能及接线

(2) 变频器参数设定

变频器运行、停止参数设置:P08＝4;

多段速控制参数设置:P19＝P20＝P21＝0;

第 1 速参数设置:P09＝0,由面板电位器调速至 10 Hz,或 P09＝1,由面板上▲和▼键调速至 10 Hz;

第 2 速参数设置:P32＝40Hz;

第 3 速参数设置:P33＝20Hz;

第 4 速参数设置:P34＝50Hz。

(3) 触摸屏及 PLC 输入/输出(I/O)地址分配

触摸屏按钮地址分配:

R101——一速按钮;　　　R102——二速按钮;　　　R103——三速按钮;

R104——四速按钮;　　　R110——停止;　　　　　R111——一速指示灯;

R112——二速指示灯；　R113——三速指示灯；　R114——四速指示灯。

PLC 输出端子分配：

Y0——变频器 5 端；　　Y2——变频器 7 端；　　Y3——变频器 8 端。

（4）PLC 与变频器控制端子接线图

电路连接如图 8-76 所示。

（5）程序设计

程序设计如图 8-77 所示（参考程序）。

（6）触摸屏画面制作

触摸屏画面制作如图 8-78 所示（参考程序）。

基本画面 0：字符输入"四段速控制"；画面切换【下一页】按钮采用功能开关部件 FSW0。

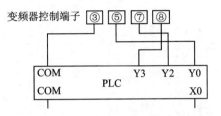

图 8-76　PLC 与变频器控制端子接线图

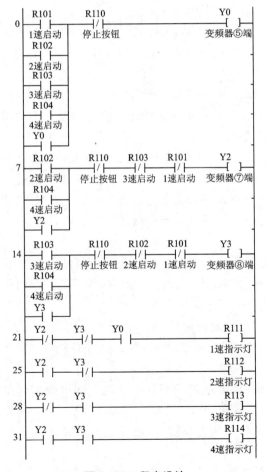

图 8-77　程序设计

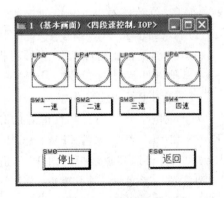

图 8-78　画面制作

基本画面 1:

- 一速至四速按钮采用 4 个瞬时型开关部件 SW0,选定 PLC 内部继电器 R101～R104 为梯形图程序中触点。
- 一速至四速指示灯采用部件 Lamp0,选定 PLC 指定的位设备为内部继电器 R111～R114。
- 【停止】按钮采用瞬时型开关部件 SW0,选定 PLC 内部继电器 R110 为梯形图程序中触点。
- 【返回】按钮采用功能开关部件 FSW0。

小　结

随着自动化技术的发展,触摸屏和变频器在控制领域应用越来越广泛,尤其在较复杂控制系统中几乎无处不在。因此学习和掌握触摸屏、变频器技术十分重要。

根据触摸屏检测触摸装置工作原理,一般分为四类,即电阻式、电容式、红外线式和表面声波式。每一类触摸屏的构成、工作原理不同,决定了各自的特点,也决定了使用场合,在工控系统中使用最多的是电阻屏。

学习触摸屏的使用首先要掌握与计算机、PLC 的正确连接,能够通过 GTWIN 软件对 GT 基本通信区进行参数设置,保障之间的正常通信。在基本画面上能使用软件绘制文字和图形设计,能将绘制好的画面文件保存或传送到 GT 主体。

要理解包括开关部件、指示灯、画面切换、棒图部件、数据部件、键盘部件的应用意义和使用条件。其中,棒图部件和数据部件功能相近,前者是通过不断移动的图形,后者是通过阿拉伯数字显示当前所参照 PLC 存储器中的数据。数据部件常常要与键盘部件配合使用,通过键盘部件可以改写数据部件所显示的 PLC 设备的数值。页面切换在画面制作中必不可少,可以选择自动切换或功能开关部件切换。

GT 主体与 PLC 进行通信要占用 PLC 的一些内部设备,默认值(初始值)为字存储器 DT0～DT2、位存储器 WR0～WR2,表明这些存储器在 GT 进行画面切换等系统控制时将被固定占用。因此,在 PLC 编程中尽量不要使用,以免造成存储器使用冲突。

PLC 内部设备要通过 PLC 梯形图程序和 GT 画面配合使用,GT 画面中出现的开关、指示灯或其他部件,都与 PLC 梯形图程序有一一对应的关系。因此,既要进行 GTWIN 画面设计,还要进行 FPWIN GR 程序设计。

松下 GT 与松下 PLC 具有很好的穿越功能,可以通过安装在计算机上的画面制作工具 GTWIN 和 PLC 编程软件 FPWIN GR 分别与触摸屏、PLC 通信。亦即计算机上的 FPWIN GR 编程软件可以穿越触摸屏对 PLC 进行程序编辑和在线监控,给设计人员带来极大的方便。要注意三者之间的连接顺序。

变频器是将固定电压、固定频率的交流电变换为可调电压、可调频率的交流电装置,专门用于控制交流电动机。变频器具有对交流电动机进行软启动、变频调速、提高运转精度等功能，是目前最有发展前途的调速方式。

变频器按用途划分，有通用变频器和专用变频器，主要应用于节能方面、自动控制系统以及提高工艺水平和产品质量，实现系统的智能控制。

VF0 系列的主要特点是小型化，可以满足各类机器设备小型化需要。操作面板功能丰富，不仅设置运行/停止控制键，还设置了调频电位器，可直接对变频器进行正转/反转控制，直接接收模拟信号调节频率，无需模拟 I/O 单元，具有多段速控制制动功能等。

打开 VF0 变频器端子罩，有 5 个主电路连接端子和编号为①～⑪及Ⓒ、Ⓑ、Ⓐ控制电路端子排。主电路端子包括与 220 V 交流电源相接的输入端子 L、N 以及与三相交流电机相接的输出端子 U、V、W。控制电路端子中有 6 个输出端子，7 个输入端子，1 个共用端子，共计 14 个。

VF0—200 V 变频器有几个常用参数，包括第一加/减速时间、停止频率、停止模式、U/f 曲线、力矩提升、下限频率、上限频率及反转锁定等，要理解各参数的意义和对变频器控制作用。

VF0 面板操作方法包括频率设定和正转/反转控制。外控方法中，重点介绍了模拟输入端子给定，包括模拟电压给定、模拟电流给定、电位器给定，以及运行/停止、正转/反转、多段速控制、频率上升▲下降▼控制等。

掌握触摸屏和变频器应用技术要通过实际操作，在实践过程中加深理解。

习题与思考题

8.1　依据触摸屏检测触摸装置的工作原理，触摸屏可分有几类？简述各自优缺点。

8.2　松下 GT32 触摸屏的额定工作电压、消耗功率、触摸开关寿命各是多少？

8.3　松下触摸屏所谓的"穿越功能"指的是什么？有什么使用上的要求？

8.4　GT 与 PLC 基本通信区默认的 PLC 两个存储器编号分别是多少？主要用于什么？

8.5　试用 GTWIN 画面制作软件学习字符输入及开关部件使用，结合 FPWIN GR 编制 PLC 程序，能够通过 GT 面板显示的开关，实现对 PLC 输出 Y0 的通断控制。

8.6　试用 GTWIN 画面制作软件学习画面切换，分别利用画面自动切换和功能开关部件切换功能，实现第 0 页画面与第 2 页画面之间的相互切换，通过 GT 面板操作验证。

8.7　试用 GTWIN 画面制作软件学习棒图部件应用，结合 FPWIN GR 编制 PLC 程序，能够在 GT 面板上显示棒图的黑色部分移动。

8.8　试用 GTWIN 画面制作软件练习数据部件、键盘部件应用，结合 FPWIN GR 编制 PLC 程序，通过键盘部件输入数据改变数据部件显示的数值。

8.9　变频器使用环境应注意哪些问题？

8.10　多台变频器一起安装应该注意什么问题？

8.11　变频器安装时周围空间最小应为多少？

8.12　VF0—200 V 变频器主电路端子有哪些？分别与什么相接？

8.13　变频器主电路端子 U、V、W 误接到三相交流电源会产生什么后果？改变 U、V、W 相序对电动机会有什么改变？

8.14　变频器控制电路端子有几个？输入端子有几个？输出端子有几个？

8.15　当变频器输出频率达到设定频率时,控制电路端子⑩和⑪之间是处于通还是断？

8.16　试画出工频与变频之间的切换控制主电路(设变频器输入、输出均为三相交流电)。

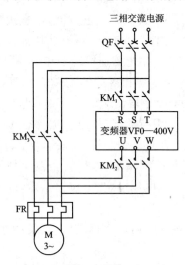

题 8.16 图

8.17　U/f 控制曲线有几种？分别是什么？适用于何种类型负载？

8.18　恒定转矩模式力矩提升适用于哪种类型负载？为什么？

8.19　为什么对风机、泵类使用变频调速节能效果最好？

第 9 章
实验指导

实验一　继电接触器控制 1

1. 控制要求

三相异步电动机启动、保持、停止继电接触器控制电路如图 9 - 1 所示。

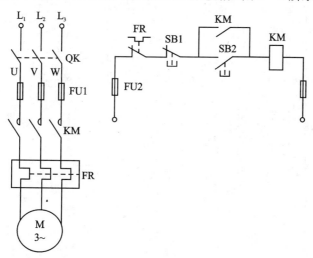

图 9 - 1　继电接触器控制电路 1

2. 想一想

① 试简述电路工作过程,并说明各电器在电路中所起的作用。

② 自锁除了能保持接触器线圈通电,还有其他什么作用?

③ 接通电源后,没有按下启动按钮而电机却启动,是何原因?

④ 自锁常开触点错接成常闭触点,会发生什么现象?

⑤ 改变电源进线相序,将发生什么现象? 为什么?

⑥ 试将以上继电接触器控制系统控制电路部分改为由 PLC 控制,进行 I/O 分配(见表 9 - 1),并设计梯形图,运行程序。

表 9-1　I/O 分配表

输　入			输　出		
器件代号	器件功能	输入点	器件代号	器件功能	输出点
SB1			KM		
SB2					

实验二　继电接触器控制 2

1. 控制要求

三相异步电动机正反转运动控制继电接触器控制电路如图 9-2 所示。

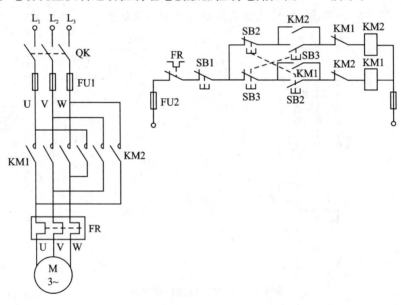

图 9-2　继电接触器控制电路 2

2. 想一想

① 试简述电路工作过程,并说明各电器在电路中所起的作用。
② 如果发生按下正(或反)转按钮而电机旋转方向不变,试分析故障原因。
③ 如果电机正转方向与设定方向相反,应如何处理?
④ 试将以上继电接触器控制系统的控制电路部分改为由 PLC 控制,进行 I/O 分配(见表 9-2),并设计梯形图,运行程序。

表 9 - 2　I/O 分配表

输 入			输 出		
器件代号	器件功能	输入点	器件代号	器件功能	输出点
SB1			KM1		
SB2			KM2		
SB3					

实验三　基本指令应用 1

1. 控制要求

基本指令程序如图 9 - 3 所示,录入并运行该程序。

2. 想一想

① 常开触点 X0、常闭触点 X1 的外部按钮应该如何接
线? 若要求梯形图功能不变,将触点 X1 外部按钮按常闭连
接,梯形图中的触点 X1 应作如何改变?

图 9 - 3　基本指令应用

② 若输入触点 X0、X1 对应的外部按钮分别为 SB1、SB2,输出继电器 Y0、Y1 分别控制两
盏 24 V 直流指示灯。试按照梯形图逻辑要求画出 PLC 外部接线图。

③ 梯形图中 OT 指令一般不能直接从左母线开始,哪种情况下可以直接从左母线开始?
请举例说明。(提示:参考步进指令)

④ 一般情况某个输出继电器只能用一次 OT 指令,如果多次使用结果会怎样? 请你验证一下。

⑤ 哪种情况下,同一输出继电器能够重复使用 OT 指令? 画出梯形图并举例说明。(提
示:参考置位、复位指令)

实验四　基本指令应用 2

1. 控制要求

微分指令程序如图 9 - 4 所示,录入并运行该程序。

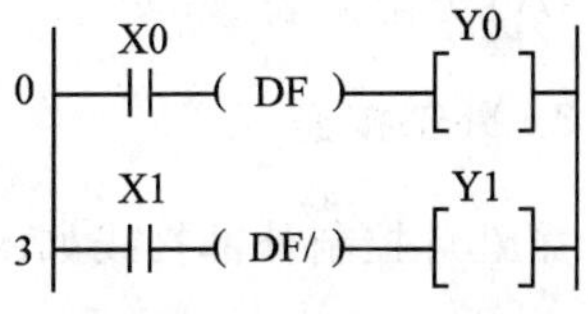

2. 想一想

由于微分指令的作用,使输出继电器 Y0 和 Y1 仅接通
一个扫描周期,因此无法用肉眼观测到它们的导通。如果希

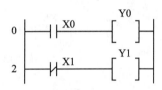

图 9 - 4　微分指令程序

望在接通 X0 和 X1 后,使 Y0 和 Y1 始终接通,梯形图应做如何改变? 画出梯形图。

实验五　基本指令应用 3

1. 控制要求

微分指令程序如图 9-5 所示,录入并运行该程序。

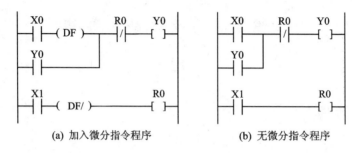

(a) 加入微分指令程序　　　　　(b) 无微分指令程序

图 9-5　微分指令程序

2. 想一想

图 9-5(a)、(b)都具有 X0 接通 Y0 启动、X1 接通 Y0 关断的功能。通过实验分析图(a)和(b)在工作可靠性上的差别。

实验六　霓虹灯控制

1. 控制要求

闭合运行开关 SB1,霓虹灯管 HL1、HL3、HL5、HL7 亮,HL2、HL4、HL6、HL8 灭;延时 2 s后,霓虹灯管 HL1、HL3、HL5、HL7 灭,HL2、HL4、HL6、HL8 亮;延时 2 s 后循环……断开运行开关 SB1,所有霓虹灯管全部熄灭。

2. I/O 分配

I/O 分配见表 9-3。

3. 外部接线

霓虹灯控制外部接线如图 9-6 所示。

4. 梯形图程序

霓虹灯控制梯形图程序如图 9-7 所示。

表 9-3 I/O 分配表

输 入			输 出		
器件代号	器件功能	输入点	器件代号	器件功能	输出点
SB1	运行开关	X0	HL1	霓虹灯管	Y0
			HL2	霓虹灯管	Y1
			HL3	霓虹灯管	Y2
			HL4	霓虹灯管	Y3
			HL5	霓虹灯管	Y4
			HL6	霓虹灯管	Y5
			HL7	霓虹灯管	Y6
			HL8	霓虹灯管	Y7

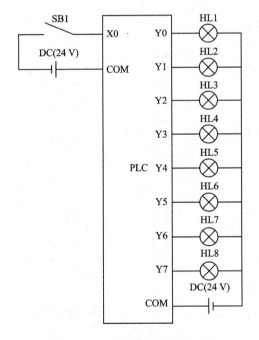

图 9-6 霓虹灯控制外部接线图

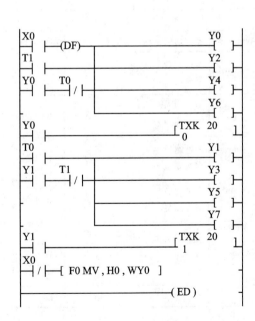

图 9-7 霓虹灯控制梯形图程序

实验七　数据处理与显示

1. 控制要求

从 X0～X3 输入 4 位二进制数，数据可以是 0000～1111 中的任意一个。可编程序控制器将其变换成对应的十进制数据，当该数据小于 10 时，用七段数码管显示；当该数据大于 10 时，七段数码管显示其个位数，同时小数点（dp）亮。

2. I/O 分配

I/O 分配见表 9 - 4。

3. 外部接线

数据处理与显示外部接线如图 9 - 8 所示。

表 9 - 4　I/O 分配表

输　入			输　出		
器件代号	器件功能	输入点	器件代号	器件功能	输出点
SB1	二进制数据最低位	X0	a 段	数码管	Y0
SB2	二进制数据次低位	X1	b 段	数码管	Y1
SB3	二进制数据次高位	X2	c 段	数码管	Y2
SB4	二进制数据最高位	X3	d 段	数码管	Y3
			e 段	数码管	Y4
			f 段	数码管	Y5
			g 段	数码管	Y6
			dp 段	数码管	Y7

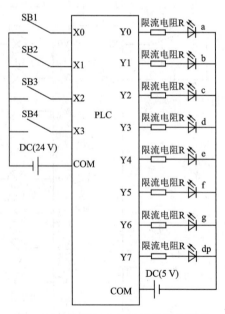

图 9 - 8　数据处理与显示外部接线图

4. 梯形图程序

数据处理与显示梯形图程序如图 9 - 9 所示。

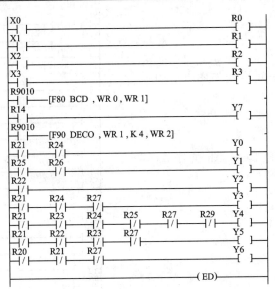

图 9-9 数据处理与显示梯形图程序

实验八 交通灯信号控制

1. 控制要求

在十字路口设立了红绿灯。当运行开关合上时,东西方向绿灯亮 20 s 后,闪烁 5 s 灭,黄灯亮 5 s 后灭,红灯亮 30 s 后,绿灯亮……对应东西方向绿灯黄灯亮时,南北方向红灯亮 30 s,然后绿灯亮 20 s 后,闪烁 5 s 灭,黄灯亮 5 s 后灭,红灯亮……

2. I/O 分配

I/O 分配见表 9-5。

表 9-5 I/O 分配表

输 入			输 出		
器件代号	器件功能	输入点	器件代号	器件功能	输出点
SB1	运行开关	X0	HL1	东西红灯	Y0
			HL2	东西黄灯	Y1
			HL3	东西绿灯	Y2
			HL4	南北红灯	Y3
			HL5	南北黄灯	Y4
			HL6	南北绿灯	Y5

3. 外部接线

交通灯信号控制外部接线如图 9 - 10 所示。

4. 梯形图程序

交通灯信号控制梯形图程序如图 9 - 11 所示。

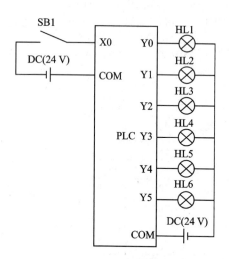

图 9 - 10　交通灯信号控制外部接线图

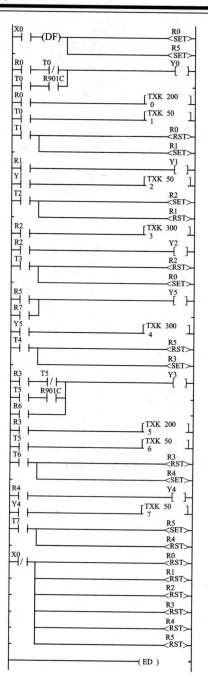

图 9 - 11　交通灯信号控制梯形图程序

实验九　三层楼电梯自动控制

1. 控制要求

电梯启动后，首先停在 1 层。当轿箱停于 1 层、2 层或 3 层时，按下 SB1、SB2、SB3 呼梯按钮，则轿箱对应上升或下降至 1 层、2 层或 3 层。当轿箱停于 1 层或 3 层时，各层有人同时按下 SB1、SB2 和 SB3 呼梯按钮，则轿箱在对应上升或下降途中在 2 层暂停 3 s 后，继续运行。当轿箱上升或下降途中，任何的按钮呼梯均无效。由指示灯显示该楼层信号请求。当轿箱在楼梯间运行时间超过 12 s，电梯停止运行。

2. I/O 分配

I/O 分配见表 9 - 6。

3. 外部接线

电梯自动控制外部接线如图 9 - 12 所示。

表 9 - 6　I/O 分配表

输　入			输　出		
器件代号	器件功能	输入点	器件代号	器件功能	输出点
SB	运行开关	X0	HL1	一层请求指示灯	Y0
SB1	一楼呼梯按钮	X1	HL2	二层请求指示灯	Y1
SB2	二楼呼梯按钮	X2	HL3	三层请求指示灯	Y2
SB3	三楼呼梯按钮	X3	KM1	驱动/轿厢上升	Y3
SQ1	一楼平层信号	X4	KM2	驱动/轿厢下降	Y4
SQ2	二楼平层信号	X5			Y5
SQ3	三楼平层信号	X6			Y6

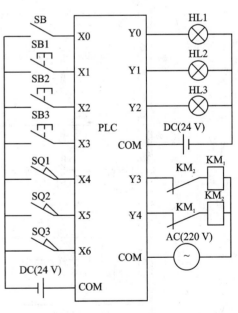

图 9 - 12　电梯自动控制外部接线图

4．梯形图程序

电梯自动控制梯形图程序如图 9－13 所示。

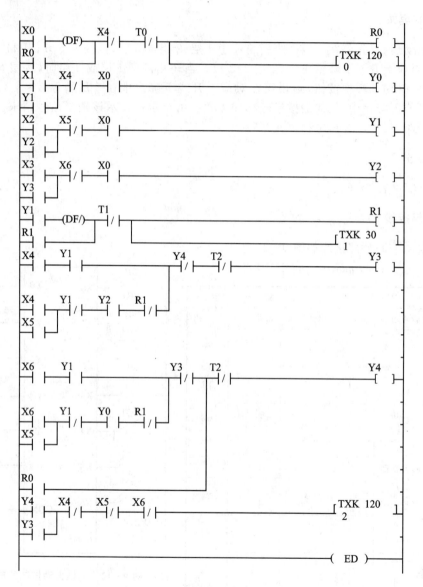

图 9－13　电梯自动控制梯形图程序

附　录

附表 1　特殊内部继电器表

位地址	名　称	说　明	可用性			
			FP1			FP—M
			C14/C16	C24/C40	C56/C72	
R9000	自诊断错误标志	当自诊断错误发生时,自诊断错误代码存在 DT9000 中	A			
R9005	电池错误标志(非保持)	当电池错误发生时瞬间接通	N/A	A		
R9006	电池错误标志(保持)	当电池错误发生时接通且保持此状态				
R9007	操作错误标志(保持)	当操作错误发生时接通且保持此状态,错误地址存在 DT9017 中	A			
R9008	操作错误标志(非保持)	当操作错误发生时瞬间接通,错误地址存在 DT9018 中				
R9009	进位标志	瞬间接通 当出现溢出时 当移位指令之一被置 1 时 也可用于数据比较指令[F60/F61]的标志				
R900A	＞标志	在数据比较指令[F60/F61]中,当 S1＞S2 时瞬间接通。参考 F60 和 F61 指令的说明				
R900B	＝标志	在数据比较指令[F60/F61]中,当 S1＝S2 时瞬间接通。参考 F60 和 F61 指令的说明				
R900C	＜标志	在数据比较指令[F60/F61]中,当 S1＜S2 时瞬间接通。参考 F60 和 F61 指令的说明				
R900D	辅助定时器指令	当设定值递减并减到 0 时变成 ON	N/A	A		
R900E	RS-422 错误标志	当 RS-422 错误发生时接通	A			
R900F	扫描常数错误标志	当扫描常数错误发生时接通				
R9010	常闭继电器	常闭				
R9011	常开继电器	常开				

位地址	名　称	说　明	可用性			
			FP1			FP—M
			C14/ C16	C24/ C40	C56/ C72	
R9012	扫描脉冲继电器	每次扫描交替开闭	A			
R9013	初始闭合继电器	只在运行中第一次扫描时合上,从第二次扫描开始断开并保持打开状态				
R9014	初始断开继电器	只在运行的第一次扫描打开,从第二次扫描开始闭合且保持闭合状态				
R9015	步进开始时闭合的继电器	仅在开始执行步进指令(SSTP)的第一次扫描到来时瞬间合上				
R9018	0.01 s 时钟脉冲继电器	以 0.01 s 为周期重复通/断动作 (ON;OFF=0.005 s;0.005 s)	A			
R9019	0.02 s 时钟脉冲继电器	以 0.02 s 为周期重复通/断动作 (ON;OFF=0.01 s;0.01 s)				
R901A	0.1 s 时钟脉冲继电器	以 0.1 s 为周期重复通/断动作 (ON;OFF=0.05 s;0.05 s)				
R901B	0.2 s 时钟脉冲继电器	以 0.2 s 为周期重复通/断动作 (ON;OFF=0.1 s;0.1 s)				
R901C	1 s 时钟脉冲继电器	以 1 s 为周期重复通/断动作 (ON;OFF=0.5 s;0.5 s)				
R901D	2 s 时钟脉冲继电器	以 2 s 为周期重复通/断动作 (ON;OFF=1 s;1 s)				
R901E	1 min 时钟脉冲继电器	以 1 min 为周期重复通/断动作 (ON;OFF=30 s;30 s)				
R9020	运行方式标志	当 PLC 方式置为"RUN"时合上				
R9026	信息标志	当信息显示指令执行时合上	N/A	A		
R9027	远程方式标志	当方式选择开关置为"REMOTE"时合上	A			
R9029	强制标志	在强制通/断操作期间合上				
R902A	中断标志	当允许外部中断时合上。参见 ICTL 指令说明	A			
R902B	中断错误标志	当中断错误发生时合上				
R9032	RS-232 口选择标志	在系统寄存器 No.412 中当 RS-232C 口被置为 GENERAL(K2)时合上	N/A	A 仅适用于 FP1 C24C~C72C		
R9033	打印输出标志	在 F147(PR)指令执行期间为 ON 状态。参见 F147 (PR)指令				

续附表 1

位地址	名 称	说 明	可用性			
			FP1			FP—M
			C14/ C16	C24/ C40	C56/ C72	
R9036	I/O 链接错误标志	当发生 I/O 链接错误时变成 ON	A			
R9037	RS-232C 错误标志	当 RS-232C 错误发生时合上	N/A	A 仅适用于 FP1 C24C~C72C		
R9038	RS-232C 接收标志 (F144)	当 PLC 使用串行通信指令(F144)接收到结束符时,该接点闭合				
R9039	RS-232C 发送标志 (F144)	当数据由串行通信指令(F144)发送完毕时合上[F144],当数据正被串行通信指令(F144)发送时接点断开。参见 F144 指令说明				
R903A	高速计数器控制标志	当高速计数器被 F162、F163、F164 和 F165 指令控制时合上。参见 F162、F163、F164 和 F165(高速计数器控制)指令的说明	A	A		
R903B	凸轮控制标志	当凸轮控制指令[F165]被执行时合上。参见 F165 指令说明				

附表 2 特殊数据寄存器表

地 址	名 称	说 明	可用性			
			FP1			FP—M
			C14/ C16	C24/ C40	C56/ C72	
DT9000	自诊断错误代码寄存器	自诊断错误发生时,错误代码存入 DT9000	A			
DT9014	辅助寄存器 (用于 F105 和 F106 指令)	当执行 F105 或 F106 指令时,移出的十六进制数据位被存储在该寄存器十六进制位置 0(即位址 0~3)处;参考 F105 和 F106 指令的说明				
DT9015	辅助寄存器 (用于 F32、F33、F52 和 F53 指令)	当执行 F32 或 F52 指令时,除得余数被存于 DT9015 中;当执行 F33 或 F53 指令时,除得余数低 16 位存于 DT9015 中。参见 F32、F52、F33 和 F53 指令的说明				
DT9016	辅助寄存器 (用于 F33 和 F53 指令)	当执行 F33 或 F53 指令时,除得余数高位存于 DT9016 中。参见 F33 和 F53 指令的说明				
DT9017	操作错误地址寄存器 (保持)	当操作错误被检测出来后,操作错误地址存于 DT9017 中,且保持其状态				

续附表 2

地　址	名　称	说　明	可用性			
			FP1			FP—M
			C14/C16	C24/C40	C56/C72	
DT9018	操作错误地址寄存器(非保持)	当操作错误被检测出来后,最后的操作错误的最终地址存于 DT9018 中	A			
DT9019	2.5 ms 振铃计数器寄存器	DT9019 中的数据每 2.5 ms 增加 1,通过计算时间差值可用来确定某些过程的经过时间				
DT9022	扫描时间寄存器(当前值)	当前扫描时间存于 DT9022。扫描时间可用下式计算: 扫描时间＝数据×0.1 ms				
DT9023	扫描时间寄存器(最小值)	最小扫描时间存于 DT9023。扫描时间用下式计算: 扫描时间＝数据×0.1 ms				
DT9024	扫描时间寄存器(最大值)	最大扫描时间存于 DT9024。扫描时间用下式计算: 扫描时间＝数据×0.1 ms				
DT9025	中断屏蔽状态寄存器	中断屏蔽状态存于 DT9025 中,可用于监视中断状态根据每一位的状态来判断屏蔽情况:不允许中断为 0,允许中断为 1。DT9025 每位的位置对应中断号码。参考 ICTL 指令的说明	N/A	A		
DT9027	定时中断间隔寄存器	定时中断间隔存于 DT9027 中,可用于监视定时中断时间。用下式计算间隔:间隔＝数据×10 ms 参考 ICTL 指令的说明				
DT9030	信息 0 寄存器	当执行 F149 指令时,指定信息的内容被存于 DT9030、DT9031、DT9032、DT9033、DT9034 和 DT9035 中。参考 F149 指令的说明	N/A	A		
DT9031	信息 1 寄存器					
DT9032	信息 2 寄存器					
DT9033	信息 3 寄存器					
DT9034	信息 4 寄存器					
DT9035	信息 5 寄存器					
DT9037	工作寄存器 1(用于 F96 指令)	当 F96 指令执行时,已找到的数据个数存于 DT9037 中。参考 F96 指令的说明	A			
DT9038	工作寄存器 2(用于 F96 指令)	当执行 F96 指令时,所找到的第一个数据的地址与 S2 所指定的数据区首地址之间的相对地址存放在 DT9038 中。参考 F96 指令的说明				

地　址	名　称	说　明	可用性			
			FP1			FP—M
			C14/C16	C24/C40	C56/C72	
DT9040	手动拨盘寄存器（V0）	电位器的值（V0、V1、V2 和 V3）存于 C14 和 C16 系列 V0：　V0 DT9040 C24 系列：　　　V0 DT9040 　　　　　　　　　V1 DT9041 C40、C56 和 C72 系列：V0 DT9040 　　　　　　　　　V1 DT9041 　　　　　　　　　V2 DT9042 　　　　　　　　　V3 DT9043	A	A	A
DT9041	手动拨盘寄存器（V1）	^				
DT9042	手动拨盘寄存器（V2）	^	N/A	A（仅 C40 系列可用）		
DT9043	手动拨盘寄存器（V3）	^				
DT9044	高速计数器经过值区（低 16 位）	高速计数器经过值低 16 位存于 DT9044	A			
DT9045	高速计数器经过值区（高 16 位）	高速计数器经过值高 16 位存于 DT9045				
DT9046	高速计数器预置值区（低 16 位）	高速计数器预置值低 16 位存于 DT9046				
DT9047	高速计数器预置值区（高 16 位）	高速计数器预置值高 16 位存于 DT9047				
DT9052	高速计数器控制寄存器	用于控制高速计数器工作。参考 F0（高速计数器控制）指令的说明				
DT9053	时钟/日历监视寄存器	时钟/日历的时和分钟数据存于 DT9053 中，它只能用于监视数据 用 BCD 表示的时和分钟数据存放如下： 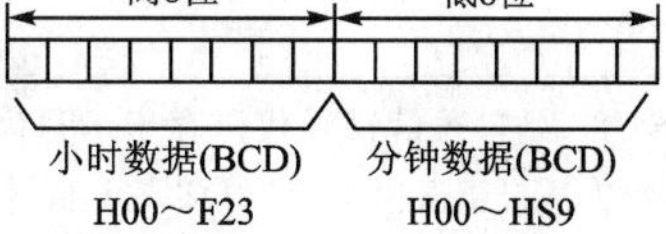	N/A	A 仅使用于 FP1 C24C～C72C		

（DT9053 说明栏内图示）

高8位　　低8位

小时数据(BCD)　　分钟数据(BCD)
H00～F23　　　　H00～HS9

地 址	名 称	说 明	可用性			FP—M
			FP1			
			C14/ C16	C24/ C40	C56/ C72	
DT9054	时钟/日历监视和设置寄存器(分/秒)	时钟/日历的数据存于 DT9054、DT9055、DT9056 和 DT9057 中,可用于设置和监视时钟/日历; 当用 F0 指令设置时钟/日历时,从 DT9058 的最高有效位变为"1"开始,修订值有效。数据以 BCD 码存放如下:	N/A			A 仅使用于 FP1 C24C~C72C
DT9055	时钟/日历监视和设置寄存器(日/时)					
DT9056	时钟/日历监视和设置寄存器(年/月)					
DT9057	时钟/日历监视和设置寄存器(星期)					
DT9058	时钟/日历校准寄存器	当 DT9058 的最低有效位置 1 时,时钟/日历可校准如下: · 当秒数据从 H00~H29 时,秒数据截断为 H00; · 当秒数据从 H30~H59 时,秒数据截断为 H00,分数据加 1。 用 F0 指令执行的修正时钟/日历设定,当 DT9058 最高有效位置 1 时,开始有效				
DT9059	通信错误代码寄存器	RS-232C 口通信错误代码存于 DT9059 高 8 位区,编程工具口错误代码存于 DT9059 低 8 位区	N/A		A	

高8位 低8位

DT9054	分钟(BCD) H00~H59	秒(BCD) H00~H59
DT9055	日期(BCD) H01~H31	小时(BCD) H00~H23
DT9056	年(BCD) H00~H99	月(BCD) H01~H12
DT9057	—	

续附表 2

地　址	名　称	说　明	可用性			
			FP1			FP—M
			C14/C16	C24/C40	C56/C72	
DT9060	步进过程监视寄存器（过程号:0～15）	这些寄存器用于监视步进程序的执行情况,对步进程序的执行监视如下。 执行:1 不执行:0 例如,寄存器中的一位对应一个步进过程:当 DT9061 的第 0 位置 1 时,步进过程号 16 在执行	A			
DT9061	步进过程监视寄存器（过程号:16～31）					
DT9062	步进过程监视寄存器（过程号:32～47）					
DT9063	步进过程监视寄存器（过程号:48～63）					
DT9064	步进过程监视寄存器（过程号:48～63）					
DT9065	步进过程监视寄存器（过程号:80～95）					
DT9066	步进过程监视寄存器（过程号:64～79）					
DT9067	步进过程监视寄存器（过程号:112～127）					

位址	15 … 12	11 … 8	7 … 4	3 … 0
过程号	31 … 28	27 … 24	23 … 20	19 … 16
DT9061	0 0 0 0	0 0 0 0	0 0 0 0	0 0 0 0

地　址	名　称		说　明	可用性	
				FP1	FP—M
DT9080	从模拟控制板 No.0 转换来的数字量	通道 0	FP—M(A/D 板或模拟 I/O 板)的模拟控制板,模拟量从输入转换成数字量后存储在这些寄存器中;转换成数字量的范围取决于模拟控制板的型号。转换成的数字量的范围(分辨率为 10 位)为 K0～K999(0～20 mA/0～5 V/0～10 V)	N/A	A
DT9081		通道 1			
DT9082		通道 2			
DT9083		通道 3			

地　址	名　　称		说　　明	可用性	
				FP1	FP—M
DT9084	从模拟控制板 No. 1 转换来的数字量	通道 0	如果输入的模拟量超过允许的最大值（20 mV/5 V/10 V），就都转换成 K1.023。然而为了避免损坏系统，应确保输入的模拟电压或电流在额定值范围内。在有模拟 I/O 板时，转换成的数字量的范围（分辨率为 8 位）为 K0～K255（0～5 V，0～10 V）注：即使输入的模拟数据在规定的范围之内，转换成的数字量也不会在 K0～K255 范围之外。为了系统免遭损坏，应确保输入的模拟电压在额定值范围之内。要确保用 F0（MV）指令将这些特殊数据寄存器中数据传送到其他数据寄存器中去	N/A	A
DT9085		通道 1			
DT9086		通道 2			
DT9087		通道 3			
DT9088	从模拟控制板 No. 2 转换来的数字量	通道 0			
DT9089		通道 1			
DT9090		通道 2			
DT9091		通道 3			
DT9092	从模拟控制板 No. 3 转换来的数字量	通道 0			
DT9093		通道 1			
DT9094		通道 2			
DT9095		通道 3			
DT9096	从模拟控制板 No. 0 输出模拟量的数字值	通道 0	这些寄存器用来指明输出的模拟信号所对应的数字量，这些模拟量来自 FP—M 的模拟控制板（D/A 或模拟 I/O 板），要输出的模拟量其数字值的范围取决于模拟控制板的型号，如下所示：①当有 D/A 板时，要输出的模拟量所对应的 10 位数字数据范围为 K0～K999（0～20 mA/0～5 V/0～10 V）。注：要确保输出的数据在 K0～K999 范围之内。如果要输出的数据是 K1000～K1023，则输出的模拟量数据将稍大于最大的额定值（20 mA/5 V/10 V）；如果要输出的数据在 K0～K1023 之外，则数据的第 10 位～15 位被忽略不计。例：如果输入 K24，那么转化为模拟量输出时就会将其当成 K999。当输入 K24 时，数据结构为	N/A	A
DT9097		通道 1			
DT9098	从模拟控制板 No. 1 输出模拟量的数字值	通道 0			
DT9099		通道 1			
DT9100	从模拟控制板 No. 2 输出模拟量的数字值	通道 0			

二进制位序号	15 … 12	11 … 8	7 … 4	3 … 0
二进制数据	1 1 1 1	1 1 1 1	1 1 0 0	1 1 1

K999

第 10～15 位的数据被忽略

地　　址	名　　称		说　　明	可用性	
				FP1	FP—M
DT9101	从模拟控制板 No.2 输出模拟量的数字值	通道 1	②当有模拟 I/O 板时,要输出的模拟量所对应的 6 位数字数据范围为 K0~K255(0~20 mA/0~5 V/0~10 V)。 注: • 要确保输出的数据在 K0~K255 范围之内。如果要输出的数据在 K0~K255 之外,则数据的第 6~15 位被忽略不计。 例:如果输入 K1,那么转化为模拟量输出时就会将其当成 K255。 当输入 K1 时,数据结构为	N/A	A
DT9102	从模拟控制板 No.3 输出模拟量的数字值	通道 0			
DT9103		通道 1	• 要确保用 F0(MV)指令将数据传送到这些特殊数据寄存器中去		
DT9104 DT9105	高速计数器板通道 0	目标值区域 0	FP—M 高速计数器板的数据存储在这些寄存器中目标值区域 0 和区域 1,经过值和捕捉值按二进制数进行处理,范围为 K−8388608~K8388607。 注: • 确保用 F1(DMV)指令将这些特殊数据寄存器中的数据传送到其他寄存器,或者将其他寄存器中的数据传送到这些特殊数据寄存器中; • 当改变这些特殊寄存器中的数据时,要确保数据范围为 K−8388608~K8388607。 如果输入的数据在这个范围之外,那么数据的第 24~31 位会被忽略(即 32 位数的高 16 位中的第 8 位到第 15 位)。 例:如果输入的数据是 K2147483647,则高速计数器将把它当成 K−8388608。 当输入 K2147483647 时,数据结构为	N/A	A
DT9106 DT9107		目标值区域 1			
DT9108 DT9109		经过值区域			
DT9110 DT9111		捕捉值区域			
DT9112 DT9113	高速计数器板通道 1	目标值区域 0			
DT9114 DT9115		目标值区域 1			
DT9116 DT9117		经过值区域			
DT9118 DT9119		捕捉值区域			

地 址	名 称	说 明	可用性	
			FP1	FP—M
DT9120	高速计数器板控制区	这个寄存器可以通过 F0(MV)指令控制高速计数器板	N/A	A

这个寄存器可以通过 F0(MV)指令控制高速计数器板

二进制
位序号

15…12	11…8	7…4	3…0
0 0		1 0	

二进制
数据

通道0目标1输出方式
通道0内部复位控制位(1：复位)
通道0外部复位控制位(1：禁止)
通道1：目标值=经过值 输出控制位(1：禁止)
通道1目标设置位(1：设置)
数码系统选择 推将这位置成二进制数字系统
通道1目标1
通道1内部复位控制位(1：复位)
通道1外部复位控制位(1：禁止)
通道1 "目标值=经过值" 输出控制位(1：禁止)
通道1目标设定位(1：置位)

1. 输出方式

当经过值等于目标值时，输出为 ON 或 OFF。这些位确定了输出转换的模式，如果输出方式改变了，重新设置目标值。

位址	通道	对应的目标值	对应的输出
0	0	Target0	OUT00
1		Target1	OUT01
8	1	Target0	OUT10
9		Target1	OUT11

位数据 0：OFF→ON
1：ON→OFF

2. 外部复位控制位

地址 3 和 11 这两位 ON 时，外部复位输入信号(RST.0/RST.1)无效。

复位输入无效

外部复位控制位(位址 3 和 11)外部复位输入(RST.0/RST.1)

当将"外部输入使能"输入端(RST.E0/RST.E1)接通时，可使能外部复位输入(RST.0/RST.1)。RST.0/RST.1 在下列情况下有效：

• 当"外部复位使能"端处于"ON"状态时外部输入有效；
• 当"外部复位使能"端处于"OFF"之后的第一个外部输入有效。

外部复位控制位(位址 3 和 11)

"外部复位使能"输入(RST.E0/RST.E1)外部复位输入(RST.0/RST.1)

3. 目标设定

为了给高速计数器板预置目标值，首先，将设定值传送到特殊数据寄存器作为目标值；然后，把目标设定位由 0 变成 1

地 址	名 称	说 明	可用性	
			FP1	FP—M
DT9120	高速计数器板控制区	 复位输入有效 在检测到这一位的上升沿的瞬间,新的目标值就设定好了。因此,如果目标设定位曾经已设置成了 1,在你要把它变成 1 之前,预先把这一位由 1 变成 0,然后再将它由 0 变成 1 14. 数制系统选择 这一位是为高速计数器板选择数制系统而准备的。如果将这一位设置成 0,按 BCD 数制系统来计数,FP—M 通常是使用二进制数制系统。推荐使用二进制数制系统	N/A	A
DT9121	高速计数器板控制区	该寄存器用于监视高速计数器板的状态 1. 输出禁止输入 即使通过 DT9120 将高速计数器设置成了输出使能模式,输出禁止输入仍能禁止向外的输出;而当这个输入变成 ON 时,即使经过值等于目标值,高速计数器板的输出也不会改变 2. 错误代码 只有当用 F0(MV)和 DT9120 的第 7 位将高速计数器板设置成 BCD 操作形式时,BCD 错误才能检测到	N/A	A

表:

位 址				说 明
11	10	9	8	
0	0	0	1	BCD 错误
0	0	1	0	CH0 上溢/上溢
0	1	0	0	CH1 上溢/下溢
1	0	0	0	看门狗错误

附表 3　系统寄存器表

位址号	分　类	定　　义	默认值	设定范围及说明
0	用户存储区设定	程序容量设定	K1/K3/K5	K1:C14/C16(900 步) K3:C24/C40/FP—M 2.7K 型(2720 步) K5:C56/C72/FP—M 5K 型(5000 步)
4		电池失效检测指令①	K0	0:使能;1:禁止
5	内部 I/O 设定	计数器的起始号码	K100	C16:0~128 C24/C40/C56/C72/FP—M:0~144
6		定时/计数器保持区域的起始号码	K100	C16:0~128 C24/C40C56/C72/FP—M:0~144
7		内部继电器保持区域的起始号码	K10	C16:0~16 C24/C40/C56/C72/FP—M:0~63
8		数据寄存器保持区域的起始号码	K0	C16:0~256 C24/C40/FP—M 2.7K 型:0~1660 C56/C72/FP—M 5K 型:0~6144
14		步进位址的保持与非保持设定	K1	0:保持;1:非保持
20	异常运行模式设定	双重输出时工作状态设定	K0	0:禁止;1:许可
26		操作错误发生时动作设定	K0	0:停止;1:继续
31	系统时间设定	界限处理等待时间的设定	K2600 (6 500 ms)	K4~K32760:10 ms~81.9 s (时间=设定值×2.5 ms)
34		扫描周期时间设定	K0	设定值×2.5 ms
400	高速计数器设定	高速计数器工作模式设定③	H0	针对 X0~X2 端设置高速计数器的工作状态 H0:不使用高速计数及复位功能 H1:X0/X1 两相输入,无复位功能 H2:X0/X1 两相输入,X2 复位输入 H3:X0 加输入,无复位功能 H4:X0 加输入,X2 复位输入 H5:X1 减输入,无复位功能 H6:X1 减输入,X2 复位输入 H7:X0/X1 加/减输入,无复位功能 H8:X0/X1 加/减输入,X2 复位输入 H107②:Y7 脉冲输出→X0 加输入 　　　　Y6 脉冲输出→X1 减输入 　　　　无复位功能 H108②:Y7 脉冲输出→X0 加输入 　　　　Y6 脉冲输出→X1 减输入 　　　　X2 复位输入

位址号	分 类	定 义	默认值	设定范围及说明
402	输入端特殊功能设置	脉冲捕捉输入的设定③	H0	针对 X0～X7 端设置脉冲捕捉输入功能的可用性 (bit0～bit7 对应 X0～X7) H0:标准输入方式 H1:脉冲捕捉输入方式 设定范围: C14/C16(X0～X3):H0～HF C24/C40/C56/C72/FP—M(X0～X7):H0～HFF
403		中断输入的设定③	H0	针对 X0～X7 端设置中断输入功能的可用性 (bit0～bit7 对应 X0～X7) H0:标准输入方式 H1:中断输入方式 设定范围: C14/C16(X0～X3):不可用 C24/C40/C56/C72/FP—M(X0～X7):H0～HFF
404		输入时间常数设定(X0～X1F)③	H1111 (均 2 ms)	以 8 个输入/单位,设置其输入滤波时间 H0=1 ms,H1=2 ms,H2=4 ms,H3=8 ms H4=16 ms,H5=32 ms,H6=64 ms,H7=128 ms
405		输入时间常数设定(X20～X3F)	H1111 (均 2 ms)	No. 404＝H□□□对应: X18～X1F X10～X17 X8～XF X0～X7 No. 405＝H□□1□对应:
406		输入时间常数设定(X40～X5F)	H1111 (均 2 ms)	X38～X3F X30～X37 "1" X20～X27 No. 406＝H□□1□对应: X58～X5F X50～X57 "1" X40～X47
407		输入时间常数设定(X60～X6F)	H0011 (均 2 ms)	No. 407＝H001□对应: "001" X60～X67
410	通信端口设置	RS－422 口站号设定	K1	为 RS－422 口执行计算机连接通信时设置站号, 设定范围:K1～K32

411		RS－422 口通信格式及调制解调器设定④	H0	0bit:通信格式 H0 8 位(bit)
				                H1 7 位(bit)
				15bit:与调制解调器连接兼容性
				                H0 不允许
				                H1 允许

412		RS－232C 口通信方式选择	K0	K0:RS－232C 口不使用 K1:RS－232C 口与计算机连接 K2:RS－232C 口用于一般通信

位址号	分类	定　义	默认值	设定范围及说明
413	通信端口设置	RS-232C 口通信格式设定	H3	bit0 设置字符位 00:7 位；1:8 位 bit1、bit2 设置奇偶校验 00:无；01:奇；10:无；11:偶 bit3 设置停止位 0:1 位；1:2 位 bit4、bit5 设置结束符 00:CR；01:CR+LF；10:CR；11:EXT bit6 设置头码 0:没有 STX 码；1:带 STX 码； 只有当 No.412 设为 K2,该项设置方有效
414		RS-232C 口通信速度设定(波特率)	K1	K0：19 200 bit/s K1：9 600 bit/s K2：4 800 bit/s K3：2 400 bit/s K4：1 200 bit/s K5：600 bit/s K6：300 bit/s
415		RS-232C 口通信站号设定	K1	当 RS-232C 口设置为计算机连接通信方式时,用此寄存器可指定其站号； 设置范围:K1～K32
416		RS-232C 调制解调器链接设定④	H0	H0:使能； H8000:禁止
417		从 RS-232C 口接收数据的起始地址设定⑤	H0	当执行一般通信(见 No.412、No.413)时,由 No.417 和 No.418 可分别设置接收数据缓冲器使用的数据寄存器的首地址和容量 C24/C40/FP—M(2.7K):K0～1660 C56/C72/FP—M(5K):K0～6144
418		从 RS-232C 口接收数据的缓冲器容量设定⑤	K1660	

注:系统寄存器的设定、变更必须在 PROG 模式下进行。

① 只限用于 2.7 或 2.7 以上版本并在型号后面带有"B"符号的 FP1 机型和所有 FP—M 系列。

② 只有 C56 和 C72 的 Y6、Y7 可以直接由内部输入到 X0、X1,不用外部接线。然而 X0、X1 一旦用于 Y6、Y7 脉冲输入,它们就不能再作为其他的输入端子。

③ 当系统寄存器 No.400、No.402、No.403 和 No.404 同时设定时,它们的优先权排序是:No.400、No.402、No.403、No.404。

④ 调制解调通信设置功能只限于 2.7 或 2.7 以上版本,并在型号后面带有"B"符号的 C24/C40/C56/C72 机型和所有 FP—M 系列。

⑤ 只限用于 2.7 或 2.7 以上版本并在型号后面带有"C"符号的 C24/C40/C56/C72 机型和所有 C 版本的 FP—M 系列。

用手持编程器的 OP 功能,可实现系统设置、内存监控、程序的部分编辑、程序的自诊断等各种操作。OP 功能表(附表 4)列出了其操作功能。具体操作可参阅松下电工株式会社《FP 编程器Ⅱ操作手册》。

附表 4　OP 功能表

功能号	功能说明
OP－0	清除程序区和保持区
OP－1	删除程序中所有 NOP 行
OP－2/3/8	监视/设置单字寄存器内容
OP－7	监视多个 I/O 接点(0～4)
OP－9	程序自检,并可显示错误的提示信息
OP－10/11	强制 I/O 点置位/复位
OP－12	监视/设置双字寄存器内容
OP－14	读取/设置 PLC 编辑方式,使 FP 编程器可在 RUN 方式下编程
OP－20	读取/设置连接单元数(FP1 无此功能)
OP－21	读取/设置连接回路数(FP1 无此功能)
OP－30/31/32	读取/设置 PLC 工作方式
OP－50	读取/设置系统寄存器内容
OP－51	将系统寄存器初始化
OP－52	设置 I/O 配置图
OP－70	选择显示语言(0—英文,1—日文,2—德文,3—意大利文)
OP－71	选择 LCD(液晶显示)亮度
OP－72	设置 PLC 口令记录的开/关状态
OP－73	记录和取消口令
OP－74	强制取消口令
OP－90	将程序从存储单元拷贝到内部 RAM(ROM→RAM)
OP－91	在 FP 编程器Ⅱ和 PLC 之间传送程序
OP－92	在 FP 编程器Ⅱ和 PLC 之间传送系统寄存器设定值
OP－99	将程序从内部 RAM 传送到存储单元(RAM→ROM)
OP－110	读取自诊断错误和故障的信息
OP－111	消除信息
OP－112	关闭 PLC(CPU 单元)上的错误指示灯

附表 5　输入规格表

形　式		规　格
额定输入电压		DC 12～24 V
使用电压范围		DC 10.2～26.4 V
ON 电压/电流		DC 10 V 以上/3 mA 以上
OFF 电压/电流		DC 2.5 V 以下/1 mA 以下
输入阻抗		约 3 kΩ
响应时间	OFF→ON	一般输入时:2 ms 以下
	ON→OFF	设置了高速计数器时:50 μs 以下 设置了中断输入时:200 μs 以下 设置了脉冲捕捉输入时:500 μs 以下
运行监视		指示灯
外线连接方式		端子板连接(M3.5 螺钉)
绝缘方式		光耦合方式

附表 6　晶体管输出规格表

形　式		规　格
绝缘方式		光耦合方式
输出方式		集电极开始
额定负载电压范围		DC 5～24 V
使用负载电压范围		DC 7.5～26.4 V
最大负载电流		0.5 A/点
最大浪涌电流		3 A
OFF 时泄漏电流		100 μA 以下
ON 时最大电压降		1.5 V 以下
响应时间	OFF→ON	1 ms 以下(Y7 可在 100 μs 以下)
	ON→OFF	
浪涌波吸收器		齐纳二极管
运行监视		指示灯
外线连接方式		端子板连接(M3.5 螺钉)

附表 7　继电器输出规格表

形　式		规　格
输出形式		继电器接点输出
额定控制容量		AC 2 A、250 V；DC 2 A、30 V
响应时间	OFF→ON	约 8 ms
	ON→OFF	约 10 ms
继电器寿命	机械的	500 万次以上
	电气的	10 万次以上
浪涌波吸收器		无
运行监视		指示灯（LED）
外线连接方式		端子板连接（M3.5 螺钉）

附表 8　双向晶闸管输出规格表

形　式		规　格
输出方式		三端双向晶闸管输出
额定负载电压范围		AC 100～240 V
工作负载电压范围		AC 85～250 V
最大负载电流		1 A/点，1 A/公共端
最小负载电流		30 mA
最大浪涌电流		15 A，不大于 100 ms
OFF 状态泄漏电流		不大于 4 mA（AC 240 V）
ON 状态压降		不大于 1.5 V（0.3～1 A 负载） 不大于 5 V（0.3 A 或更小负载）
响应时间	OFF→ON	不大于 1 ms
	ON→OFF	0.5 周期＋不大于 1 ms
输出状态指示		LED 指示灯
隔离方式		光电隔离
连接方式		端子板（M3.5 螺钉）
浪涌电流吸收器		压敏电阻

参考文献

［1］李树雄.可编程序控制器原理及应用教程.北京:北京航空航天大学出版社,2001.

［2］常斗南.可编程序控制器原理、应用、实验.2版.北京:机械工业出版社,2002.

［3］张学铭,邸书玉.松下 PLC 编程与应用.北京:机械工业出版社,2009.

［4］徐国林.PLC 应用技术.北京:机械工业出版社,2008.

［5］廖常初.PLC 编程及应用.3版.北京:机械工业出版社,2009.

［6］王建,张宏,徐洪亮.PLC 操作实训(松下).北京:机械工业出版社,2007.

［7］(日)松下电工株式会社编.FP1 硬件技术手册.

［8］(日)松下电工株式会社编.FPM/FP1 编程手册.

［9］(日)松下电工株式会社编.Control FPWIN GR 操作指南.

［10］(日)松下电工株式会社编.变频器 VF0 使用手册.

［11］(日)松下电工株式会社编.可编程智能操作面板 GT 系列技术手册.